农业"三品"生产与消费指南

山东省绿色食品发展中心　编

中国农业出版社

主　编　迟　斌　冯世勇

副主编　刘学锋　裴宗飞　纪祥龙　孟　浩

编　者　葛方存　刘　宾　王　馨　李　超

　　　　王俊芝　刘　娟　王海光　梁　洁

　　　　万春燕　岳　晖　郭排军　孙振成

　　　　史永晖　房晓燕　张相松　王　娟

　　　　赵鹏飞

编　者　迟新之

前　言

近年来,随着社会物质生活水平的不断提高,消费需求正从"吃得饱"向"吃得好"转变,食用安全、优质、放心农副产品成为消费共识。但由于瘦肉精、多宝鱼、三聚氰胺毒奶粉等社会公共安全事件的发生,使人们对食品安全,特别是农产品质量安全产生了质疑,在渴望获得优质、健康、安全农副产品的同时,又往往缺乏对以"无公害农产品""绿色食品""有机食品"为代表的农业"三品"的了解,想知道这些优质农产品的生产方式和标准是怎样的,从何种渠道能购买到,做到放心食用。

为解决这些问题,山东省绿色食品发展中心组织有关人员编写了这本《农业"三品"生产与消费指南》。本书采用问答的形式,简要介绍了作为我国政府主导的安全优质农产品公共品牌——"无公害农产品""绿色食品""有机食品"的相关情况。全书共分五篇,第一篇是有关农业"三品"的基础知识,第二篇是关键生产技术篇,第三篇重点解答涉及农业"三品"认证管理的问题,第四篇主要介绍消费指导意见,第五篇收录了部分与农业"三品"相关的规范标准。内容涉及面广、指导性强,可为普通消费者提供全面的优质农产品消费指导,亦可作为农业"三品"生产管理者开展工作的参考资料。

本书撰写过程中参考了相关行业文献资料,询证了行业专家学者,在此一并表示感谢! 由于时间仓促,错误在所难免,恳请批评指正。

目　　录

基 础 知 识 篇

1. 农业"三品"是什么?

农业"三品"是指无公害农产品、绿色食品和有机食品（产品）。

2. 什么是无公害农产品?

无公害农产品是指产地环境、生产过程和产品质量符合国家有关标准和规范的要求，经认证合格获得认证证书并允许使用无公害农产品标志的、未经加工或者初加工的食用农产品。

3. 什么是绿色食品?

绿色食品是指产自优良生态环境、按照绿色食品标准生产、实行全程质量控制并获得绿色食品标志使用权的安全、优质食用农产品及相关产品。良好的产地环境是绿色食品生产的前提和基础，全程实施绿色食品技术标准并有效控制质量安全风险是基本保障，获得标志使用权是绿色食品质量证明的体现形式，也是必需环节。绿色食品范围涵盖了食用农产品及其加工产品，具体按照绿色食品标准适用目录执行。

4. 什么是有机食品?

有机食品是指来自有机农业生产体系，根据有机农业生产要求和相应的标准进行生产、加工和销售，并通过合法有机认证机构认证的食品，供人类消费、动物食用的产品，包括粮食、蔬菜、水果、奶制品、畜禽产品、蜂蜜、水产品和调料等。在其种植和加工过程中不允许使用化学合成的农药、化肥、除草剂、合成色素和生长激素等；不采用基因工程获得的生物及其产物，遵循自然规律和生态学原理进行生产。因此，有机食品是一种自然、没有污染、不含各类有害添加剂的食品，与常规食品相比一般含有更多的主要养分（如维生素C、矿物质等）和次要养分（如植物营养素等），更有利人体健康。

5. 什么是有机农业?

有机农业是遵照特定的农业生产原则，在生产中不采用基因工程获得的生物及其产物，不使用化学合成的农药、化肥、生长调节剂、饲料添加剂等物质，遵循自然规律和生态学原理，协调种植业和养殖业的平衡，采用一系列可持续的农业技术以维持持续稳定的农业生产体系的一种农业生产方式。有机农业有三大基本特征：

(1) **有机农业的本质是尊重自然、顺应自然规律和生态学原理** 有机农业理论的着眼点不是单纯的水、土、大气、作物，而是由这些构成的大大小小的活的生态系统中的所有，包括害虫以及害虫的天敌，小到一个菜地，大到整个地球，这些生态系统自身有着自然调节机制。人类的农业活动应该维持这个系统的活力与平衡，而不能因为过度索取而破坏这个系统的持续存在。从这个角度出发，有机的理念倡导保护环境、保护不可再生性自然资源，反对施用化肥和化学农药，因为化肥和合成农药的生产需要大量能源如开采石油和矿山，比如生产磷肥或钾肥需要的矿石。而使用化学农药、化肥又严重污染了环境。另外，相信自然系统内部生物间的相互作用能够维持系统的平衡，系统内各生物的存在有其合理性，病虫害的解决应该立足于系统内的相互作用，而不是依赖杀虫剂，杀虫剂的使用在杀灭害虫的同时也打破了系统的平衡又会产生新的问题，何况自然界的进化与选择的存在永远不可能完全消灭害虫。

(2) **实行有机耕作培养健康的土壤，增加土壤肥力** 常规农业中把土壤看作一个生产农作物的借助平台或者工具，但是有机农业中则把土壤看作是一个平等的生命体，人类通过土壤获得可食用农作物，也必须回馈土壤所需要的养分，换句话说，健康的土壤是有生命的土壤，健康的土壤也是需要培养的。培养健康的土壤是有机农业的核心和根本。在土壤中含有无数土壤生物，它们分解、运输营养成分并提供给植物根部。与家畜一样，土壤生物也需要"喂食"，有机粪肥、作物残渣与绿肥都能为土壤中的生命提供营养，而且活着的植物通过其根部释放有机质也可作为土壤生物的食物。

(3) **协调种植业和养殖业平衡，建立相对封闭的养分循环利用体系** 有机农业重视体系内养分的循环利用，目前有机农业生产中大多是单一作物种植，养分的来源多是植物残体如秸秆还田，绿肥种植和使用自制有机堆肥。制作有机堆肥的主要原料动物粪肥一般是从外界购买，从外界购买面临着供应的不稳定性和质量的不确定性。由于养殖模式的问题，很多动物粪肥未必适合制作有机堆肥。比如规模化养鸡场的鸡粪可能存在重金属超标的风险。实行种养结合是解决有机堆肥原料来源的最佳方式，更加有利于建立一个营养物质在动物和植物间高效、循环利用的综合农业系统。

6. 有机农业、有机农产品、有机产品、有机食品有何区别和联系？

有机农业是能够生产出有机农产品的基础和前提，只有建立了有机农业生产体系才能生产出有机农产品。有机食品是能够食用的有机产品，它包含有机农产品。有机产品的范畴更大，包括了有机食品和非食用有机工业品，非食用有机工业品包括有机纺织品、有机农用生产资料、有机化妆品、有机中草药材、有机家具等，在国外还有有机餐馆、有机旅馆等。它们之间内在的共同点是都遵循有机理念中环保、可持续发展的理念。国家标准定义的是有机产品系列标准，在本书中只讨论有机食品的范畴。

7. "三品"有何区别与联系？

"三品"的认证对象均为农产品及其加工品，区别则主要体现在：无公害农产品是在保证基本安全前提下满足数量要求，其核心是不允许使用国家明令禁止的化学农药。绿色食品追求保护环境和满足数量的平衡，是一种现实的适合国情的选择。无公害农产品和绿色食品都允许使用化学农药和化学肥料，主要差别在使用的种类和数量上，同时绿色食品提倡使用生物农药和生物有机肥，保护环境；都是单纯从产品检测向过程控制转变的混合体。有机食品与无公害农产品、绿色食品有质的差别或者说是理念上的差别，有机食品偏重追求人与社会、自然的和谐共处，禁止危害环境、破坏自然的行为或技术在生产中应用。在认证中强调过程控制。

8. "三品"发展的背景和历史是什么样的?

"三品"产生和发展的背景：一是随着我国经济社会发展水平的提高，食品生产由短缺时代进入供求平衡甚至供略大于求的时代，在食品数量已经满足人民生活需求的基础上，追求食品的质量安全逐步成为全社会的共识；二是在发展数量型农业的过程中，化学农药、化肥、除草剂、化学类激素等在农业生产中大量低效甚至是超量使用，对农业生产环境造成了严重的危害，据统计当前农业面源污染已经超过工业污染成为环境污染的主要因素，中国农业开始探索发展的转型之路；三是国家一直以来就提倡生态农业和环保意识，特别是近年来国家提出了"生态文明"理论，对"三品"的发展形成了重要的政策支持。

为保证我国农产品质量安全，保障群众消费安全需求，提升我国优质农产品市场竞争力，农业部于 2001 年在全国启动实施"无公害食品行动计划"。2002 年 4 月，农业部、国家质检总局联合发布了《无公害农产品管理办法》。2003 年农业部开展无公害农产品产地认定和产品认证，全国无公害农产品产业发展正式起步。

绿色食品发展开始于 20 世纪 90 年代初期，是在发展高产、优质、高效农业大背景下推动起来的。1990 年，农业部在借鉴国外发达国家发展有机农业的经验基础上，结合中国国情和发展实际，创造性地推出了绿色食品认证。绿色食品确立了增进人民身体健康、保护农业生态环境和促进农业可持续发展的核心理念，推行了"保护环境、清洁生产、健康养殖、安全消费"的可持续生产方式，创建了"以技术标准为基础、质量认证为形式、标志管理为手段"的基本运行制度，建立了"以标志品牌为纽带、龙头企业为主体、基地建设为依托、农户参与为基础"的产业发展模式。自 1993 年初农业部发布《绿色食品标志管理办法》起至今，绿色食品从概念到产品，从产品到产业，发展成为一个安全优质农产品精品品牌，取得了明显的经济、生态和社会效益。

有机食品（产品）和有机农业则属于舶来品，起源于 20 世纪三四十年代的欧洲。1945 年，美国的 J. I. Rodale 建立了世界上第一个有机农场罗代尔有机农场。1972 年 11 月 5 日，国际有机农业运动联盟（IFOAM）在法国成立，推动了有机农业在全球范围内的快速发展，目前已成为由 100 多个国家共 750 多个成员的大型国际组织。国际有机农业运动联盟制定的有机农业标准，成为世界各个国家制定本国有机标准的引用和参考标准。1990 年浙江省临安县的裴后茶园和临安茶厂获得了荷兰 SKAL 的有机颁证，这是中国有机食品认证的开端。这一时期有机食品主要以出口为主。随着国内经济发展水平提升，有机食品因为较高的安全性和对环境的正面影响，逐步为国内消费者接受。1994 年，经国家环境保护局批准，国家环境保护局南京环境科学研究所的农村生态研究室改组成为"国家环境保护总局有机食品发展中心"（Organic Food Development Center of SEPA，简称

OFDC），自 1995 年开始在国内开展有机食品认证工作，1999 年制定了 OFDC 的《有机产品认证标准》（试行），2004 年 11 月 5 日国家质量监督检验检疫总局令第 67 号发布了《有机产品认证管理办法》以及其后的 GB/T19630《有机产品》和《有机产品认证实施规则》。这些制度的确立为国内开展有机食品认证奠定了基础。

农业部在推动农业转型、提升农产品质量安全水平的政策目标指导下，提出了推进无公害农产品、绿色食品、有机农产品"三品"共同发展的工作要求，并加以大力推动和实施。

9. 为什么要发展"三品"?

大力发展"三品"，第一，是为了改变生产方式和生产模式。增进人民身体健康、保护农业生态环境和促进农业可持续发展是"三品"特别是绿色食品和有机食品的核心发展理念，落实到技术上就是改变现行的以化学投入品（化学农药、化学肥料、除草剂等）为主的农业生产方式，转向可持续发展的农业生产方式。

第二，是提高农产品质量安全与品质的需要。农产品的质量安全首先是生产出来的，发展"三品"就是把科学的技术标准与生产实际结合的过程。虽然"三品"生产标准各有不同，但是都实施了"产地环境-产品生产-包装销售"的全程质量控制管理的技术路线，贯穿了产地环境、生产技术规程、产品质量控制、包装、贮藏和运输等标准规范，"三品"认证的过程则是对"三品"标准要求落实到生产中去的合格性检查和确认过程，这种生产与监督相结合的方式有效地提高了农产品质量安全水平。按照"三品"标准生产是实现"产出来"的最佳途径。强化农产品质量安全监管是实现农产品质量安全"管出来"的另一方面。

第三，发展"三品"能够促进品牌农业建设。品牌是提升农产品市场竞争力的重要手段，"三品"作为农业部门强力打造的公共品牌，在消费市场上有着很高的知名度，通过"三品"认证，借助"三品"公共品牌效应，有利于打造一大批优质农产品品牌，增强农产品市场竞争力。小企业特别是合作社要善于借船出海、借台唱戏。利用好"三品一标"公共品牌。

第四，发展"三品"是为了满足消费者需求。当前全社会对食品安全消费的要求越来越高，社会关注度也很高，但是消费者在市场上难以有效判断食品的质量安全水平，通过"三品"标志，消费者易于寻找质量有保障的食品，并根据"三品"标志选择满足自己需求的食品。

10. "三品"认证的性质是什么?

认证（certification）是由认证机构证明产品、服务、管理体系符合相关技术规范、相关技术规范的强制性要求或者标准的合格评定活动。认证按照认证对象的不同，可分为产品认证和体系认证，体系认证主要包括："三 P"认证，即 GAP（良好农业操作规范）、GMP（良好生产规范）（食品药品）、HACCP（危害分析与关键点控制），以及 ISO 9000，ISO 14000 等；产品认证是针对产品进行的认证，常见的有 QS 认证、无公害农产品认证、有机食品（产品）认证和绿色食品认证。但是严格地讲，绿色食品认证并非产品认证，准确的说法应该是绿色食品标志许可使用登记，"绿色食品认证"更多的是一种习惯性称谓。按照性质的不同，可分为强制性认证和自愿性认证，QS认证、GMP（良好生产规范）（食品药品）就属于强制性认证，无公害农产品认证、绿色食品登记、有机食品认证都属于自愿性认证。体系认证大都属于自愿性认证。但是近年来很多体系认证已经逐渐成为贸易技术壁垒，国外的食品供应链认证、ISO 14000环境认证都已经成为食品出口的技术壁垒。

11. "三品"是由什么部门管理？

无公害农产品产地认定由省级农业行政主管部门负责，无公害农产品的认证管理由农业部农产品质量安全中心负责。

绿色食品标志许可及管理工作由中国绿色食品发展中心负责。省级人民政府农业行政主管部门所属绿色食品工作机构负责本行政区域绿色食品标志使用申请的受理、初审和颁证后跟踪检查工作。

有机食品认证管理部门是国家认证认可监督管理委员会（简称国家认监委）。有机食品的认证实行的是市场化原则，有机食品认证机构资质由国家认监委批准。另有专门代理国外有机食品认证的机构。

12. "三品"的有效期分别是几年？

无公害农产品有效期三年。绿色食品有效期三年，每年必须实施年度检查，三年期满前实施续展，续展通过后保持标志使用权。有机食品适用国际通行规定，实行一年一认证的制度，证书有效期为一年。

13. 什么是缓冲带？

在有机植物生产和食用菌栽培过程中，为防止有机生产区域受到邻近常规生产区域污染，在有机和常规生产区域之间有目的设置的、可明确界定的物理屏障，用来限制或阻挡邻近田块的禁用物质漂移的到有机生产地块。缓冲带上种植的植物不能认证为有机产品。

14. 什么是平行生产？

平行生产指在同一生产单元中，同时生产相同或难以区分的有机和有机转换或常规产品的情况。也就是说以上三种生产形式任意两种以上同时存在时，即为平行生产。

在有机生产过程中，必须高度重视平行生产，在生产、加工、贮藏、运输和销售过程都要进行关注。平行生产对有机生产的风险来自多方面，其中的核心风险就是产品混淆和禁用物质污染，具体表现在：投入物的混淆和污染，生产工具的污染，灌溉水的污染，缓冲带的风险，收获、贮藏、运输的混淆，加工时的混淆，饲料混淆，养殖时的混淆，记录不清和标志滥用。

有机生产要求有机生产部分（包括地块、生产设施和工具）应能够完全分开，并能够采取适当措施避免非有机产品混杂和被禁用物质污染。具体来说，可在有机和常规生产单元之间采取物理隔离措施，比如使有机生产区域和常规生产区域之间保持一定的距离；明确平行生产动植物品种，并制订和实施平行生产、收获、贮藏和运输的计划，具备独立和完善的记录体系，以准确区分有机产品和常规产品（或有机转换食品）。逐步推行有机生产管理或先对一部分农场实施有机生产标准，制订有机生产计划，最终实现全农场的有机生产。

15. 什么是有机转换期?

有机转换期是指从按照有机食品生产标准开始管理至生产单元和产品获得有机认证之间的时段。转换期内不能使用化肥和化学农药，必须完全按照有机食品生产标准，建立有效的管理体系，进行管理。转换期的长短因生产类别和生产种类各异，如植物生产中，一年生植物的转换期至少为播种前的 24 个月，而多年生植物的转换期至少为收获前的 36 个月；而有机水产养殖中，从常规养殖过渡到有机养殖至少经过 12 个月的转换期。转换期的存在不仅使生产基地环境得到改善，也方便申请者在转换期内逐步建立和完善有机食品生产的管理体系，更加保证了有机食品的 "纯洁"。

16. 目前国家禁限用的农药有哪些?

《农药管理条例》第二十七条规定：使用农药应当遵守国家有关农药安全、合理使用的规定，按照规定的用药量、用药次数、用药方法和安全间隔期施药，防止污染农副产品。剧毒、高毒农药不得用于防治卫生害虫，不得用于蔬菜、瓜果、茶叶和中草药材。第三十六条规定：任何单位和个人不得生产、经营和使用国家明令禁止生产或者撤销登记的农药。

国家明令禁止使用的农药（共 33 种）：甲胺磷、甲基对硫磷、对硫磷、久效磷、磷胺、六六六、滴滴涕、毒杀芬、二溴氯丙烷、杀虫脒、二溴乙烷、除草醚、艾氏剂、狄氏剂、汞制剂、砷类、铅类、敌枯双、氟乙酰胺、甘氟、毒鼠强、氟乙酸钠、毒鼠硅、苯线磷、地虫硫磷、甲基硫环磷、磷化钙、磷化镁、磷化锌、硫线磷、蝇毒磷、治螟磷、特丁硫磷。

限制使用、撤销登记的农药（共 17 种）：甲拌磷、甲基异柳磷、内吸磷、克百威、涕灭威、灭线磷、硫环磷、氯唑磷 8 种高毒农药不得用于蔬菜、果树、茶叶、中草药材上；三氯杀螨醇、氰戊菊酯不得用于茶树上；撤销氧乐果在甘蓝、柑橘树上的登记，撤销丁酰肼在花生上、水胺硫磷在柑橘上的登记，撤销灭多威在柑橘树、苹果树、茶树、十字花科蔬菜上的登记，撤销硫丹在苹果树、茶树上的登记，撤销溴甲烷在草莓、黄瓜上的登记，撤销氟虫腈除卫生用、玉米等部分旱田种子包衣剂外用于其他方面的登记。

17. 目前国家规定食品动物禁用的兽药有哪些?

(1) 禁用于所有食品动物的兽药 ① 兴奋剂类：克仑特罗、沙丁胺醇、西马特罗及其盐、酯及制剂；② 性激素类：己烯雌酚及其盐、酯及制剂；③ 具有雌激素样作用的物质：玉米赤霉醇、去甲雄三烯醇酮、醋酸甲孕酮及制剂；④ 氯霉素及其盐、酯（包括琥珀氯霉素）及制剂；⑤ 氨苯砜及制剂；⑥ 硝基呋喃类：呋喃西林和呋喃妥因及其盐、酯及制剂，呋喃唑酮、呋喃它酮、呋喃苯烯酸钠及制剂；⑦ 硝基化合物：硝基酚钠、硝呋烯腙及制剂；⑧ 催眠、镇静类：安眠酮及制剂；⑨ 硝基咪唑类：替硝唑及其盐、酯及制剂；⑩ 喹噁啉类：卡巴氧及其盐、酯及制剂；⑪ 抗生素类：万古霉素及其盐、酯及制剂，洛美沙星、培氟沙星、氧氟沙星、诺氟沙星 4 种原料药的各种盐、酯及制剂。

（2）禁用于所有食品动物用作杀虫剂、清塘剂、抗菌或杀螺剂的兽药 ① 林丹（丙体六六六）；② 毒杀芬（氯化烯）；③ 呋喃丹（克百威）；④ 杀虫脒（克死螨）；⑤ 酒石酸锑钾；⑥ 锥虫胂胺；⑦ 孔雀石绿；⑧ 五氯酚酸钠；⑨ 各种汞制剂，包括：氯化亚汞（甘汞）、硝酸亚汞、醋酸汞、吡啶基醋酸汞。

（3）禁用于水生食品动物用作杀虫剂的兽药 双甲脒。

（4）禁用于所有食品动物用作促生长的兽药 ① 性激素类：甲基睾丸酮、丙酸睾酮、苯丙酸诺龙、苯甲酸雌二醇及其盐、酯及制剂；② 催眠、镇静类：氯丙嗪、地西泮（安定）及其盐、酯及制剂；③ 硝基咪唑类：甲硝唑、地美硝唑及其盐、酯及制剂。

（5）禁用于饲料和动物饮用水中的药品 ① 肾上腺素受体激动剂：盐酸克仑特罗、沙丁胺醇、硫酸沙丁胺醇、莱克多巴胺、盐酸多巴胺、西巴特罗、硫酸特布他林。② 性激素：己烯雌酚、雌二醇、戊酸雌二醇、苯甲酸雌二醇、氯烯雌醚、炔诺醇、炔诺醚、醋酸氯地孕酮、左炔诺孕酮、炔诺酮、绒毛膜促性腺激素（绒促性素）、促卵泡生长激素（尿促性素，主要含卵泡刺激素 FSHT 和黄体生成素 LH）。③ 蛋白同化激素：碘化酪蛋白、苯丙酸诺龙及苯丙酸诺龙注射液。④ 精神药品：（盐酸）氯丙嗪、盐酸异丙嗪、安定（地西泮）、苯巴比妥、苯巴比妥钠、巴比妥、异戊巴比妥、异戊巴比妥钠、利血平、艾司唑仑、甲丙氨脂、咪达唑仑、硝西泮、奥沙西泮、匹莫林、三唑仑、唑吡旦，其他国家管制的精神药品。⑤ 各种抗生素滤渣：该类物质是抗生素类产品生产过程中产生的工业"三废"，因含有微量抗生素成分，在饲养过程中使用后对动物有一定的促生长作用，但危害更大：一是容易引起耐药性；二是由于未做安全性试验，存在各种安全隐患。

18. 畜产品生产中"全进全出"指的是什么？

所谓"全进全出"是指在同一栋畜舍同时间内只饲养同一日龄的动物，经过一个饲养期后，又在同一天（或大致相同的时间内）全部出栏（笼）。

这种饲养制度有利于切断病原的循环感染，有利于疾病控制，同时便于饲养管理，有利于机械化作业，提高劳动效率；便于管理技术和防疫措施等的统一，也有利于新技术的实施；在不同批次的饲养期之间为休整期，养殖设备和用具可进行彻底打扫、清洗、消毒与维修，这样能有效地消灭舍内的病原体，切断病原的循环感染，使动物疫病减少，死亡率降低，同时也提高了畜舍的利用率。这种"全进全出"的饲养制度与在同一畜舍里饲养几种不同日龄的动物相比，具有增重快、耗料少、死亡率低的优点，适于广大养殖户采用。

19. 畜产品生产中饲料及饲料添加剂的概念是什么？

饲料是指农业或牧业饲养的动物的食物。包括大豆、豆粕、玉米、鱼粉、氨基酸、杂粕、添加剂、乳清粉、油脂、肉骨粉、谷物、甜高粱等饲料原料。

饲料添加剂是指在饲料生产加工、使用过程中添加的少量或微量物质，在饲料中用量很少，但作用显著。饲料添加剂是现代饲料工业必然使用的原料，在强化基础饲料营养价值，提高动物生产性能，保证动物健康，节省饲料成本，改善畜产品品质等方面有明显的效果。

20. 畜产品生产中兽药、兽用处方药、食品动物、休药期的定义是什么?

兽药：是指用于预防、治疗、诊断动物疾病或者有目的地调节动物生理机能的物质（含药物饲料添加剂），主要包括：血清制品、疫苗、诊断制品、微生态制品、中药材、中成药、化学药品、抗生素、生化药品、放射性药品及外用杀虫剂、消毒剂等。

兽用处方药：由国务院兽药行政管理部门公布的、凭兽药处方方可购买和使用的兽药。

食品动物：各种供人食用或其产品供人食用的动物。

休药期：食品动物从停止给药到许可屠宰或其产品（奶、蛋）许可上市的间隔时间。对于奶牛和蛋鸡，也称弃奶期或弃蛋期。对于蜜蜂，指从停止给药到其产品收获的间隔时间。

21. 什么是转基因食品，转基因食品可以进行"三品"认证吗?

转基因食品，系指利用基因工程技术改变基因组构成的动物、植物和微生物生产的食品和食品添加剂。转基因技术（包括转基因食品）的安全性问题是当前最具争议性的问题，但没有明确的结论。欧盟法律明确表明不欢迎转基因产品，在国际上极力主张对转基因产品采取"预先预防态度"。欧盟食品工业要经政府主管部门审批，若没有官方授权，转基因产品不能投放欧盟市场。美国是转基因食品最多的国家，60％以上的加工食品含有转基因成分，90％以上的大豆、50％以上的玉米、小麦是转基因的。在我国，到目前为止，经农业部生物工程安全委员会准许商业化的转基因作物仅有6个，其中有3个涉及食品，即两种西红柿、一种甜椒。2016年中央1号文件关于转基因的政策是"加强农业转基因技术研发和监管，在确保安全的基础上慎重推广"。无公害农产品、绿色食品、有机食品则是基于尊重自然、反对人为改变生物性质的原因拒绝转基因产品和转基因技术。国家有机产品标准中规定"不应在有机生产体系中引入或在有机产品上使用基因工程生物、转基因生物及其衍生物，包括植物、动物、微生物、种子、花粉、精子、卵子、其他繁殖材料，以及肥料、土壤改良物质、植物保护产品、植物生长调节剂、饲料、动物生长调节剂、兽药、渔药等农业投入品。同时存在有机和非有机生产的生产单元，其常规生产部分也不得引入或使用基因工程生物、转基因生物。"

22. 影响农产品质量安全的四大因素是什么?

影响农产品质量安全的因素很多，根据来源不同，影响农产品质量安全的危害因素主要包括农产品种植或养殖过程可能产生的危害、农产品保鲜包装贮运过程可能产生的危害、农产品自身的生长发育过程中产生的危害、农业生产中新技术应用带来的潜在危害四个方面。

(1) 农业种植或养殖过程可能产生的危害 包括因投入品不合格或非法使用造成的农

药、兽药、硝酸盐、生长调节剂、添加剂等有毒有害残留物；产地环境带来的铅、镉、汞、砷等重金属元素；石油烃、多环芳烃、氟化物、六六六、滴滴涕等有机污染物。

（2）**农产品保鲜包装贮运过程可能产生的危害**　包括贮存过程中不合理或非法使用的保鲜剂、催化剂和包装运输材料中有害化学物等产生的污染。

（3）**农产品自身的生长发育过程中产生的危害**　如黄曲霉毒素、沙门氏菌、禽流感病毒等。

（4）**农业生产中新技术应用带来的潜在危害**　如外来物种侵入、非法转基因品种等。

23. "三品"与农产品质量安全有什么联系？

"三品"是政府主导的安全优质农产品公共品牌，是当前和今后一个时期农产品生产消费的主导产品，是农产品质量安全工作的重要组成部分，是提升农产品质量安全水平的重要举措。

农产品质量安全工作要"产""管"齐抓，"产出来"是前提，落到产品上就是要突出抓好绿色优质农产品生产。"三品"相关技术规程能够为生产优质安全农产品提供技术支撑。"三品"生产主体通过对产地环境、农业投入品使用、生产过程和终端产品进行全程质量控制，供给优质安全的产品，满足消费者消费升级的要求。"三品"能带动农业标准化生产水平不断提高，从源头上解决"产出来"的问题，是促进农产品质量安全水平提升的重要抓手。

24. 保障农产品质量安全的主要措施有哪些？

当前，我国负责农产品质量安全的监管服务部门是农业部，主要承担农产品质量安全知识的培训、质量安全控制技术的推广、生产环节质量安全的日常巡查、各项监管措施的督促落实等任务，从源头上保障农产品质量安全。大致有以下几个方面的措施：

一是组织农产品质量安全法律法规知识宣传、教育和培训，提高生产经营者质量安全意识和诚信守法意识。

二是组织开展农产品质量安全控制技术示范，推广农产品安全生产技术要求和操作规程。

三是对农产品种植、养殖过程进行监督巡查，重点对农药、兽药、肥料、饲料及饲料添加剂等投入品使用情况进行检查，严防禁用药物和有毒物质流入生产环节。

四是督促指导生产经营企业和农民专业合作社建立生产经营档案记录。

五是对产地农产品进行快速检验监测，对农产品质量安全进行监督。

六是开展农产品质量安全认证（主要是指"三品一标"产品）和质量追溯等工作。

25.《中华人民共和国农产品质量安全法》规定对哪几种农产品禁止销售？

有下列情形之一的农产品，不得销售：

（1）含有国家禁止使用的农药、兽药或者其他化学物质的；

（2）农药、兽药等化学物质残留或者含有的重金属等有毒有害物质不符合农产品质量安全标准的；

（3）含有的致病性寄生虫、微生物或者生物毒素不符合农产品质量安全标准的；

（4）使用的保鲜剂、防腐剂、添加剂等材料不符合国家有关强制性的技术规范的；

（5）其他不符合农产品质量安全标准的。

26.《中华人民共和国农产品质量安全法》对于农产品包装和标识的规定主要包括什么？

（1）农产品生产企业、农民专业合作经济组织以及从事农产品收购的单位或者个人销售的农产品，按照规定应当包装或者附加标识的，须经包装或者附加标识后方可销售。包装物或者标识上应当按照规定标明产品的品名、产地、生产者、生产日期、保质期、产品质量等级等内容；使用添加剂的，还应当按照规定标明添加剂的名称。

（2）农产品在包装、保鲜、贮存、运输中使用的保鲜剂、防腐剂和添加剂等材料，应当符合国家有关强制性的技术规范。

（3）属于农业转基因生物的农产品，应当按照农业转基因生物安全管理的规定进行标识。

（4）依法需要实施检疫的动植物及其产品，应当附具检疫合格的标志、证明。

（5）销售的农产品符合农产品质量安全标准的，生产者可以申请使用无公害农产品标识；农产品质量符合国家规定的有关优质农产品标准的，生产者可以申请使用相应的农产品质量标志。

生 产 技 术 篇

27. 农作物为什么要提倡轮作?

　　轮作就是在同一块田地上,有顺序地在季节间或年间轮换种植不同的作物或复种组合的一种种植方式。有年度间进行的单一作物的轮作如一年一熟的大豆→小麦→玉米三年轮作;在一年多熟条件下既有年间的轮作,也有年内的换茬,如南方的绿肥—水稻—水稻→(第二年)油菜—水稻→(第三年)小麦—水稻—水稻轮作,这种轮作有不同的复种方式组成,因此,也称为复种轮作。

　　我国的农耕文明中有很长的轮作历史。早在西汉时就实行休闲轮作。北魏《齐民要术》中有"谷田必须岁易""麻欲得良田,不用故墟""凡谷田,绿豆、小豆底为上,麻、黍、故麻次之,芜菁、大豆为下"等记载。中国常见的有禾谷类轮作、禾豆轮作、粮食和经济作物轮作、水旱轮作、草田轮作。

　　合理的轮作有很高的生态效益和经济效益:一是能够防治病、虫、草害。作物的许多病害都通过土壤侵染,将感病的寄主作物与非寄主作物实行轮作,便可消灭或减少这种病菌在土壤中的数量,减轻病害。对于虫害,轮种不感虫的作物后,可使土壤中的虫卵减少,达到减轻危害的目的。合理的轮作也是综合防除杂草的重要途径,不同作物栽培过程中所运用的不同农业措施,对田间杂草有不同的抑制和防除作用。如密植的谷类作物,封垄后对一些杂草有抑制作用;玉米、棉花等中耕作物,中耕时有灭草作用;一些伴生或寄生性杂草如小麦田间的燕麦草、豆科作物田间的菟丝子,轮作后由于失去了伴生作物或寄主,能被消灭或抑制;水旱轮作可在淹水情况下使一些旱生型杂草丧失发芽能力。通过这些方式则可以有效减少化学农药包括除草剂的使用,提升农产品的质量安全水平。

　　轮作是用地养地相结合的一种生物学措施,有利于改善土壤的理化性状、均衡土壤养分、调节土壤肥力。在均衡土壤养分方面,不同作物从土壤中吸收各种养分的数量和比例各不相同。如禾谷类作物对氮和硅的吸收量较多,而对钙的吸收量较少;豆科作物吸收大量的钙,而吸收硅的数量极少。因此,两类作物轮换种植,可保证土壤养分的均衡利用,而不同植物根系深浅不同,轮换栽培可吸收不同土层中的营养元素,避免其单方面消耗。在调节土壤肥力方面,水旱轮作可以改变土壤的生态环境,有利土壤通气和有机质分解,消除土壤中的有毒物质,促进土壤有益微生物的繁殖。轮作谷类作物和多年生牧草则因为它们有庞大根群,可疏松土壤、改善土壤结构;轮作绿肥作物和油料作物,可直接增加土壤有机质来源,比如豆科作物有很强的固氮作用,是农业生产中最常用的轮作方式。

　　由于轮作在提升土壤肥力和防治病虫草害方面有巨大作用,同时也是中国传统农业千年可持续生产的重要组成部分,因此,"三品"生产中都积极提倡轮作,特别是有机农业生产中对轮作有明确要求。

28. 农业综合防治措施有哪些?

从农业生产的全局和农业生态系统的总体出发,根据病、虫、杂草发生为害的规律,结合当时当地的具体情况,科学地协调农业防治、物理防治、生物防治、化学防治等措施,达到经济、简便、安全、有效地控制病、虫、杂草危害的目的。农业防治就是综合运用一系列先进的农业技术措施,有目的定向改变某些环境条件,创造有利于农作物生长发育和有益生物生存繁殖,而不利于害虫发生的环境条件,从而直接或间接消灭或抑制害虫的发生和为害,以达到保证作物丰产的目的。主要包括开垦荒地,兴修水利;轮作倒茬,间作套种;调节作物的播、植期;中耕除草和清洁田园;耕犁;排灌;合理施肥;作物抗病虫品种的利用。物理防治是利用简单工具和各种物理因素,如光、热、电、温度、湿度和放射能、声波等防治病虫害的措施。包括最原始、最简单的徒手捕杀或清除,以及当前物理技术的运用,包括利用灯光、色彩诱杀害虫,机械捕捉害虫,高温闷棚、防虫网、恒温浸种、机械或人工除草等措施。生物防治则是利用了生物物种间的相互关系,以一种或一类生物抑制另一种或另一类生物,大致可以分为三种:一是以虫治虫,如以日光蜂防治苹果绵蚜虫,利用瓢虫、蜘蛛、食蚜蝇、草铃虫等大面积防治小麦蚜虫和棉花蚜虫;二是以鸟治虫,我国明代就有养鸭治蝗的经验,现在稻田养鸭技术已经较为成熟;三是以菌治虫,比如应用白僵菌防治马尾松毛虫,使用苏云金杆菌防治玉米螟、稻苞虫、棉铃虫、烟素虫、菜青虫等。化学防治则是使用农药防治病虫害,是当前农业生产中应用最多和最广的技术,但是对环境污染严重,在杀伤虫害的同时也杀伤了虫害的天敌,影响了自然界的生物平衡。

农业综合防治是植物保护工作的重要内容,其指导思想是"预防为主"。综合防治病、虫和草害等,由于强调综合利用上述多种措施,从而减少了对化学农药的依赖,因此对于防止由单纯施用化学农药而引起的环境污染具有重要意义。

29. "三品"生产对产地环境有什么要求?

无公害农产品产地应选择在生态环境良好,远离污染源,并具有持续生产能力的农业生产区域。空气、水源、土壤等条件满足无公害农产品相关标准要求。产地环境符合无公害农产品产地环境的标准要求,区域范围明确,具备一定的生产规模。其中无公害农产品产地环境标准执行 NY5000 系列标准。无公害农产品产地环境必须经有资质的检测机构检测,灌溉用水(畜禽饮用、加工用水)、土壤、大气等符合国家无公害农产品生产环境质量要求,产地周围 3 千米范围内没有污染企业,蔬菜、茶叶、果品等产地应远离交通主干道 100 米以上。产地规模各省(自治区、直辖市)要求不一致,由本地区无公害农产品认证管理部门根据本地区实际情况制订。

绿色食品产地应选择生态环境良好、无污染的地区,远离工矿区和公路铁路干线,避开污染源。应在绿色食品和常规生产区域之间设置有效的缓冲带或物理屏障,以防止绿色食品生产基地受到污染。建立生物栖息地,保护基因多样性、物种多样性和生态系统多样性,以维持生态平衡。应保证基地具有可持续生产能力,不对环境或周边其他生物产生污染。

有机食品生产需要在适宜的环境条件下进行。有机生产基地应远离城区、工矿区、交通主干线、工业污染源、生活垃圾场等。产地的环境质量主要包括土壤环境质量、农田灌溉用水、环境空气质量三项内容,其中土壤环境质量应符合 GB 15618—1995 中的二级标准要求;农田灌溉用水水质符合 GB 5084—2005 的规定;环境空气质量符合 GB 3095—2012 中二级标准的规定。除了这些要求以外,在基地的选择上,还要考虑缓冲带的设置和灌溉方式对有机产地布局的影响,涉及平行生产的还要考虑平行生产可能带来的影响。

30. 无公害农产品的生产需要满足哪些条件?

无公害农产品的生产管理应当符合下列条件:
(1) 生产过程符合无公害农产品生产技术的标准要求。
(2) 有相应的专业技术和管理人员。
(3) 有完善的质量控制措施,并有完整的生产和销售记录档案。

31. 无公害农产品生产中如何合理使用农药?

无公害农产品生产,并非不使用化学农药,关键是如何科学合理地使用,既要防治病虫草害,又要减少污染,使上市农产品中的农药残留量控制在允许的范围内。

(1) 使用合格的农药 农药质量的好坏直接影响到使用后的药效。农药使用前,应查看农药包装上的标签是否完好,是否有三证号、生产日期和保质期。不要使用无标签或标签不清楚、无三证、过期的农药。

(2) 对症下药 根据作物和病、虫、草的种类,使用相应的农药品种。根据防治对象选择适宜的农药品种,而不能用一种杀虫剂来防治所有的害虫,不能用一种杀菌剂来防治所有的病害,不能用一种除草剂来防除各种作物田里的杂草。

(3) 适量、均匀施药 在施用农药时应根据防治对象的种类、生育期、发生量以及环境条件来决定用药量。不同的虫龄和杂草叶龄对农药的敏感性有差异,防治敏感的对象用药量少,防治有耐药性的对象用药量大;适合的农药使用量还受到环境条件的影响,如为了取得相同的药效,土壤除草剂在土表干燥、有机质含量高的地里的施用量就要比在湿润、有机质含量低的地里的施用量高。除了选择对路的农药品种和适时施药外,还必须均匀施药,才能保证药效。

(4) 合理轮换用药与混用施药 应合理轮换作用机制不同的药剂,防止或延缓病、虫、草抗药性的产生和杂草群落的改变,提高农药的使用效果。合理混用农药可提高药效、扩大防治对象,降低用药量,防止或延缓病、虫、草抗药性的产生,避免作物药害。

(5) 选择适当的施药方法 根据农药的性质,防治对象和环境条件选择合适的施药方法。如防治地下害虫,可用毒土进行穴施或条施;又如,甲草胺只能用于进行土壤处理,不能作茎叶喷雾;而草甘膦只能用于进行茎叶喷雾,不能用于土壤处理。

(6) 综合防治 在防治病、虫、草害时,不能只依赖农药,应结合当地的实际情况,把化学防治和其他物理方法、栽培措施、耕作制度、生物防治等有机地结合起来,创造不利于病、虫、草害而有利于天敌繁衍的环境条件，保持农业生态系统平衡和生物多样性。

32. 无公害农产品生产对肥料有什么要求?

无公害农产品的施肥原则是合理施肥，培肥地力，改善土壤环境，改进施肥技术，因土因作物平衡协调施肥，以地养地。提倡使用农家肥料，包括经无害化处理的人畜粪肥和堆肥（以各类秸秆、落叶、人畜粪便堆积而成）、沤肥（堆肥的原料在淹水条件下进行发酵而成）、厩肥（家畜家禽的粪尿与秸秆垫料堆成）、绿肥（栽培或野生的绿色植物体作肥料）、沼气肥（沼气液或残渣）、秸秆肥（作物秸秆）、泥肥（未经污染的河泥、塘泥、沟泥等）、饼肥（菜籽饼、棉籽饼、芝麻饼、花生饼等）等。

33. 无公害畜禽产品的养殖方式有哪几种?

无公害畜禽产品的生产涉及产地饲养环境、饲料及饲料添加剂的使用、兽药使用、动物防疫、饲养管理及屠宰加工、包装运输等诸多方面和环节，要生产合格的无公害畜禽产品，必须在各个环节找到关键制约因素并加以控制，建立和完善预防性食品安全保证体系。主要的生产方式有三种：一是自然放养法，在无工业污染和农药污染的地区，或空气、土壤、水源等环境指数均达标的地区，以自然放养方式生产畜禽产品。二是生物学方法，在环境指数达标的地区或畜牧场，选择适宜的畜禽品种，利用"绿色"饲料喂养畜禽，以生物学制剂作为促生产添加剂及防病治病的药品。三是休药期生产法，该法适用于小型饲养场和家庭养殖，其对生产条件的要求不是很严格，可分两个阶段进行：第一阶段按常规法饲养；第二阶段为休药期，在休药期内完全使用无污染、无残留、无公害的饲料。

34. 无公害畜禽产品饲养场区应如何规划布局?

场区布局要合理，要分设行政区、生活区、生产区及粪污处理区。生产区应布置在行政区的上风向或侧风向处，粪污处理区应在生产区的下风向或侧风向处。生产区内净、污道路要分开，互不交叉，人员、家畜和物资运转应采取单一流向。畜舍建设应向阳、通风，既要具有保温隔热、调控温度的性能，又要利于粪便和污水的排放，保持圈舍干燥清洁。地面和墙壁应便于清洗，并能耐酸、碱等消毒药液清洗消毒。场区门口应设消毒池、消毒间、更衣室。场区内应设兽医室、隔离室、病死畜禽无害化处理间等设施。场区内要合理植树绿化，净化空气。场区环境卫生应符合《畜禽场环境质量标准》(NY/T 388—1999) 的要求。

35. 无公害畜禽饲料和饲料添加剂有哪些特点?

用于无公害畜禽生产的饲料和添加剂应具有以下四个特征：一是能明显提高动物生产性能；二是在畜禽产品中无残留，对人类健康无潜在危害；三是对畜禽产品的自然风味和品质无不良影响；四是畜禽的代谢排出物中不含有对环境有害的物质，对环境无污染。

36. 无公害畜产品生产对饲料和饲料添加剂的具体要求有哪些？

要获得无公害畜禽产品，必须使用无公害的绿色饲料和添加剂。使用的配合饲料、浓缩料应来源于具有饲料生产企业审查合格证的企业。预混合饲料和饲料添加剂应具有省级饲料管理部门颁发的产品批准文号。使用的进口饲料或饲料添加剂，必须是取得农业部颁发的有效期内饲料或饲料添加剂进口登记证的产品。

饲料应以玉米、豆饼粕为主要原料，使用杂饼粕时用量不宜过大。制药副产品不应作为畜禽饲料原料，不得使用未经高温处理的餐馆、食堂的泔水及垃圾场中的物质饲喂畜禽。除乳制品外，哺乳动物源性饲料不能作为牛羊饲料原料。

要根据不同畜禽品种、不同生长阶段需要，配制或使用不同的饲料，严格按饲料标签说明使用饲料和饲料添加剂。

重金属、微量元素等要控制在国家允许使用量的范围之内。如养猪场，不应给肥育猪使用高铜、高锌日粮。30千克体重以下、30～60千克体重、60千克体重以上猪的配合饲料中铜的含量分别不应高于250毫克/千克、150毫克/千克、25毫克/千克。除断奶前后两周的仔猪外，猪配合饲料中锌的含量不应高于250毫克/千克。严格禁止违禁物质的使用，不应在饲料中添加砷制剂、铬制剂、增色剂、激素、镇静剂、违禁物质（三聚氰胺、盐酸克仑特罗、己烯雌酚、氯霉素、呋喃唑酮、甲睾丸酮）等。

37. 无公害畜产品生产对于兽药的要求？

（1）所用兽药应有农业部颁发的有效期内产品批准文号，或使用农业部批准进口的产品，使用兽药应按照农业部公告第278号严格执行休药期规定。

（2）严格按照国家有关规定和标签说明合理保管和使用兽药，不应任意加大剂量。西药、中药制剂要在阴凉干燥处保存。疫苗等生物制品要在冷藏或冷冻条件下保存，防止失效。

（3）禁止使用未经农业部批准或已经淘汰的兽药，禁止使用农业部规定的禁止的兽药和化合物，以及其他国家明令禁止的兽药和化合物。禁止使用原料药、人用药，如在饲料中添加兽药，必须使用由兽药GMP生产企业生产并有批准文号的预混剂。

（4）非临床应用，禁止使用麻醉药、镇痛药、镇静药、中枢兴奋药、性激素、化学保定药及骨骼肌松弛药。

38. 无公害畜禽饲养管理过程中有哪些注意事项？

（1）饲养生猪、家禽、肉牛等应实施"全进全出"饲养方式，奶牛根据不同的生长阶段采取分群饲养。根据不同的饲养空间和不同的畜种，调整饲养密度。出栏畜禽应按照GB 16549检疫合格，方可出售，在治疗期和休药期内的畜禽不应作为食用动物销售，禁止销售病、死畜禽。

（2）保持舍内良好卫生。每日定期清除舍内粪便或污水，保持畜禽舍内卫生，控制细菌滋生。做好防暑降温、防寒保温，保持畜禽生长、生产所需的温度和湿度。不喂发霉、变质的饲料。经常检查饲草、饲料，发现结块、发霉的饲料，要及时清除。

（3）畜禽出栏时运输车辆应在使用前后彻底消毒，运输途中，不应在疫区、城镇和集市停留、饮水和饲喂。在县境内应凭有效期内的动物检疫合格证，出县境应凭动物检疫合格证和运载工具消毒证运输。

（4）畜禽场应有与生产规模相适应且具有专业资格证书的畜牧兽医技术人员，兽医不得对外诊疗动物疾病，配种人员不得对外开展配种工作。生产人员进入生产区，应严格消毒。非生产人员和外来人员，不准进入生产区，必须进入时，应严格消毒，更换消毒的防护服、鞋、帽后方可入场，并遵守场内的一切防疫制度。

（5）畜禽场应建立养殖档案。做好免疫、饲料采购和使用、兽药采购和使用、消毒、疫病诊断、无害化处理、产品销售等日常生产记录，每项生产记录要准确、完整，具有可追溯性，养殖档案应至少保存2年以上。

39. 无公害水产品生产环境有哪些要求？

（1）环境条件要求水源充足，排灌方便；远离工业"三废"和城市生活垃圾等对渔业水质构成威胁的污染区；设置垃圾废物收集桶，定时清理；养殖场内不得养禽畜污染池塘。

（2）池塘通风向阳，池形整齐，规格为长方形，南北走向；池塘面积6～15亩[*]，水深2～3米，以生态循环水模式进行养殖，属于标准化池塘；每个生产周期，在放鱼苗入池前，要适时进行池塘干底修整、清淤泥、消毒、晒塘底、肥水、增氧曝气和试水处理。

（3）水质符合国家渔业水质标准，要求水体无异色、异臭和异味，pH 7.0～8.8，溶氧在5毫克/升以上，总氨氮低于0.4毫克/升，亚硝态氮低于0.01毫克/升，透明度在25～35厘米，保持水体"肥、活、嫩、爽"。

40. 无公害水产品生产中如何改善养殖用水？

通过科学肥水和水质调控来进行改善。科学肥水是指使用合成肥水药物及微生态制剂肥水。苗种投放前5～7天，施绿肥400～450千克/亩或有机肥200～250千克/亩；养殖期间追肥应以无机肥和微生态制剂为主；起捕前2个月不能将有机粪肥投入池塘。水质调控是指通过科学使用增氧机及时注换新水和合理使用微生物制剂、生石灰、滑石粉等措施改善水质。

41. 无公害水产品饲养管理过程中有哪些注意事项？

（1）选购苗种应选择持有水产苗种生产许可证的苗种繁育场，选购外表正常、无病状、游动活泼、规格一致的优质苗种，购买前应细心检查，合格后方可放养；投放前应进行苗种常规消毒。

（2）饲料投喂不使用无产品质量标准、无质量检验合格证、无生产许可证和产品批准文号的饲料及添加剂；不使用变质和过期的配合饲料；鲜活饲料鱼必须无病虫、无损伤，投放前进行常规消毒。采用"定时、定点、定质、定量"的方法合理投饲，以投喂具有质量保证的配合饲料为主，投喂量根据鱼的生长、天气、水质情况适当增减。

（3）坚持"以防为主，防治结合"的病害防治原则。要做好苗种入塘前后、渔具以及

---

* 亩为我国非许用单位，1亩＝1/15公顷。

高温季节的常规消毒。发现病鱼或死鱼要及时捞起，经技术员检测确定病因或死因后消毒并深埋泥土中。一旦发病，严禁使用国家明令禁止使用的药物。使用的水产养殖用药应保证"四证"齐全（国家兽药 GMP 认证、渔药登记证、渔药生产许可证、执行标准号），并按照规定的用法用量科学使用，遵守休药期。

（4）做好《水产养殖生产记录》：记录养殖种类、苗种来源及生长情况、饲料来源及投喂情况、水质变化等内容；《水产养殖用药记录》：记录病害发生情况，主要症状，用药名称、时间、用量等内容。生产记录应当保存至该批水产品全部销售后 2 年以上。

（5）起捕运输时应核对休药期，确保上市食用鱼的药物残留限量符合《无公害食品水产品中渔药残留限量》（NY 5070—2002）的要求；起捕前 15 天内，不得使用化学药物；起捕前 1～2 天，停止投料。活鱼运输用水要求清洁无污染，水温适宜，中途换水量不超过 2/3，温差不超过 5 ℃；运输密度合理，尽量在适当低温下运输，配备增氧设备和增氧剂，不得使用抗生素或孔雀石绿等国家明令禁止使用的药物。

（6）为保护养殖环境和防止病害交叉感染，养殖废水必须经消毒药物处理后方可排放到河流之中。

42. 绿色食品标准体系如何构成？

绿色食品标准体系是从绿色食品定义出发，注重落实"全程质量控制"的理念，逐步形成的由准则类标准和产品标准所组成的、相互联系的一个有机整体。目前绿色食品标准体系主要由以下四部分组成：

一是产地环境质量标准，主要对绿色食品产地的空气环境、农田灌溉水质、渔业水质、畜禽养殖用水以及土壤环境提出了具体污染物指标限量要求。

二是生产过程中的技术标准，这部分标准包括全国范围内适用的对生产中使用的农业投入品的规定，如肥料使用准则、农药使用准则、饲料及饲料添加剂使用准则、食品添加剂使用准则、兽药使用准则、渔药使用准则等。

三是绿色食品产品标准，对绿色食品按类别制定相应的感官、理化和卫生指标要求，作为评价和检测产品的依据。

四是绿色食品包装、贮藏运输标准，包括包装通用准则、贮藏运输准则、绿色食品标志使用规范等。

43. 绿色食品产品标准与国家标准哪一个更严格？

绿色食品产品标准的农业行业标准属性定位，决定了其不能与国家标准相违背，不能低于国家标准要求，不能与其他行业标准交叉重复。因此，与国家标准相比，绿色食品产品标准中感官、理化要求等同于国家标准的优级或一级指标。卫生指标结合对潜在危害的分析，并借鉴发达国家标准要求，项目一般要比国家标准多，指标要比国家标准严格。

44. 绿色食品对原料来源有什么要求？

绿色食品来源特征有两个：一个是符合标准，一个是来源固定。这两个特征决定了绿色食品生产对原料来源的要求，一般情况下，绿色食品原料来源有三种方式：一是来源于申报企业自建基地，即生产企业通过购买或长期租赁的方式获得的，完全由公司自行控制管理的基地生产的原料；二是来源于申报企业合同基地，即生产企业通过与乡镇政府、村委会或农户签订的短期有效但不少于一个绿色食品用标周期的产销合同基地；三是外购的通过绿色食品认证的产品或其副产品，这种模式需要申报企业与供应企业签订能够满足一个用表周期使用量的供销合同。同时，加工产品由多种原料成分的，原料构成中90%以上成分必须为以上三种来源的原料，其他原料来源也必须来源固定。

45. 绿色食品生产中对农药有什么要求?

绿色食品要求在生产过程中更加严格地控制农药的使用，规范绿色食品生产农药使用行为的基本准则是《绿色食品　农药使用准则》(NY/T 393—2013)。绿色食品农药使用原则应以保持和优化农业生态系统为基础，建立有利于各类天敌繁衍和不利于病虫草害滋生的环境条件，提高生物多样性，维持农业生态系统的平衡；优先采用农业措施，如抗病抗虫品种、种子种苗检疫、培育壮苗、加强栽培管理、中耕除草、耕翻晒垡、清洁田园、轮作倒茬、间作套种等；尽量利用物理和生物措施，如用灯光、色彩诱杀害虫，机械捕捉害虫，释放害虫天敌，机械或人工除草等；在必要时，合理使用对主要防治对象有效的低风险农药品种，提倡兼治和不同作用机理农药交替使用；在农药剂型选择上宜选用悬浮剂、微囊悬浮剂、水剂、水乳剂、微乳剂、颗粒剂、水分散颗粒剂和可溶性粒剂等环境友好型剂型；在主要防治对象的防治适期，根据有害生物的发生特点和农药特性，选择适当的施药方式，不宜采用喷粉等风险较大的施药方式；对允许使用的农药要按照《农药合理使用准则》《农药贮运、销售和使用的防毒规程》和《食品安全国家标准　食品中农药最大残留限量》(GB 2763—2016) 等有关标准和规定，严格控制施药剂量（或浓度）、施药次数、安全间隔期和残留量，以确保不会对人体和环境造成危害。

绿色食品农药原则使用充分遵循了绿色食品对优质安全、环境保护和可持续发展的要求，将绿色食品生产中的农药使用更严格地限于农业有害生物综合防治的需要，并采用准许清单制进一步明确允许使用的农药品种。允许使用农药清单的制定以国内外权威机构的风险评估数据和结论为依据，按照低风险原则选择农药种类，其中化学合成农药筛选评估时采用的慢性膳食摄入风险安全系数比国际上的一般要求高5倍。

46. 绿色食品生产对肥料有什么要求?

绿色食品生产中肥料的使用应遵循《绿色食品　肥料使用准则》(NY/T 394—2013)，坚持四个原则：

持续发展原则。绿色食品生产中所使用的肥料应对环境无不良影响，有利于保护生态环境，保持或提高土壤肥力及土壤生物活性。

安全优质原则。绿色食品生产中应使用安全、优质的肥料产品，生产安全、优质的绿色食品。肥料的使用应对作物（营养、味道、品质和植物抗性）不产生不良后果。

化肥减控原则。在保障植物营养有效供给的基础上减少化肥用量，兼顾元素之间的比例平衡，无机氮素用量不得高于当季作物需求量的一半。

有机为主原则。绿色食品生产过程中肥料种类的选取应以农家肥料、有机肥料、微生物肥料为主，化学肥料为辅。

47. 绿色食品生产中对食品添加剂有什么要求?

绿色食品生产中食品添加剂的使用应遵循《绿色食品　食品添加剂使用准则》(NY/T 392—2013) 的要求：不应对人体产生任何健康危害；不应掩盖食品的腐败变质；不应掩盖食品本身或加工过程中的质量缺陷或以掺杂、掺假、伪造为目的而使用食品添加剂；不应降低食品本身的营养价值；在达到预期的效果下尽可能降低在食品中的使用量。不采用基因工程获得的产物。

在下列情况下可使用食品添加剂：保持或提高食品本身的营养价值；作为某些特殊膳食用食品的必要配料或成分；提高食品的质量和稳定性，改进其感官特性；便于食品的生产、加工、包装、运输或者贮藏。所用食品添加剂的产品质量应符合相应的国家标准。

另外，在以下情况下，食品添加剂可通过食品配料（含食品添加剂）带入食品中：食品配料中允许使用该食品添加剂；食品配料中该添加剂的用量不应超过允许的最大使用量；应在正常生产工艺条件下使用这些配料，并且食品中该添加剂的含量不应超过由配料带入的水平；由配料带入食品中的该添加剂的含量应明显低于直接将其添加到该食品中通常所需要的水平。食品分类系统应符合 GB 2760—2014 的规定。

48. 绿色食品畜禽产品生产中对兽药有什么要求?

生产者应供给动物充足的营养，应按照 NY/T 391—2013 提供良好的饲养环境，加强饲养管理，采取各种措施以减少应激，增强动物自身的抗病力。

应按《中华人民共和国动物防疫法》的规定进行动物疾病的防治，在养殖过程中尽量不用或少用药物；确需使用兽药时，应在执业兽医指导下进行。

所用兽药应来自取得生产许可证和产品批准文号的生产企业，或者取得进口兽药登记许可证的供应商。

兽药的质量应符合《中华人民共和国兽药典》《兽药质量标准》《兽用生物制品质量标准》《进口兽药质量标准》的规定。

兽药的使用应符合《兽药管理条例》和农业部公告第 278 号等有关规定，建立用药记录。

49. 绿色食品畜禽产品生产中对饲料有什么要求?

绿色食品畜禽产品饲料原料可以是已经通过认定的绿色食品，也可以是来源于绿色食品标准化生产基地的产品，或经绿色食品工作机构认定、按照绿色食品生产方式生产、达到绿色食品标准的自建基地生产的产品。不应使用转基因方法生产的饲料原料。不应使用以哺乳类动物为原料的动物性饲料产品（不包括乳及乳制品）饲喂反刍动物。遵循不使用同源动物源性饲料的原则。不应使用工业合成的油脂。不应使用畜禽粪便。

50. 绿色食品畜禽产品生产中对饲料添加剂有什么要求?

绿色食品畜禽产品饲料添加剂品种应是《饲料添加剂品种目录》中所列的饲料添加剂

和允许进口的饲料添加剂品种，或是农业部公布批准使用的饲料添加剂品种。饲料添加剂的性质、成分和使用量应符合产品标签。矿物质饲料添加剂的使用按照营养需要量添加，尽量减少对环境的污染。不应使用任何药物饲料添加剂。天然植物饲料添加剂应符合GB/T 19424—2003的要求。化学合成维生素、常量元素、微量元素和氨基酸在饲料中的推荐量以及限量参考《饲料添加剂安全使用规范》的规定。

51. 绿色食品生产中对渔药有什么要求?

水产品生产环境质量应符合NY/T 391—2013的要求。生产者应按农业部《水产养殖质量安全管理规定》实施健康养殖。采取各种措施避免应激，增强水产养殖动物自身的抗病力，减少疾病的发生。按《中华人民共和国动物防疫法》的规定，加强水产养殖动物疾病的预防，在养殖生产过程中尽量不用或者少用药物。确需使用渔药时，应选择高效、低毒、低残留的渔药，应保证水资源和相关生物不遭受损害，保护生物循环和生物多样性，保障生产水域质量稳定。在水产动物病害控制过程中，应在水生动物类执业兽医的指导下用药。停药期应满足农业部公告第278号规定、《中华人民共和国兽药典　兽药使用指南　化学药品卷》(2010版)的规定。所用渔药应符合农业部1435号、1506号、1759号公告，应来自取得生产许可证和产品批准文号的生产企业，或者取得进口兽药登记许可证的供应商。用于预防或治疗疾病的渔药应符合《中华人民共和国兽药典》《兽药质量标准》《兽用生物制品质量标准》和《进口兽药质量标准》等有关规定。

不应使用的药物种类：不应使用中华人民共和国农业部公告第176号、193号、235号、560号和1519号中规定的渔药。不应使用药物饲料添加剂。不应为了促进养殖水产动物生长而使用抗菌药物、激素或其他生长促进剂。不应使用通过基因工程技术生产的渔药。渔药的使用应建立用药记录。应满足健康养殖的记录要求。

52. 绿色食品加工产品对原料组成有什么要求?

已获得绿色食品认证的原料含量在加工产品中所占的比例不得少于90%。同一种原料不得既来自获得绿色食品认证的产品，又来自未获得绿色食品认证的产品。未获得绿色食品认证、含量在2%~10%的原料，要求有固定来源和省级或省级以上质检机构的检验报告，原料质量符合绿色食品产品质量标准要求。但对于食品名称中修饰词(不含表示风味的词)成分(如西红柿挂面中的西红柿)，必须是获得绿色食品认证的产品。未获得绿色食品认证、含量小于2%的原料(如部分香辛料、发酵剂、曲料等)，应有固定来源且达到食品级原料要求。食品添加剂应符合《绿色食品　食品添加剂使用准则》(NY/T 392—2013)的要求。加工用水应符合《绿色食品加工用水质量要求》的要求。禁止使用转基因原料产品。

53. 有机食品国家标准的组成及主要内容是什么?

完整的有机食品国家标准是由四个独立的标准共同组成的，这四个独立标准分别是《有机产品　第1部分：生产》(GB/T 19630.1—2011)、《有机产品　第2部分：加工》

(GB/T 19630.2—2011)、《有机产品 第 3 部分：标识与销售》(GB/T 19630.3—2011)、《有机产品 第 4 部分：管理体系》(GB/T 19630.4—2011)。

《有机产品 第 1 部分：生产》(GB/T 19630.1—2011) 主要规定了植物、动物和微生物产品的有机生产通用规范和要求，适用于植物、动物和微生物产品的生产、收获和收获后处理、包装、贮藏和运输。并有附表《有机植物生产中允许使用的投入品》《有机动物养殖中允许使用的物质》《评估有机生产中使用其他投入品的准则》。

《有机产品 第 2 部分：加工》(GB/T 19630.2—2011) 主要规定了有机加工的通用规范和要求。适用于以按 GB/T 19630.1—2011 生产的未加工产品为原料进行的加工及包装、贮藏和运输的全过程，包括食品、饲料和纺织品。并有附表《有机食品加工中允许使用的食品添加剂、助剂和其他物质》。

《有机产品 第 3 部分：标识与销售》(GB/T 19630.3—2011) 主要规定了有机产品标识和销售的通用规范及要求，适用于按 GB/T 19630.1—2011 生产或 GB/T 19630.2—2011 加工并获得认证的产品的标识和销售。

《有机产品 第 4 部分：管理体系》(GB/T 19630.4—2011) 主要规定了有机产品生产、加工、经营过程中应建立和维护的管理体系的通用规范和要求。适用于有机产品生产、加工、经营者。

2014 年 4 月 1 日国家标准化管理委员会批准发布了《有机产品 第 1 部分：生产》(GB/T 19630.1—2011) 国家标准第 1 号修改单等三项国家标准修改单，并且于 2014 年 4 月 1 日起实施。新的标准修改单主要删除了与有机转换产品标志相关的内容，规定有机转换期内的产品不允许使用有机转换标志。

54. 有机食品生产中为什么设置缓冲带？

缓冲带是在有机和常规地块之间有目的设置的、可明确界定的用来限制或阻挡邻近田块的禁用物质漂移的过渡区域。主要用于防止相邻常规生产区域的禁用物质漂移到有机生产区域内，以避免潜在污染。在有机生产中，必须对有机生产区域是否可能受到邻近常规生产区域污染的风险进行分析。针对存在的可能风险，在有机和常规生产区域之间设置有效的缓冲带，以防止有机生产地块受到污染。设置缓冲带的方法很多，应结合生产实际来实施，一般大田作物可以利用空地、草地、河流、沟壑、田间道路、矮灌木丛等设置缓冲带，而且要确保缓冲带具有一定的宽度，一般以 6~8 米为宜。但是对于果树等高冠植物，如果利用空地、草地、河流、沟壑、田间道路、灌木丛等设置缓冲带就需要有足够的距离，一般要远大于 8 米，否则起不到应有的缓冲和隔离作用。因此，可以考虑栅栏、乔灌结合的树丛、覆盖植物、围墙、乔木等具有一定高度的隔离物或者自然隔离带使有机果园处于一个相对于封闭的生态环境，降低漂移风险。也可以种植具有驱虫效应的植物如蓖麻等作为缓冲带，既可实现缓冲和隔离的作用，也可实现驱虫的作用。缓冲带上种植的植物不能认证为有机产品。

55. 有机食品生产中对平行生产有什么要求？

平行生产的主要作用是防止常规生产活动对有机生产造成污染。有机食品生产在种植、养殖环节都会涉及平行生产。加工、储存和运输环节标准（GB/T 19630.1—2011）中虽然没有明确指出平行生产的概念，却有类似的规定。

在种植生产部分规定，在同一个生产单元中可同时生产易于区分的有机和非有机植物，但该单元的有机和非有机生产部分（包括地块、生产设施和工具）应能够完全分开，并能够采取适当措施避免有机产品与非有机产品混杂和被禁用物质污染。在同一生产单元内，一年生植物不应存在平行生产。在同一生产单元内，多年生植物不应存在平行生产，如果存在平行生产，则要确保以下两点，一是生产者应制订有机转换计划，计划中应承诺在可能的最短时间内开始对同一单元中相关非有机生产区域实施转换，该时间最多不能超过5年；二是采取适当的措施，保证从有机和非有机生产区域收获的产品能够得到严格分离。

在畜禽养殖部分规定，如果一个养殖场同时以有机及非有机方式养殖同一品种或难以区分的畜禽品种，则应满足下列条件，其有机养殖的畜禽或其产品才可以作为有机产品销售：有机畜禽和非有机畜禽的圈栏、运动场地和牧场完全分开，或者有机畜禽和非有机畜禽是易于区分的品种；贮存饲料的仓库或区域应分开并设置了明显的标记；有机畜禽不能接触非有机饲料和禁用物质的贮藏区域。

在水产养殖部分规定，位于同一非开放性水域内的生产单元的各部分不应分开认证，只有整个水体都完全符合有机认证标准后才能获得有机认证。如果一个生产单元不能对其管辖下的各水产养殖水体同时实行有机转换，则应制订严格的平行生产管理体系。具体内容包括：一是有机和常规养殖单元之间应采取物理隔离措施；对于开放水域生长的固着性水生生物，其有机养殖区域应和常规养殖区域、常规农业或工业污染源之间保持一定的距离；二是有机水产养殖体系，包括水质、饵料、药物、投入物和与标准相关的其他要素应能够经得起认证机构检查；三是常规生产体系和有机生产体系的文件和记录应分开设立；四是有机转换养殖场应持续进行有机管理，不得在有机和常规管理之间变动。

在加工环节，要求加工过程中有机产品加工及其后续过程在空间或时间上与非有机产品加工及其后续过程分开；必须采取必要的措施，防止有机与非有机产品混合或被禁用物质污染。所谓在空间上分开，是指设立有机加工专用车间或生产线；在时间上分开是指有机加工和常规加工共用一条生产线的情况下实行有机加工和常规加工的错时加工。实行错时加工时，在加工有机产品前要彻底清洗生产线，并进行冲顶加工。冲顶加工记录要保存。

在储存和运输环节，有机产品应单独存放。如果不得不与常规产品共同存放，应在仓库内划出特定区域，并采取必要的措施确保有机产品不与其他产品混放。有机产品在运输过程中应避免与常规产品混杂或受到污染。

56. 有机食品生产中对肥料使用有什么要求？

在有机肥的施用上，要优先使用本生产单元生产制作的符合需要的有机肥如堆肥等。在有机农业土壤改良上，应该使用《有机产品 第1部分：生产》(GB/T 19630.1—2011)附录A土壤培肥和改良物质中列出的投入品。有机农业的理念并不提倡外购商品有机肥，如确需外购商品有机肥，应购买通过有机产品认证的商品有机肥，或经认证机构按照附录 C 评估有机生产中使用其他投入品的准则评估后许可使用的。

57. 有机种植土壤培肥技术的要点是什么?

有机土壤培肥技术是有机农业的核心,有机土壤培肥技术的目标是通过构建有机体系内部养分循环系统,改良土壤,提高土壤肥力,增强有机植物的抗病能力,保护植物和养殖动物的健康。同时要维持或改善土壤理化和生物性状,减少土壤侵蚀。提高土壤肥力的方法是通过适当的耕作与栽培措施维持和提高土壤肥力,具体包括回收、再生和补充土壤有机质和养分来补充因植物收获而从土壤带走的有机质和土壤养分;采用种植豆科植物、免耕或土地休闲等措施进行土壤肥力的恢复;施用有机肥以维持和提高土壤的营养平衡和土壤生物活性,同时要注意避免过度施用有机肥,造成环境污染。

58. 有机农业生产中如何进行病虫草害的防治?

病虫草害防治的基本原则应从农业生态系统出发,综合运用各种防治措施,创造不利于病虫草害滋生和有利于各类天敌繁衍的环境条件,保持农业生态系统的平衡和生物多样化,减少各类病虫草害所造成的损失,如稻田养鸭除虫除草等。应优先采用农业措施,通过选用抗病抗虫品种、使用非化学药剂处理种子、培育壮苗、加强栽培管理、中耕除草、耕翻晒垡、清洁田园、轮作倒茬、间作套种等一系列措施起到防治病虫草害的作用。还应尽量利用灯光、色彩诱杀害虫,机械捕捉害虫,机械或人工除草等措施,防治病虫草害。如果上述措施不能有效控制病虫草害,可使用《有机产品 第 1 部分:生产》(GB/T 19630.1—2011)附录 A 中表 A.2 所列出的植物保护产品。不得使用任何化学合成的植保产品。

59. 有机畜产品养殖中有什么特殊要求?

有机畜产品养殖中主要有以下不同于普通畜产品养殖的要求:

一是有转换期的要求。不同的饲养对象转换期是不一样的,肉用牛、马属动物、驼,12 个月;肉用羊和猪,6 个月;乳用畜,6 个月;肉用家禽,10 周;蛋用家禽,6 周;其他种类的转换期长于其养殖期的 3/4。

二是满足平行生产相关规定。如果一个养殖场同时以有机及非有机方式养殖同一品种或难以区分的畜禽品种,则必须满足下列条件,其有机养殖的畜禽或其产品才可以作为有机产品销售:① 有机畜禽和非有机畜禽的圈栏、运动场地和牧场完全分开,或者有机畜禽和非有机畜禽是易于区分的品种;② 贮存饲料的仓库或区域应分开并设置了明显的标记;③ 有机畜禽不能接触非有机饲料和禁用物质的贮藏区域。

三是对畜禽引入有要求。如果要从外界引入新畜禽,首先应引入有机畜禽,当不能得到有机畜禽时,可引入常规畜禽,引入对象不同,要求的养育阶段不一样:肉牛、马属动物、驼,不超过 6 月龄且已断乳;猪、羊,不超过 6 周龄且已断乳;乳用牛,不超过 4 周龄,接受过初乳喂养且主要是以全乳喂养的犊牛;肉用鸡,不超过 2 日龄(其他禽类可放宽到 2 周龄);蛋用鸡,不超过 18 周龄。引入性别不同,要求也不同,引入的常规种公畜,引入后应立即按照有机方式饲养,引入的常规种母畜,牛、马、驼每年引入的数量不应超过同种成年有机母畜总量的 10%，猪、羊每年引入的数量不应超过同种成年有机母畜总量的 20%。出现极端特殊情况，如不可预见的严重自然灾害或人为事故、养殖场规模大幅度扩大、养殖场发展新的畜禽品种等，经认证机构许可该比例可放宽到 40%。

四是对饲料的要求。详见后面单独叙述。

五是对饲养条件的要求。特别是对动物福利的相关要求，如要满足畜禽活动空间、睡眠时间、非治疗性手术，不得强制喂食等。

六是对疾病预防的要求。详见后面单独叙述。

七是繁殖宜采用自然繁殖方式。也可采用人工授精，但不应使用胚胎移植、克隆等技术，除治疗外不应使用生殖激素促进畜禽排卵和分娩。

八是运输和屠宰过程中要关注畜禽的标记、运输条件、动物福利以及常规畜禽与有机畜禽的分开。

九是有害生物的防治要依照次序采用预防措施、机械、物理和生物控制方法，以安全方式使用杀鼠剂和《有机产品 第 1 部分：生产》(GB/T 19630.1—2011) 附录 A 中表 A.2 中物质。

十是注重环境影响。要充分考虑饲料生产能力、畜禽健康和对环境的影响，符合载畜量的要求，避免过度放牧危害环境；要确保畜禽粪便的贮存有足够空间，并得到及时处理和合理运用，污染物排放应符合 GB 18596—2001 要求，避免对环境造成污染。

60. 有机养殖中对饲料及饲料添加剂有哪些使用要求?

饲料是有机养殖体系中十分重要的一个环节，因而有机养殖对使用饲料的要求非常严格。有机养殖必须以有机饲料饲养动物。在生产饲料、饲料配料、饲料添加剂时均不能使用转基因（基因工程）生物或其产品。不能使用与养殖对象同科的生物及其制品饲喂动物；不能使用任何形式的动物粪便；对畜禽动物而言，一半以上的饲料应来自本养殖场饲料种植基地或本地区有合作关系的有机农场。饲料生产和使用按照有机作物生产要求进行。在养殖场实行有机管理的前 12 个月内，本养殖场饲料种植基地按照有机标准要求生产的饲料可以作为有机饲料饲喂本养殖场的畜禽，但不得作为有机饲料销售。饲料生产基地、牧场及草场与周围常规生产区域应设置有效的缓冲带或物理屏障，避免受到污染。当有机饲料短缺时，在事先获得认证机构的认证评估许可的前提下，可以按照标准要求饲喂一定比例的常规饲料。

饲料的投喂因动物种类和动物的生长阶段而要求不同，养殖中保证每天所投喂饲料中所含干物质能满足动物基础营养需要。在日粮组成方面，粗饲料、鲜草、青干草或者青贮饲料所占的比例不能低于 60%（以干物质计）；对于泌乳期前 3 个月的乳用畜，此比例可降低为 50%（以干物质计）。

对初乳期的幼畜，应由母畜带养，并保证能吃到足量的初乳，若无母畜，可用同种类的有机奶喂养哺乳期幼畜。在无法获得有机奶的情况下，可以使用同种类的非有机奶。不应早期断乳，或用代乳品喂养幼畜。在紧急情况下可使用代乳品补饲，但其中不得含有抗生素、化学合成的添加剂或动物屠宰产品。

有机养殖中对饲料添加剂的使用有严格的规定，添加剂应在农业部发布的饲料添加剂品种目录中。允许使用氧化镁、绿砂等天然矿物和微量元素；不能满足畜禽营养需求时，可使用规范性附录中允许有机动物养殖中使用的添加剂和动物营养剂种类。添加的维生素应来自于发芽的粮食、鱼肝油、酿酒用酵母或其他天然物质。也就是说有机养殖中可以使用天然的矿物、天然的微量元素和天然来源的维生素作为有机饲料添加剂，但不允许使用人工合成的上述物质。

有机畜禽养殖所用饲料中，禁止添加以下产品：①化学合成的生长促进剂；②化学合成的开胃剂（诱食剂）；③合成的抗氧化剂和防腐剂；④合成色素；⑤非蛋白氮（如尿素等）；⑥化学提纯的氨基酸；⑦转基因生物或其产品；⑧经化学溶剂提取的饲料（但使用水、乙醇、动植物油、醋、二氧化碳、氮或羧酸提取的除外）。

需要注意的是，农业部发布的饲料添加剂目录包含的产品种类很多且存在动态变化，并不是目录中的所有产品都可以在有机养殖中使用，如果某些物质与国家标准的规定有冲突，则不应使用这些物质。有机养殖场在使用饲料添加剂之前必须认真对照目录，同时对照国家标准的相关规定，只有两者都符合后才能使用。在某些特殊情况下（如特殊天气条件下），需要对饲料进行处理，例如使用合成的饲料防腐剂，需事先获得认证机构认可，并需由认证机构根据具体情况规定使用期限和使用量。

61. 有机养殖中对疫病防治有什么要求？

动物疫病防治对有机养殖产品的质量和效益有很大影响，做好疫病防治，对发展有机养殖具有重要意义。疾病预防要求有机养殖者首先要做好以下几点：根据地区环境条件和特点，选择适应性强、抗性强的品种进行养殖；通过为养殖对象提供优质、营养的饲料和科学的饲养管理方法，增强养殖动物的非特异性免疫力；不断加强设施和卫生管理，并保持适宜的养殖密度，为养殖动物提供一个舒适的养殖环境。

以防为主，养防结合的意义在有机养殖中更为凸显，在养殖中通常采取多种措施，进行综合防控：使用消毒剂（消毒剂规范性附录中允许使用的种类）对养殖区进行消毒处理，以维护良好的养殖环境，例如有机水产养殖中常使用生石灰、茶籽饼和微生物制剂对养殖水体和池塘底泥消毒；接种疫苗，有针对性地预防疾病发生，但不能使用基因工程疫苗（国家强制免疫的疫苗除外）。需要特别注意的是，有机养殖不能使用抗生素或化学合成的兽药对动物进行预防性治疗。

当养殖动物发生疾病和伤痛时，可采用植物源制剂、微量元素和中兽药、针灸、顺势治疗等疗法进行治疗，若采用多种预防措施和天然药物仍无法控制，可在兽医的指导下对患病动物使用常规兽药（渔药）进行治疗，但对药物使用有极其严格的规定：除法定的疫苗接种、驱除寄生虫治疗外，养殖期不足12个月的养殖动物只可接受一个疗程的抗生素或化学合成的兽药治疗；养殖期超过12个月的，每12个月最多可接受三个疗程的抗生素或化学合成的兽药治疗。超过允许疗程的，应再经过规定的转换期。使用常规药物后要经过该药物的休药期的2倍时间（至少48小时）后，才能将这些动物及其产品作为有机产品出售。对激素的使用要求更为严格，仅可在兽医监督下，使用激素对个别动物进行疾病治疗，但不能使用激素控制畜禽的生殖行为，如诱导发情、同期发情、超数排卵等。同样，也决不允许为了刺激畜禽生长而使用抗生素、化学合成的抗寄生虫药或其他生长促进剂。

养殖者对接受过抗生素或化学合成的兽药治疗的畜禽，大型动物要逐个标记，家禽和小型动物则可按群批标记。

62. 有机水产品养殖的要求是什么?

有机水产养殖致力于建立一套更加有利于生态平衡的养殖系统，有机水产养殖系统保护和促进所在养殖水环境的结构和功能，与传统水产养殖依赖外界物质能量投入的方式不同，综合利用本系统光合作用和水生物可再生资源，最大程度降低对养殖水环境的影响。按照有机认证的标准进行养殖生产，严格控制化学合成物质和常规饲料的使用，建立从养殖环境、苗种、饲料、养殖、收获、贮藏、加工和销售的全过程质量控制体系。

有机水产品养殖要求生产者采取适合养殖对象生理习性和当地条件的养殖方法，保证养殖对象的健康，满足其基本生长需要。在养殖环境上，保障更加接近天然的光照环境，可适当延长光照时间，但每日的光照时间不应超过 16 小时；在水产养殖用的建筑材料和生产设备上，不使用涂料和合成化学物质，以免对环境或生物产生有害影响。在养殖管理上，尽可能地采用配置挺水植物和培育浮游植物的方式，保证水体溶氧，减少机械增氧带来的噪声和机械影响；防止其他养殖体系的生物进入有机养殖场及捕食有机生物；投喂有机饲料，不使用无机肥料、合成杀虫剂、除草剂和基因工程制品；尽可能保护水产动物福利，保证水生生物在水环境中所有的生存需求和条件，不对其施加任何人为伤害措施。

总而言之，有机水产养殖更好地保护了水域生态环境，向社会提供更高品质、更健康、更安全的水产品，具有积极的社会、环境和经济效益。

63. 有机食品加工技术的关键控制点是什么?

有机食品加工过程要注意以下关键控制点:

一是加工用水必须符合《有机产品　第 2 部分：加工》(GB/T 19630.2—2011) 的规定;

二是加工原料来源及配比必须符合有机标准要求;

三是有机食品生产及加工中使用的食品添加剂等必须符合《有机食品加工中允许使用的食品添加剂、助剂和其他物质》的规定;

四是生产线的清洗方法必须符合标准要求;

五是如果存在平行生产，需要采取措施确保实现平行加工。

64. 有机食品委托加工应满足什么条件?

有机食品生产允许委托加工的情况出现，但是必须遵守以下相关要求:

一是被委托的加工企业必须具有加工的生产许可证 QS 证书 (QS 证书将在 2018 年 10 月 1 日后由新的食品生产许可证编号 "SC" 加上 14 位阿拉伯数字代替)。

二是被委托的加工企业必须建立有机加工的质量管理体系，并有效运行。

三是被委托的加工企业必须按照《有机产品　第 2 部分：加工》(GB/T 19630.2—2011) 的规定进行操作。

四是被委托的加工企业必须对每批次有机加工活动有规范的记录，并且可以实现追踪。

五是被委托的加工企业必须接受有机认证机构的现场检查和监督检查。

65. 有机食品包装、储存、运输的相关要求有哪些?

在有机食品的包装上，一是提倡符合有机生产理念的包装材料和包装方法，如材料使用木竹及纸质材料，不过度包装，考虑包装的生物降解和回收利用。二是不应使用含有合成杀菌剂、防腐剂、熏蒸剂的包装材料，不使用接触过禁用物质的包装袋。在储存和运输上，主要考虑单独存放和运输，采取必要措施不与其他产品混杂或受到污染。

认 证 管 理 篇

66. "三品"认证的法律依据是什么?

"三品"认证各有不同的法律依据,无公害农产品依据的是《无公害农产品证管理办法》《无公害农产品标志管理办法》;绿色食品依据的是农业部发布的《绿色食品标志管理办法》;有机食品认证的法律依据是国家质量监督检验检疫总局发布的《有机产品认证管理办法》。

67. "三品"申报时对检验检测有什么要求?

无公害农产品认证申报时对检验检测的要求包含两个方面,对产地环境条件的检验检测以及对产品指标的检验检测。其中对产地环境的检验检测依据的标准是 NY5000 系列国家农业行业标准;产品指标检验检测依据的标准是农业部办公厅发布的《检测目录》(动态更新)。

对绿色食品实施"两端监测,过程控制"的从土地到餐桌全程质量控制技术路线,对产前的产地环境和产后的终端产品均需按照农业部发布的绿色食品标准进行检测。产地环境监测依据《绿色食品 产地环境质量》(NY/T 391—2013)进行,产品检测按照《绿色食品 产品检验规则》(NY/T 1055—2015)的规定执行。

有机食品检测主要包括两个方面:一是环境监测,包括种植基地的土壤\灌溉水和大气;如果是水产养殖产品只检测养殖用水,如果是畜禽养殖产品需要检测畜禽饮用水,如果加工产品涉及用水则还需检测加工用水。依据的标准是 GB/T 19630.1—2011 相关规定。二是产品检测,依据是认证机构发布的《COFCC 有机认证产品风险检验(测)规范》及《COFCC 有机认证产品风险检测项目目录》。

68. 哪些情况下会暂停或撤销"三品"认证证书?

(1)针对无公害农产品证书:农业部农产品质量安全中心协同各省级工作机构对获证单位使用产品证书的情况实施有效跟踪检查,对不符合使用和认证要求的,农业部农产品质量安全中心将暂停或者撤销其产品证书,并予以公布。对撤销或者注销的产品证书予以收回。

① 产品证书的暂停。获得产品证书的,有下列情形之一的,暂停其使用证书,并责令限期改正:A. 生产过程发生变化,产品达不到无公害农产品标准要求;B. 经检查、检验、鉴定,产品不符合无公害农产品标准要求的。

② 产品证书的撤销。A. 擅自扩大无公害农产品标志使用范围;B. 转让、买卖产品证书和无公害农产品标志;C. 产地认定证书被撤销;D. 被暂停产品证书未在规定期限内改正的。

（2）对绿色食品，根据《绿色食品标志管理办法》第二十六条规定：标志使用人有下列情形之一的，由中国绿色食品发展中心取消其标志使用权，收回标志使用证书，并予公告：生产环境不符合绿色食品环境质量标准的；产品质量不符合绿色食品产品质量标准的；年度检查不合格的；未遵守标志使用合同约定的；违反规定使用标志和证书的；以欺骗、贿赂等不正当手段取得标志使用权的。标志使用人依照前款规定被取消标志使用权的，三年内中国绿色食品发展中心不再受理其申请；情节严重的，永久不再受理其申请。

（3）根据国家《有机产品认证管理办法》，有下列情形之一的，认证机构应当在 15 日内暂停认证证书，认证证书暂停期为 1～3 个月，并对外公布。认证证书暂停期间，获证产品的认证委托人应当暂停使用认证证书和认证标志：获证组织未按规定使用认证证书或认证标志的；获证产品的生产、加工、销售等活动或者管理体系不符合认证要求，且经认证机构评估在暂停期限内能够采取有效纠正或者纠正措施的；其他需要暂停认证证书的情形。

根据国家《有机产品认证管理办法》，有下列情形之一的，认证机构应当在 7 日内撤销认证证书，并对外公布：认证证书撤销后，认证委托人应向认证机构交回认证证书和未使用的认证标志。获证产品质量不符合国家相关法规、标准强制要求或者被检出有机产品国家标准禁用物质的；获证产品生产、加工活动中使用了有机产品国家标准禁用物质或者受到禁用物质污染的；获证产品的认证委托人虚报、瞒报获证所需信息的；获证产品的认证委托人超范围使用认证标志的；获证产品的产地（基地）环境质量不符合认证要求的；获证产品的生产、加工、销售等活动或管理体系不符合认证要求，且在认证证书暂停期间，未采取有效纠正或者纠正措施的；获证产品在认证证书标明的生产、加工场所外进行了再次加工、分割的；获证产品的认证委托人对相关方重大投诉且确有问题未能采取有效处理措施的；获证产品的认证委托人从事有机产品认证活动因违反国家农产品、食品安全管理相关法律法规，受到相关行政处罚的；获证产品的认证委托人拒不接受认证监管部门或者认证机构对其实施监督的；其他需要撤销认证证书的情形。

69．"三品"检查员的职责是什么？

无公害农产品检查员是指经农业部农产品质量安全中心注册，在无公害农产品产地认定、产品认证和监督管理工作中，对产地环境、生产过程、产品质量及标志使用等进行文件审查、现场检查和监督检查的人员。检查员应履行以下职责：开展无公害农产品产地认定、产品认证的文件审查和现场检查工作；开展无公害农产品产地环境、生产过程、产品质量及标志使用的监督管理工作；承担无公害农产品相关业务培训的授课任务。

绿色食品检查员依据《绿色食品标志管理办法》及有关法律法规履行下列职责：对申请企业的材料进行审查，核实申请企业提供的信息、资料是否完整，是否符合绿色食品的有关要求等；依据注册的专业类别，对申请企业实施现场检查，全面核实申请企业提交申请材料的真实性，客观描述现场检查实际情况，科学评估申请企业的生产过程和质量控制体系是否达到绿色食品标准及有关规定的要求，综合评估现场检查情况，撰写检查报告；完成中国绿色食品发展中心交办的其他审查工作。

有机产品认证检查员主要是依据《有机产品认证实施规则》、有机产品国家标准或其他规范性文件的要求，受有机产品认证机构委派，对认证委托人（有机产品生产者、加工者）实施现场检查，内容包括对认证委托人（有机产品生产者、加工者）的管理体系进行评估，对生产、加工过程与其认证依据以及所提交文件的一致性进行核实，对生产、加工过程与认证依据标准的符合性进行确认的系统的、独立的，并形成文件的评价。

70. "三品"企业内部检查员（简称内检员）的职责是什么？

无公害农产品内部检查员是指经培训合格取得农业部农产品质量安全中心颁发的无公害农产品内检员证书，并在无公害农产品生产单位负责无公害农产品标准化生产和质量安全管理的专业技术人员。内检员应履行以下职责：负责收集农产品质量安全管理方面政策规定，组织制（修）订本单位无公害农产品质量安全管理文件和生产技术规程；贯彻落实本单位无公害农产品质量安全管理制度，指导建立无公害农产品生产记录档案；组织开展无公害农产品质量安全内部检查及改进工作；承办无公害农产品产地认定产品认证的组织申报工作；配合无公害农产品管理机构做好日常监督检查工作。

绿色食品企业内部检查员职责：宣贯绿色食品标准；按照绿色食品标准和管理要求，协调、指导、检查和监督企业内部绿色食品原料采购、基地建设、投入品使用、产品检验、包装印制、防伪标签使用、广告宣传等工作；配合绿色食品工作机构开展绿色食品监督管理工作；负责企业绿色食品相关数据及信息的汇总、统计、编制，以及与各级绿色食品工作机构的沟通工作；承担本企业绿色食品证书和绿色食品标志商标使用许可合同的管理，以及产品增报和续展工作；开展对企业内部员工有关绿色食品知识的培训。

有机产品内检员即有机生产企业的内部检查员，是有机产品生产、加工、经营组织内部负责有机管理体系审核并配合有机认证机构进行检查和认证的管理人员。有机生产单位应配备内检员，建立内部检查制度，以保证有机生产、加工、经营管理体系符合有机产品国家标准要求。内检员的职责为：按照国家标准，对本企业的管理体系进行检查，并对违反本部分的内容提出修改意见；对本企业的生产、加工过程实施内部检查，并形成记录；配合认证机构的检查和认证。

71. 检查员和内检员的区别？

检查员是获得国家相应资质对企业实施认证行为的人员，检查员对检查派出机构负责。内检员也称内部检查员，是指申请"三品"认证的企业按照相关法律法规要求在企业内部确定的并负责审查企业自身在生产、加工、管理等方面是否符合"三品"标准要求，对企业负责的人员，内检员也要实行持证上岗。

72. 申报无公害农产品产地认定有哪些条件？

无公害农产品产地认定应当符合如下条件：产地环境符合无公害农产品生产技术标准要求；区域范围明确；具备一定的生产规模。

73. 无公害农产品的产品认证工作由哪个机构负责？标准是什么？

无公害农产品认证管理机关为农业部农产品质量安全中心。农业部农产品质量安全中心是农业部直属正局级单位，负责组织实施全国的无公害农产品认证工作。

无公害农产品认证依据的标准是中华人民共和国农业部颁发的农业行业标准。

74. 什么是无公害农产品整体认证？

为适应农业发展的形势需要，实现无公害农产品认证与现代农业示范区和标准化生产示范园（场）建设等工作的有机衔接，充分发挥无公害农产品在制度规范、技术标准、全程控制、档案记录、包装标识、质量安全追溯等方面的优势，大力推进农业标准化生产，积极推动农业生产方式转变，从生产源头提升农产品质量安全水平，根据《无公害农产品管理办法》《无公害农产品产地认定程序》和《无公害农产品认证程序》规定，在坚持现有认证制度条件下，创新工作推进机制，将申请人最近 3 年计划种植（养殖）所有产品的认证由过去的需要多次申报调整为一次申报的整体认证方式。

75. 无公害农产品整体认证申报条件是什么？

整体认证的申请人必须具有一定生产规模，组织化程度高、质量安全自律性强，并按有关要求提交申报材料。具体申报条件为：① 主体资质要求。申请人应具有集体经济组织、农民专业合作社或企业等独立法人资格。② 产地规模要求。生产基地应集中连片，产地区域范围明确，产品相对稳定，具有一定的生产规模。③ 生产管理要求。由法定代表人统一负责生产、经营、管理，建立了完善的投入品管理（含当地政府针对农业投入品使用方面的管理措施）、生产档案、产品检测、基地准出、质量追溯等全程质量管理制度。近 3 年内没有出现过农产品质量安全事故。④ 申报材料要求。除现有无公害农产品认证需要提交的材料外，还要提交土地使用权证明、3 年内种植（养殖）计划清单、生产基地图 3 份材料。其中《无公害农产品产地认定与产品认证申请书》封面的材料编号在原编号基础上加后缀"ZT"，申报类型选择整体认证。

76. 什么是无公害农产品产地认定与产品认证一体化？

无公害农产品产地认定与产品认证一体化主要包括以下五个方面：

（1）将产地认定与产品认证申请书合二为一　将目前产地认定的"县级—地级—省级"和产品认证的"县级—地级—省级—部直分中心—部中心"两个工作流程 8 个环节整合为"县级—地级—省级—部直分中心—部中心"一个工作流程 5 个环节。申请人提交一次申请书，即可完成产地认定和产品认证申请。

（2）将产地认定与产品认证申请材料合二为一　将目前产地认定和产品认证需要分别提交的两套申请材料共 20 个附件合并简化为一套申请材料 7 个附件，一套申报材料同时满足产地认定和产品认证两个方面的需要。

（3）将产地认定和产品认证审查工作合并进行　在整个产地认定和产品认证过程中需要技术审查与现场检查的，同步安排，技术审查和现场检查的结果在产地认定与产品认证审批发证时共享。

（4）改单一产品独立申报为多产品合并申报　同一产地、同一申请人可以通过一份申请书和一套附报材料一次完成多个产品认证的同时申报。

（5）放宽申请人资格条件　凡是具有一定组织能力和责任追溯能力的单位和个人，都可以作为无公害农产品产地认定和产品认证申报的主体，包括部分乡镇人民政府及其所属的各种产销联合体、协会等服务农民和拓展农产品市场的服务组织。

77. 无公害农产品认证需要哪些材料？

无公害农产品认证需要提交的材料主要有：

（1）《无公害农产品产地认定与产品认证申请与审查报告（2014版）》。

（2）国家法律法规规定申请者必须具备的资质证明文件复印件（动物防疫合格证、商标注册证、食品卫生许可证、屠宰许可证）。

（3）无公害农产品内检员证书复印件。

（4）无公害农产品生产质量控制措施（内容包括组织管理、投入品管理、卫生防疫、产品检测、产地保护等）。

（5）最近生产周期农业投入品（农药、兽药、渔药等）使用记录复印件。

（6）《产地环境检验报告》及《产地环境现状评价报告》或《产地环境调查报告》（省级工作机构出具）。

（7）《产品检验报告》。

（8）《无公害农产品认证现场检查报告》原件（负责现场检查的工作机构出具）。

（9）无公害农产品认证信息登录表（电子版）。

（10）其他要求提交的有关材料。

78. 无公害农产品产地认定与产品认证的申报程序是怎样的？

申报程序见流程图：

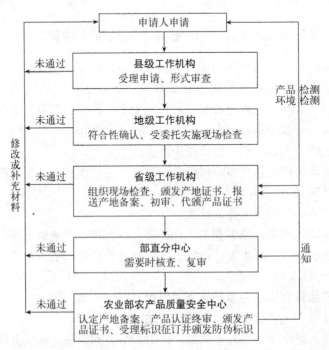

79. 哪些产品可以申请无公害产品?

农业部和国家认证认可监督管理委员会依据相关的国家标准或行业标准发布《实施无公害农产品认证的产品目录》(中华人民共和国农业部公告第 2034 号),凡在此产品目录内的产品,均可申请无公害农产品认证。

80. 无公害农产品认证材料如何报送?

无公害农产品认证材料的报送基本流程为:申请人→县级工作机构→地级工作机构→省级工作机构→部直分中心→部中心。

81. 无公害农产品认证现场检查怎样开展?

(1) 制订现场检查方案 根据检查内容制订可操作的《无公害农产品认证现场检查方案》。

(2) 通知申请人 以《无公害农产品认证现场检查通知单》的形式书面通知申请人,并请申请人予以确认。

(3) 实施现场检查 依据现场检查方案和《无公害农产品认证现场检查细则》进行检查。

① 召开首次会议。检查组与申请人见面时召开首次会议。会议由检查组组长主持,参加人员包括检查组全体人员、申请代表和部门负责人等。内容包括:介绍参会人员;确认检查范围、检查依据、日程安排、检查方法和检查结论的报告方式;宣读保密承诺;确定陪同人员;明确注意事项,说明相关问题;确定末次会议的安排。

② 进行实地检查。在检查过程中,检查组应按照检查方案进行实地检查。

检查组内部应及时沟通,汇总分析检查中发现的问题,确定不符合项,商定末次会有关事宜。

发现的问题和不合格项,应请申请人或其代表确认并在《无公害农产品认证现场检查工作单》上签字;双方存在异议及其他需协商的事宜,应通过说明和沟通,达成共识。通过说明和沟通仍不能达成共识的,应在《无公害农产品认证现场检查工作单》上如实记载双方的意见。

③ 召开末次会议。现场检查结束前召开末次会议。由检查组组长主持,参会人员应包括检查组全体人员、申请人代表和地方有关方面人员等。内容包括:简述检查的总体情况(目的、依据、范围等);介绍检查过程和发现的主要问题;对产地环境状况和生产过程质量控制情况的有效性评价;宣布检查结论、提出改进或整改意见;申请人代表讲话;宣布末次会议和现场检查结束。

(4) 现场检查报告及后续工作 检查组在完成现场检查后 10 个工作日内,向省级工作机构提交《无公害农产品认证现场检查报告》和《无公害农产品认证现场检查工作单》,省级工作机构根据现场检查结果和检查组意见负责现场检查的后续工作。

82. 如何对无公害农产品进行监管?

对无公害农产品进行监管,主要包括以下三个方面:

（1）对认证机构及认证活动（仅限于产品认证阶段）的监管 通过现场检查有关文件和记录、监督现场检查等方式对重点问题进行监管。如乱收费；违反认证基本规范和认证规则规定的程序；认证档案不完整以及未对获得认证的产品进行跟踪检查等。

（2）对获证企业及其产品的监管 对获证企业及其产品的监管工作重点在：获证企业及其产品是否符合认证要求；无公害农产品产地使用的农业投入品是否符合无公害农产品相关标准要求；产品经检测是否符合无公害农产品质量标准要求等。

（3）对证书及标志使用情况的监管 监管是否存在伪造、冒用、转让、买卖无公害农产品产地认定证书、产品认证证书和标志；擅自扩大标志使用范围；逾期使用认证标志等行为。

83. 产品申报无公害农产品认证必须满足哪些要求？

（1）产品在《实施无公害农产品认证的产品目录》（农业部、国家认证认可监督管理委员会公告第 2034 号）公布的 567 个食用农产品目录内。

（2）产品生产主体应当具备国家相关法律法规规定的资质条件，是具有组织管理无公害农产品生产和承担责任追溯的能力的农产品生产企业、农民专业合作经济组织。

（3）产品品质满足无公害农产品相关标准的要求。

（4）产品或最小包装上应加贴或使用无公害农产品标志。

84. 无公害农产品对包装有哪些要求？

用于产品包装的容器，如塑料箱、纸箱等必须按产品的大小规格设计，同一规格必须大小一致，整洁、干燥、牢固、透气、美观、无污染、无异味，内壁无尖突物，无虫蛀、霉烂等，纸箱无受潮、离层现象。塑料箱应符合规定的要求。

凡经检验符合标准的，可使用无公害农产品标志，并按规定，标明品种、净重、生产单位、产地、采摘日期、包装日期及保质期。运输工具应清洁卫生，并采取保持品质的措施。

85. 什么样的单位可以申报绿色食品？

申请人应当具备下列资质条件：能够独立承担民事责任。如企业法人、农民专业合作社、个人独资企业、合伙企业、家庭农场等，国有农场、国有林场和兵团团场等生产单位；具有稳定的生产基地；具有绿色食品生产的环境条件和生产技术；具有完善的质量管理体系，并至少稳定运行一年；具有与生产规模相适应的生产技术人员和质量控制人员；申请前三年内无质量安全事故和不良诚信记录；与绿色食品工作机构或检测机构不存在利益关系。

86. 什么样的产品可以申报绿色食品？

申请使用绿色食品标志的产品，应当符合《中华人民共和国食品安全法》和《中华人民共和国农产品质量安全法》等法律法规规定，在国家工商行政管理总局商标局核定的绿色食品标志商标涵盖商品范围内，并具备下列条件：产品或产品原料产地环境符合绿色食品产地环境质量标准；农药、肥料、饲料、兽药等投入品使用符合绿色食品投入品使用准则；产品质量符合绿色食品产品质量标准；包装贮运符合绿色食包装贮运准则要求。具体按绿色食品产品标准适用目录执行。

87. 怎样申请获得绿色食品标志使用权？

单位申请——材料受理审核——现场检查——委托定点检测机构检测——上报中国绿色食品发展中心审核、专家评审、审批、颁证公告。

(1) 单位申请 单位条件为具备企业法人资格的企业，产品要求为绿色食品产品标准适用目录涵盖产品。

(2) 材料受理审核 省级机构对上报申请材料进行审核。

(3) 现场检查 由省中心委派2名以上有相关专业资质的检查员进行现场检查，现场检查主要对原料基地环境［依据《绿色食品 产地环境质量》《NY/T 391—2013》］和农业投入品使用［依据《绿色食品 农药使用准则》(NY/T 393—2013)、《绿色食品 肥料使用准则》(NY/T 394—2013)］，生产加工场所原料构成、工艺布局、卫生状况、污染防控［依据《绿色食品 食品添加剂使用准则》(NY/T 392—2013)、《绿色食品 包装、贮运通用准则》(NY/T 658—2015)、《绿色食品 贮藏运输准则》(NY/T 1056—2006)］等进行检查。

(4) 委托检测 委托中国绿色食品发展中心许可的定点检测机构，对原料基地的环境（大气、土壤、农灌水等）进行检测，对申报产品按照对应的绿色食品产品标准进行检测。

(5) 审核上报 申请材料、环境检测报告、产品检测报告、现场检查报告及现场检查照片，审核后上报中国绿色食品发展中心审核。

(6) 审核审批 合格的提交专家评审会评审，通过专家评审后，签订合同，缴纳费用，颁证公告。不合格的书面通知申请人。

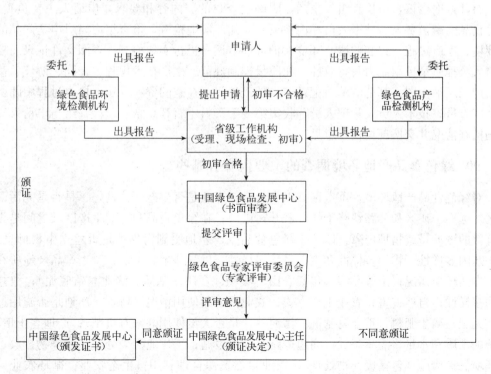

88. 申报绿色食品需要准备哪些材料?

初次申报绿色食品的申请人至少在产品收获、屠宰或捕捞前三个月,向所在省级工作机构提出申请,完成网上在线申报并提交下列文件:《绿色食品标志使用申请书》及《调查表》;资质证明材料,如营业执照、全国工业产品生产许可证、动物防疫条件合格证、商标注册证等证明文件复印件;质量控制规范;生产技术规程;基地图、加工厂平面图、基地清单、农户清单等;合同、协议、购销发票,生产、加工记录;含有绿色食品标志的包装标签或设计样张(非预包装食品不必提供);应提交的其他材料。

续展申报绿色食品的标志使用人应当向所在省级工作机构提交下列文件:《绿色食品标志使用申请书》及《调查表》;资质证明材料,如营业执照、全国工业产品生产许可证、动物防疫条件合格证、商标注册证等证明文件复印件;基地图、加工厂平面图、基地清单、农户清单等;合同、协议、购销发票,生产、加工记录;含有绿色食品标志的包装标签或设计样张(非预包装食品不必提供);上一用标周期绿色食品原料使用凭证;上一用标周期绿色食品证书复印件;《产品检验报告》(标志使用人如能提供上一用标周期第三年的有效年度抽检报告,经确认符合相关要求的,省级工作机构可做出该产品免做产品检测的决定);《环境质量监测报告》(产地环境未发生改变的,省级工作机构可视具体情况做出是否做环境检测和评价的决定)。

89. 绿色食品现场检查如何开展?

现场检查程序为:首次会议——实地检查——查阅文件记录——随机访问——总结会议。召开首次会议,由检查组长主持,明确检查目的、内容和要求,申请人主要负责人、绿色食品生产负责人、技术人员和内检员等参加。实地检查,检查组应当对申请产品的生产环境、生产过程、包装贮运、环境保护等环节逐一进行实地检查。查阅文件记录,核实申请人全程质量控制能力及有效性,如质量控制规范、生产技术规程、合同、协议、基地图、加工厂平面图、基地清单、记录等。随机访问,在查阅资料及实地检查过程中随机访问生产人员、技术人员及管理人员,收集第一手资料。召开总结会,检查组与申请人沟通现场检查情况并交换现场检查意见。

90. 绿色食品产地环境调查的主要内容有哪些?

对绿色食品产地环境,重点调查以下内容:产地是否生态环境良好、是否是无污染的地区,远离工矿区和公路铁路干线,避开污染源;在绿色食品和常规生产区域之间是否设置有效的缓冲带或物理屏障,以防止绿色食品生产基地受到污染;是否建立生物栖息地,保护基因多样性、物种多样性和生态系统多样性,以维持生态平衡;调查产品产地所在区域的自然环境概况;土壤类型(包括农田、牧场、食用菌基质、渔业养殖底泥);植被及生物多样性;自然灾害;农业生产方式;农业投入品使用情况(特别是产地是否施用过垃圾多元肥、稀土肥料、重金属制剂、污泥等,是否大量使用外来有机肥);产地客土情况;水源的水质和水量、灌溉条件;周边道路及隔离设施;工矿业污染分布和污染物排放;生态环境保护措施(包括废弃物处理)、农业自然资源合理利用;生态农业、循环农业、清洁生产、节能减排等情况。同时，要根据调查及掌握的资料情况，分析产地环境质量现状、发展趋势及区域污染控制措施，兼顾产地自然环境、社会经济及工农业生产对产地环境质量的影响，作出关于绿色食品发展适宜性的评价。

91. 绿色食品种植业产品现场检查的主要内容有哪些？

(1) **产地环境质量调查** 检查种植区（大田、蔬菜露地、设施、野生采集）是否位于生态环境良好、无污染的地区；是否远离城区、工矿区和公路铁路干线，避开工业污染源、生活垃圾场、医院、工厂等污染源。检查绿色食品和常规种植区域之间是否设置了有效的缓冲带或物理屏障，缓冲带内作物的种植情况。申请人是否采取了有效防止污染的措施。种植区是否具有可持续生产能力，生产废弃物是否对环境或周边其他生物产生污染。调查种植区的土地利用情况、耕作方式（旱田/水田/果园/水旱轮作）、农业种植结构、生物多样性，了解当地自然灾害种类、生态环境保护措施等。检查灌溉用水（如涉及）来源，是否存在污染源或潜在污染源。

(2) **种子、种苗来源与处理** 核查种子、种苗品种、来源，查看外购种子、种苗是否有正规的购买发票或收据，是否有非转基因证明。核查种子、种苗的预处理方法，使用物质是否符合《绿色食品　农药使用准则》(NY/T 393—2013) 的要求。多年生作物嫁接用的砧木、实生苗、扦插苗（无性苗）是否有明确的来源，预处理方法和使用物质是否符合《绿色食品　农药使用准则》(NY/T 393—2013) 的要求。

(3) **作物栽培** 查看种植区内作物的长势情况。检查轮作、间作、套作计划是否符合实际生产情况。了解轮作计划是否保持作物多样性；是否在维持或改善土壤有机质、肥力、氮素含量、生物活性及土壤结构、健康的同时，能减少土壤养分的损失；是否考虑各轮作作物间病、虫、草害的相互影响。

(4) **土壤管理和培肥** 了解土壤肥力恢复的方式（秸秆还田、种植绿肥和农家肥的使用等）。核查肥料的种类、来源、无机氮使用量等是否符合《绿色食品　肥料使用准则》(NY/T 394—2013) 的要求。检查商品有机肥、商品微生物肥料来源、成分、使用方法、施用量和施用时间，是否有正规的购买发票或收据等凭证。检查有机-无机复混肥、无机肥料、土壤调理剂等的来源、成分、使用方法、施用量和施用时间，是否有正规的购买发票或收据等凭证。确认当地同种作物习惯施用无机氮肥种类及用量，核实作物当季的无机氮素使用量。检查农家肥料原料（有机质）的处理、贮藏及使用是否给地表和地下水造成污染。

(5) **病虫草害防治** 调查当地常见病虫草害的发生规律、危害程度及防治方法。
核查病虫草害防治的方式、方法和措施是否符合《绿色食品　农药使用准则》(NY/T 393—2013) 的要求。检查申请种植产品当季发生病虫草害的农业、物理、生物防治措施及效果。检查种植区地块及周边、生资库房、记录档案，核查使用农药的种类、使用方法、用量、使用时间、安全间隔期等。

(6) **收获及采后处理** 了解收获的方法、工具。检查绿色食品在收获时采取何种措施防止污染。了解采后产品质量检验方法及检测指标。涉及投入品使用的，核查使用投入品是否应符合《绿色食品　食品添加剂使用准则》(NY/T 392—2013)、《绿色食品　农药使用准则》(NY/T 393—2013) 及《食品安全国家标准　食品添加剂使用标准》(GB 2760—2014) 的要求。涉及清洗的，了解加工用水来源。

(7) 包装、标识与贮藏运输　核查包装及标识是否符合《绿色食品　包装通用准则》(NY/T 658—2015) 的要求。核查使用的包装材料是否可重复使用或回收利用，包装废弃物是否可降解。检查包装标识是否符合 GB 7718—2011、NY/T 658—2015，绿色食品标志是否符合《中国绿色食品商标标志设计使用规范手册》的要求。对于续展申请人，还应检查绿色食品标志使用情况。核查贮藏运输是否符合《绿色食品　贮藏运输准则》(NY/T 1056—2006) 的要求。检查绿色食品是否设置专用库房或存放区并保持洁净卫生；是否根据种植产品特点、贮存原则及要求，选用合适的贮存技术和方法；贮存方法是否引起污染。检查贮藏场所内是否存在有害生物、有害物质的残留。检查贮藏设施是否具有防虫、防鼠、防鸟的功能，或采取何种措施防虫、防鼠、防潮、防鸟。涉及药剂使用的，是否符合《绿色食品　农药使用准则》(NY/T 393—2013) 的要求。核查绿色食品可降解食品包装与非降解食品包装是否分开贮存与运输；不应与农药、化肥及其他化学制品等一起运输。检查运输绿色食品的工具，并了解运输管理情况。

(8) 质量控制体系　是否有绿色食品生产负责人和企业内检员。查看企业质量控制规范、种植技术规程、产品质量保障措施等技术性文件的制订与执行情况。检查相关标准和技术规范是否上墙，产地是否有明显的绿色食品标识。检查申请人是否有统一规范的、内容全面的生产记录，是否建立了全程可追溯系统。检查记录是否有专人保管并保存 3 年以上。存在平行生产的，是否建立区分管理全程质量控制系统，包括防止绿色食品与常规食品在生产、收获、贮藏、运输等环节混淆的措施或制度，以及绿色食品与常规食品的各环节记录等。

(9) 风险性评估　评估各生产环节是否建立有效合理的生产技术规程，操作人员是否了解规程并准确执行。评估整体质量控制情况，是否存在平行生产，质量管理体系是否稳定。评估农药、肥料等投入品使用是否符合绿色食品标准要求。评估作物生产全过程是否会对周边环境造成污染。

(10) 其他　核对申报材料上的申请人名称、产品名称与包装上的是否一致。核对预包装标签上的商标与商标注册证上的是否一致。核实生产规模是否能满足产品申请需要。对于续展申请人，还应核查其上一用标周期绿色食品投入品合同是否有效执行。

92. 绿色食品畜禽产品现场检查的主要内容有哪些?

(1) 产地环境　核查基地（放牧基地、养殖场所）是否位于生态环境良好、无污染的地区；是否远离医院、工矿区和公路铁路干线。核查养殖基地/畜舍位置、基地分布情况、基地面积、养殖规模等与申报材料是否一致。核查放牧基地载畜（禽）量是否超过基地植被承受力（或是否过度放牧）；放养基地是否具有可持续生产能力（是否需要休牧，休牧期长短）；是否对周边生态环境有不可逆的影响。核查畜禽圈舍使用的建筑材料和生产设备是否对人或畜禽有害；核查畜禽圈舍内是否有绿色食品禁用物质。

(2) 畜禽来源　对外购畜禽，核查畜禽来源，查看供应方资质证明，购买发票或收据。外购畜禽如作为种用畜禽，应了解其引入日龄、引入前疾病防治、饲料使用等情况。

核查是否外购畜禽短期育肥。自繁自育的，检查采取自然繁殖方式的。查看系谱档案；如为杂交，了解杂交品种来源及杂交方式。采用同期发情、超数排卵的，核查是否使用禁用激素类物质保证整齐度。采取人工或辅助性繁殖方式的。了解冷冻精液、移植胚胎来源，操作人员资质等。

（3）饲料饲喂 核查各饲料原料及饲料添加剂的来源、比例、年用量，核实其是否100％为绿色食品。查看购买协议期限是否涵盖一个用标周期、购买量是否能够满足生产需求量。查看绿色食品证书、绿色生资证书、绿色食品原料标准化基地证书（原件）。查看饲料包装标签：名称、主要成分、生产企业等信息。自种的绿色食品原料，核查其农药与肥料使用是否符合绿色食品标准要求、种植量能否满足需求量。查看购买协议，协议期限是否涵盖一个用标周期。核实购买量是否能够满足生产需求量。查看绿色食品证书、绿色生资证书、绿色食品原料标准化基地证书（原件）。核查是否使用同源动物源性饲料、畜禽粪便等作为饲料原料。核查饲料添加剂成分是否含有绿色食品禁用添加剂。核查饲料及饲料添加剂成分中是否含有激素、药物饲料添加剂或其他生长促进剂。若预混料配方中含有肉质改善剂、蛋白增加剂等成分，应进一步核实其是否含有绿色食品禁用物质。核查饲料加工工艺、饲料配方、设施设备等是否能够满足饲料生产需要。核查自制饲料总量是否能够满足生产需求量。核查畜禽饮用水中是否添加激素、药物饲料添加剂或其他生长促进剂。核查饲料存储仓库中是否有绿色食品禁用物质；仓库是否有防潮、防鼠、防虫设施；是否使用化学合成药物；药物的名称、用法与用量。查看饲料原料及添加剂购买发票、出入库记录，饲料加工记录等。对采取纯天然放牧方式进行养殖的畜禽，应核查其饲草面积、放牧期、饲草产量能否满足生产需求量；是否存在补饲，补饲所用饲料及饲料添加剂是否符合《绿色食品 畜禽饲料及饲料添加剂使用准则》（NY/T 471—2010）的要求。核查申报畜禽在一个生长（或生产）周期内，其各养殖阶段所用饲料是否均为绿色食品。

（4）饲养管理 核查绿色食品养殖和常规养殖之间是否具有有效的隔离措施，或严格的区分管理措施。了解畜（禽）圈舍是否配备采光通风、防寒保暖、防暑降温、粪尿沟槽、废物收集、清洁消毒等设备或措施。了解是否根据不同性别、不同养殖阶段进行分舍饲养；是否提供足够的活动及休息场所；幼畜是否能够吃到初乳。核查幼畜断奶前是否进行补饲训练；补饲所用饲料是否符合《绿色食品 畜禽饲料及饲料添加剂使用准则》（NY/T 471—2010）的要求。核查是否有病死畜禽、畜禽粪尿、养殖污水等废弃物处理措施，是否进行无害化处理；养殖基地污染物排放是否会造成环境污染，是否符合《畜禽养殖业污染物排放标准》（GB 18596—2001）的规定。核查是否具有专门的绿色食品饲养管理规范；是否具有饲养管理相关记录；饲养管理人员是否经过绿色食品生产管理培训。询问一线饲养管理人员在实际生产操作中使用的饲料、饮水、兽药、消毒剂等物质，核实其是否用过绿色食品禁用物质。核查畜禽饮用水是否符合《绿色食品 产地环境质量》（NY/T 391—2013）的要求。

（5）疾病防治 了解当地常见疫病种类及发生规律。核查是否具有染疫畜禽隔离措施。核查病死畜禽处理是否符合《绿色食品 畜禽卫生防疫准则》（NY/T 473—2016）、《绿色食品 畜禽饲养防疫准则》（NY/T 1892—2010）的要求。核查疫病防控使用的疫苗、消毒剂等是否符合《绿色食品　兽药使用准则》(NY/T 472—2013)、《绿色食品　畜禽卫生防疫准则》(NY/T 473—2016)、《绿色食品　畜禽饲养防疫准则》(NY/T 1892—2010) 的要求。查看兽医处方笺及兽药使用记录。包括畜禽编号、疾病名称、防治对象、发病时间及症状、治疗用药物名称及其有效成分、用药日期、用药方式、用药量、停药期、用药人、技术负责人等。核查疾病防治措施及所使用的药物是否符合《绿色食品　兽药使用准则》(NY/T 472—2013)、《绿色食品　畜禽卫生防疫准则》(NY/T 473—2016)、《绿色食品　畜禽饲养防疫准则》(NY/T 1892—2010) 的要求。核查停药期是否符合《兽药停药期规定》(中华人民共和国农业部公告第 278 号)。核查兽药存储仓库中的兽药、消毒剂等是否有绿色食品禁用物质。

(6) 动物福利　了解是否供给畜禽足够的阳光、食物、饮用水、活动空间等。了解是否采取完全圈养、舍饲、拴养、笼养等饲养方式。了解是否进行过非治疗性手术(断尾、断喙、烙翅、断牙等)。了解是否存在强迫喂食现象。

(7) 出栏及产品收集　查看畜禽产品出栏(产品收集)标准、时间、数量、活重等相关记录。查看畜禽出栏检疫记录,不合格产品处理方法及记录。了解收集的禽蛋是否进行清洗、消毒等处理;消毒所用物质是否对禽蛋品质有影响。核查处于疾病治疗期与停药期内收集的蛋、奶如何处理。核查挤奶方式、挤奶设施、存奶器皿是否严格清洗消毒,是否符合食品要求。了解挤奶前是否进行消毒处理;"头三把"奶如何处理。

(8) 活体畜禽装卸及运输　查看运输记录。包括运输时间、运输方式、运输数量、目的地等。核查是否具有与常规畜禽进行区分隔离的相关措施及标识。了解装卸及运输过程是否会对动物产生过度应激。核查运输过程是否使用镇静剂或其他调节神经系统的制剂。

(9) 屠宰加工　核查加工厂所在位置、面积、周围环境与申报材料是否一致。核查厂区卫生管理制度及实施情况。了解待宰圈设置是否能够有效减少对畜禽的应激。核查屠宰前后的检疫记录,不合格产品处理方法及记录。了解屠宰加工流程。核查加工设施与设备的清洗与消毒情况。核查加工设备是否同时用于绿色和非绿色产品;如何避免混杂和污染。核查加工用水是否符合《绿色食品　产地环境质量》(NY/T 391—2013) 的要求。核查屠宰加工过程中污水排放是否符合《肉类加工工业水污染物排放标准》(GB 13457—1992) 的要求。

(10) 贮藏、包装与运输　生产资料库房:核查是否有专门的绿色食品生产资料存放仓库;是否有明显的标识;是否有绿色食品禁用物质。产品库房:核查是否有专门的绿色食品产品贮藏场所;其卫生状况是否符合食品贮藏条件;库房硬件设施是否齐备;若与同类非绿色食品产品一起贮藏如何防混、防污;贮藏场所是否具有防虫、防鼠、防潮措施,是否使用化学合成药物,药物的名称、用法与用量。查看生产资料、产品出入库记录。核查产品是否包装;核实产品预包装送审样。核查包装标识是否符合《食品安全国家标准　预包装食品标签通则》(GB 7718—2011)、《绿色食品　包装通用准则》(NY/T 658—2015) 的要求;绿色食品标志是否符合《中国绿色食品商标标志设计使用规范手册》的要求。核查使用的包装材料是否可重复使用或回收利用;包装废弃物是否可降解。核查是否单独运输;若与非绿色食品一同运输,是否有明显的区别标识。核查运输过程是否需要控温等措施。核查运输工具的清洁、消毒处理情况。核查运输工具是否满足产品运输的基本要求;

运输工具和运输过程管理是否符合《绿色食品　贮藏运输准则》(NY/T 1056—2006)的要求。核查运输记录是否完整；是否能够保证产品可追溯。

(11) 质量控制体系　了解申请人机构设置是否专门设置基地负责人和企业内检员。了解基地位置及组成情况。查看土地流转合同，或有效期 3 年以上的委托养殖合同或协议，基地清单，农户清单等。查看申请单位的资质性文件：企业营业执照、商标注册证、养殖许可证等其他合法性文件等资质证明原件。核查企业质量控制规范、养殖技术规程、屠宰加工规程和产品质量保障措施等技术性文件的制订与执行情况。核查绿色食品相关标准和技术规范是否上墙或在醒目的地方公示；产地是否有绿色食品的明显标识。核查是否建立可追溯的全程质量安全监管记录；查看近两年的生产记录、生产资料的采购与使用记录；核实生产过程记录的真实性、完整性和符合性。

(12) 风险性评估　评估各生产环节是否建立有效合理的生产技术规程，操作人员是否了解规程并准确执行。评估整体质量控制情况，是否存在平行生产，质量管理体系是否稳定。评估使用的兽药、消毒剂等是否符合绿色食品标准要求。评估是否存在使用常规饲料及饲料添加剂的风险。评估绿色食品养殖过程是否会对周边环境造成污染。

(13) 其他　核对申报材料上的申请人名称、产品名称与包装上的是否一致。核对预包装标签上的商标与商标注册证上的是否一致。核实生产规模是否能满足产品申请需要。对于续展申请人，还应核查其上一用标周期绿色食品投入品合同是否有效执行。对于人工种植饲料原料的申请人，还应参照种植产品的现场检查规范。对于涉及肉类及乳制品加工、饲料加工的申请人，还应参照加工产品现场检查规范。

93. 绿色食品加工产品现场检查的主要内容有哪些?

(1) 基本情况　了解申请人基本情况，核查资质证明材料是否有效、申报材料中内容是否与实际一致。核查厂区地址、加工厂区平面图与实际情况是否一致。了解加工厂区生产情况（含平行生产、委托加工、非申报产品生产情况）。了解生产运营、管理体系（如 ISO、HACCP 等）、产品质量情况（如是否稳定运营、有无质量投诉等）。

(2) 厂区环境质量　核查厂区周边环境是否良好，是否远离工矿区和公路铁路干线。核查厂区周边、厂内是否有污染源或潜在污染源。核查厂房是否齐备，是否合理且能满足生产需要。核查加工厂及生产车间设施是否齐备，卫生状况是否良好，是否能满足《食品安全国家标准　食品生产通用卫生规范》(GB 14881—2013) 的基本要求。核查物流及人员流动状况是否合理，应避免交叉污染且生产前、中、后卫生状况良好。

(3) 生产加工　核查生产工艺与申请材料是否一致，是否能满足产品生产需要。核查生产工艺中是否有潜在质量风险。核查生产工艺是否设置了必要的监控参数，配备了恰当的监控措施和设备，以保证和监控生产正常运行。监控措施和设备应有效运行。核查生产设备是否能满足生产工艺需求，且布局合理，正常运转；生产设备是否对加工生产造成污染（如排放废气、废水、扬尘等）。核查各个生产环节是否有行之有效的操作规程，应包含非正常生产时，不合格品的处置、召回等纠正措施。核查生产操作规程是否符合绿色食品标准要求，有无违禁投入品和违禁工艺。核查所有生产操作规程是否保持最新有效版本，并在需要时方便取得。核查操作人员是否具有相应的资质且熟悉本岗位要求。核查操作人员是否掌握绿色食品生产技术标准。

(4) 主辅料和食品添加剂 核查主辅料来源、组成、配比和年用量是否与申请材料一致，且符合工艺要求和生产实际。核查主辅料、添加剂的组成、配比和用量是否符合国家食品安全要求和绿色食品标准要求。如《食品安全国家标准 食品添加剂使用标准》(GB 2760—2014)、《食品安全国家标准 食品营养强化剂使用标准》(GB 14880—2012)、《绿色食品 食品添加剂使用准则》(NY/T 392—2013)等。核查主辅料的组成、配比和用量是否符合绿色食品加工产品原料的规定。核查主辅料采购量是否满足生产需求，产出率合理。了解主辅料、添加剂入厂前是否经过检验，检验结果是否合格。核查主辅料等投入品的购买合同、协议、领用、投料生产记录是否真实有效。核查主辅料等投入品是否符合《绿色食品 贮藏运输准则》(NY/T 1056—2006)的要求。了解是否使用加工水及加工水来源。了解加工水是否经过二次净化，确认净化的流程和设备。了解加工水是否定期进行检测，确认检测方法和结果。

(5) 包装和贮运 核查产品是否包装，检查预包装送审样。核查包装标识是否符合《食品安全国家标准 预包装食品标签通则》(GB 7718—2011)、《绿色食品 包装通用准则》(NY/T 658—2015)，绿色食品标志是否符合《中国绿色食品商标标志设计使用规范手册》的要求。核查使用的包装材料是否可重复使用或回收利用，包装废弃物是否可降解。核查绿色食品可降解食品包装与非降解食品包装是否分开贮存与运输；不应与农药、化肥及其他化学制品等一起运输。核查运输绿色食品的工具和管理是否符合《绿色食品 贮藏运输准则》(NY/T 1056—2006)的要求。核查绿色食品是否设置专用库房或存放区并保持洁净卫生；是否根据产品特点、贮存原则及要求，选用合适的贮存技术和方法；贮存方法是否引入污染。核查贮藏场所内是否存在有害生物、有害物质的残留。贮藏设施应具有防虫、防鼠、防鸟的功能。确认防虫、防鼠、防潮的具体措施，涉及药剂使用的，是否符合《绿色食品 农药使用准则》(NY/T 393—2013)和《绿色食品 兽药使用准则》(NY/T 472—2013)的要求。核查运输工具是否满足产品运输的基本要求。核查运输记录是否完整、齐全且保证产品可追溯。

(6) 质量管理体系 了解申请人是否设置了绿色食品生产负责人和企业内检员。查看企业质量控制规范、加工技术规程、产品质量保障措施等技术性文件的制订与执行情况。查看相关标准和技术规范是否上墙。产地是否有绿色食品的明显标识。核查是否对生产各个环节有详细记录：是否有固定的记录格式；是否通过全程记录建立追溯系统以及可跟踪的生产批次号系统；是否有专人保管和保管地。记录是否能保存3年以上。存在平行生产的，核查是否建立区分管理的全程质量控制系统（包括防止绿色食品与常规食品在生产、收获、贮藏、运输等环节混淆的措施或制度），绿色食品与常规食品的各环节记录是否能够区分且完整。核查对废弃物（下脚料、废水、废弃排放等）是否制订了处理方案，是否妥善处理。

(7) 风险性评估 评估各生产环节是否建立有效合理的操作规程，操作人员是否了解规程并准确执行。评估各投入品来源是否稳定，质量是否合格，是否达到绿色食品标准要求。评估各中间产物、废弃物、废品和次品如何处理，是否会对生产过程和产品造成污染。评估整体质量控制情况如何，是否存在潜在风险，质量管理体系是否稳定。平行生产的，评估原料加工、成品贮藏及运输、设备清洗等各环节如何进行区分，避免混淆及污染。

（8）**其他** 核对申报材料上的申请人名称、产品名称与包装上的是否一致。核对预包装标签上的商标与商标注册证上的是否一致。核实生产规模是否能满足产品申请需要。对于续展申请人，还应核查其上一用标周期绿色食品投入品合同是否有效执行。

94. 绿色食品水产品现场检查的主要内容有哪些?

（1）**产地环境** 核查基地是否位于生态环境良好、无污染的地区；是否远离工矿区和公路铁路干线。核查养殖基地位置、水域分布方位、面积与申报材料是否一致。核查养殖水域水质情况，水体是否明显受到污染或有异色、异臭、异味。核查开放水体绿色食品养殖区域和常规养殖区域、农业或工业污染源之间是否保持一定的距离。核查开放水体养殖区域是否具有可持续的生产能力；是否会对周边水体产生污染；是否会破坏该水域生物多样性。核查封闭水体绿色食品养殖区域和常规养殖区域之间是否有有效的天然隔离屏障或设置物理屏障。核查同一养殖区域中是否同时含有绿色与非绿色养殖产品。如何区分管理？核查养殖区域使用的建筑材料和生产设备是否明显有害。核查封闭水体养殖用水来源；是否有可能引起养殖用水受污染的污染物，污染物来源及处理措施；绿色食品养殖区和常规养殖区域之间的进排水系统是否有有效的隔离措施。核查开放水体周边水域是否存在污染源，是否会对绿色食品养殖区域产生影响。

（2）**苗种来源** 外购苗种：查看苗种供应方相应的资质证明、购买协议、发票或收据，了解外购苗种在运输过程中疾病发生和防治情况。自繁自育苗种：了解其繁殖方式，是否使用激素类物质控制性别比率。

（3）**水质管理** 了解水质更换频率及更换方法。核查消毒剂和渔用环境改良剂的使用是否符合《绿色食品 渔药使用准则》（NY/T 755—2013）的要求。了解是否向养殖水域中投放粪便以提高水体总氮、总磷浓度。核查养殖区域水质是否符合《绿色食品 产地环境质量》（NY/T 391—2013）的要求。

（4）**苗种培育** 核查育苗场水质是否符合《绿色食品 产地环境质量》（NY/T 391—2013）的要求；育苗场所消毒及苗种消毒是否符合《绿色食品 渔药使用准则》（NY/T 755—2013）的要求。核查苗种培育周期；苗种投放量是否满足申报量；苗种投放规格。核查苗种培育阶段所用的饲料是否为绿色食品。核查苗种培育阶段疾病发生及防治情况，是否使用绿色食品禁用渔药。

（5）**饲料管理** 核查各饲料原料及饲料添加剂的来源、比例、年用量，是否 100% 为绿色食品。查看购买协议，协议期限是否涵盖一个用标周期。核查购买量是否能够满足生产需求量。查看绿色食品证书、绿色生资证书、绿色食品原料标准化基地证书（原件）。查看饲料包装标签：名称、主要成分、生产企业等信息。自制饲料（含外购及自制皆有）的，核查自种的绿色食品原料，核查其农药与肥料使用是否符合绿色食品的要求；其种植量能否满足需求量。查看购买协议，协议期限是否涵盖一个用标周期。核查购买量是否能够满足生产需求量。查看绿色食品证书、绿色生资证书、绿色食品原料标准化基地证书（原件）。查看饲料包装标签：名称、主要成分、生产企业等信息。核查饲料添加剂成分是否含有绿色食品禁用添加剂。核查饲料及饲料添加剂成分中是否含有激素、药物饲料添加剂或其他生长促进剂。核查饲料加工工艺、饲料配方、设施设备等是否能够满足饲料生产需要。核查自制饲料总量是否能够满足生产需求量。全部使用水域中野生天然饵料的，应核查饵料品种、生长情况及能否满足生产需求量。人工培养天然饵料的，应核查饵料来源、养殖情况、养殖过程是否使用绿色食品禁用物质。核查养殖用水中是否添加激素、药物饲料添加剂或其他生长促进剂。核查饲料存储仓库中是否有绿色食品禁用物质；仓库是否有防潮、防鼠、防虫设施；是否使用化学合成药物；药物的名称、用法与用量。查看饲料原料及添加剂购买发票、出入库记录，饲料加工记录等。

(6) 藻类等肥料使用情况 肥料类别、商品名称。氮的类型、每亩使用量、使用时间、使用方法。所用肥料是否符合《绿色食品 肥料使用准则》（NY/T 394—2013）的要求。

(7) 日常管理 了解养殖模式（单养、混养），单养品种，混养品种及投放比例。核查养殖密度是否超过水域负载量。核查各品种养殖周期、上市规格、产量。核查是否具有专门的绿色食品饲养管理规范；是否具有饲养管理相关记录；饲养管理人员是否经过绿色食品生产管理培训。核查是否有病死产品、养殖污水等废弃物处理措施；污染物排放是否会造成环境污染，是否符合国家相关标准。询问一线养殖人员在实际生产操作中使用的饲料、渔药、消毒剂和渔用环境改良剂等物质，核实其是否用过绿色食品禁用物质。

(8) 疾病防治 了解当地常见疾病及其流行程度。对于疾病，采取何种措施进行预防？本年度发生过何种疾病？危害程度如何？核查疫苗使用情况，包括疫苗名称、使用时间、使用方法，所用疫苗是否符合《绿色食品 渔药使用准则》（NY/T 755—2013）的要求。查看药品存储仓库中的渔药、消毒剂等是否有不在《绿色食品 渔药使用准则》（NY/T 755—2013）渔药准用列表中的物质。查看渔药使用记录，包括疾病名称、防治对象、治疗用药物名称及其有效成分、用药日期、用药方式、用药量、停药期、用药人、技术负责人等。核实生产中所用渔药及消毒剂是否符合《绿色食品 渔药使用准则》（NY/T 755—2013）的要求。

(9) 捕捞与运输 了解捕捞措施。核查措施和工具是否符合国家相关规定。了解开放性水域采取何种措施保证生态系统的可持续生产能力，避免掠夺性捕捞？核查疾病治疗期、停药期内是否进行捕捞。捕捞所得产品如何处理？了解捕捞过程是否采取措施尽可能减少对水生生物的应激。了解鲜活水产品如何运输？运输过程中采取何种措施提高存活率？核查运输过程中是否使用化学试剂。核查鲜活水产品运输用水的水质是否符合《绿色食品 产地环境质量》（NY/T 391—2013）的要求。核查运输设备和材料是否有潜在的毒性影响。核查是否具有与常规产品进行区分隔离的相关措施及标识。核查运输过程是否需要控温等措施。核查运输工具的清洁、消毒处理情况。核查运输工具是否满足产品运输的基本要求；运输工具和运输过程管理是否符合《绿色食品 贮藏运输准则》（NY/T 1056—2006）的要求。核查运输记录是否完整；是否能够保证产品可追溯。对于海洋捕捞的水产品，核查其捕捞与运输过程是否符合《绿色食品 海洋捕捞水产品生产管理规范》（NY/T 1891—2010）的要求。

(10) 初级加工 核查加工厂所在位置、面积、周围环境与申报材料是否一致。核查厂区卫生管理制度及实施情况。了解加工规程制订与实施情况。核查检疫记录，不合格产品处理方法及记录。核查加工设施与设备的清洗与消毒情况。核查加工设备是否同时用于绿色和非绿色产品；如何避免混杂和污染？核查加工用水是否符合《绿色食品 产地环境质量》(NY/T 391—2013) 的要求。核查加工污水排放是否符合国家相关标准。

(11) 贮藏管理 生产资料库房：核查是否有专门的绿色食品生产资料存放仓库；是否有明显的标识；是否有绿色食品禁用物质。产品库房：核查是否有专门的绿色食品产品贮藏场所；其卫生状况是否符合食品贮藏条件；库房硬件设施是否齐备；若与同类非绿色食品产品一起贮藏如何防混、防污；贮藏场所是否具有防虫、防鼠、防潮措施，是否使用化学合成药物，药物的名称、用法与用量。查看生产资料、产品出入库记录。了解鲜活水产品出售前是否暂养。核查暂养过程中是否使用绿色食品禁用物质；暂养用水是否符合《绿色食品 产地环境质量》(NY/T 391—2013) 的要求。

(12) 包装标识 核查产品是否包装；核实产品预包装送审样。核查包装标识是否符合《食品安全国家标准 预包装食品标签通则》(GB 7718—2011)、《绿色食品 包装通用准则》(NY/T 658—2015) 的要求；绿色食品标志是否符合《中国绿色食品商标标志设计使用规范手册》的要求。核查使用的包装材料是否可重复使用或回收利用；包装废弃物是否可降解。

(13) 质量控制体系 了解企业机构设置，是否专门设置基地负责人和企业内检员。了解基地位置及组成情况。查看水域滩涂使用证明，或有效期 3 年以上的委托养殖合同或协议、基地清单、农户清单等。核查基地位置和养殖场水域分布与申报材料的符合性。查看申请单位的资质性文件：企业营业执照、商标注册证、养殖许可证等其他合法性文件等资质证明原件。核查企业质量控制规范、养殖技术规程、加工规程和产品质量保障措施等技术性文件的制订与执行情况。核查绿色食品相关标准和技术规范是否上墙或在醒目的地方公示；产地是否有绿色食品的明显标识。核查是否建立可追溯的全程质量安全监管记录；查看近两年的生产记录、生产资料的采购与使用记录；核实生产过程记录的真实性、完整性和符合性。

(14) 风险性评估 评估各生产环节是否建立有效合理的生产技术规程，操作人员是否了解规程并准确执行。评估整体质量控制情况，是否存在平行生产，质量管理体系是否稳定。评估使用的渔药、消毒剂等是否符合绿色食品标准要求。评估是否存在使用常规饲料及饲料添加剂的风险。评估绿色食品养殖水域的水质控制措施是否有效；是否存在与常规水域的水质窜排窜灌的风险，是否会对周边环境造成污染。

(15) 其他 核对申报材料上的申请人名称、产品名称与包装上的是否一致。核对预包装标签上的商标与商标注册证上的是否一致。核实生产规模是否能满足产品申请需要。对于续展申请人，还应核查其上一用标周期绿色食品投入品合同是否有效执行。对于人工种植饲料原料的申请人，还应参照种植产品的现场检查规范。对于涉及水产品深加工（即加工过程中，使用了其他配料或加工工艺复杂的腌熏、罐头、鱼糜等产品）的申请人，还应参照加工产品现场检查规范。

95. 绿色食品食用菌产品现场检查的主要内容有哪些?

(1) 产地环境质量调查 检查栽培区(露地、设施、野生采集)是否位于生态环境良好、无污染的地区,是否远离城区、工矿区和公路铁路干线,避开工业污染源、生活垃圾场、医院、工厂等污染源。绿色食品和常规栽培区域之间是否设置有效的缓冲带或物理屏障,缓冲带内作物的栽培情况。申请人是否采取了有效防止污染的措施;栽培区是否具有可持续生产能力,生产废弃物是否对环境或周边其他生物产生污染。调查栽培区所在地农业栽培结构、植被及生物资源,了解当地自然灾害种类、生物环境保护措施等。检查栽培基质质量、加工用水质量,是否符合《绿色食品 产地环境质量》(NY/T 391—2013)的要求。

(2) 菌种来源与处理 核查菌种品种、来源,查看外购菌种类型(母种、原种、栽培种),是否有正规的购买发票、品种证明;核查自制菌种的培养和保存方法,应明确培养基的成分、来源。检查制作菌种的设备和用品,包括灭菌锅(高压、常压蒸汽灭菌锅)、接种设施、装袋机、灭菌消毒药品等。

(3) 食用菌栽培 检查栽培设施、场地应与位置图、基地分布图的方位、面积一致。核实基地名称、场地编号、生产面积。核查栽培基质原料的堆放场所是否符合《绿色食品 贮藏运输准则》(NY/T 1056—2006)的要求。检查栽培基质原料名称、比例(%)、主要原料来源及年用量。原料是否有转基因品种(产品)及其副产品。检查栽培基质的拌料室、装袋室、灭菌设施室、菌袋冷却室以及接种室、培养菌室,出耳(菇)地(发菌室)清洁消毒措施,使用的物质是否符合《绿色食品 农药使用准则》(NY/T 393—2013)的要求。检查栽培基质灭菌方法,栽培品种,栽培场地,栽培设施。

(4) 病虫害防治 调查当地同种食用菌类常见病虫害的发生规律、危害程度及防治方法。核查病虫害防治的方式、方法和措施应符合《绿色食品 农药使用准则》(NY/T 393—2013)的要求。检查申请栽培的食用菌当季发生病虫害防治措施及效果。检查栽培区及周边、生资库房、记录档案,核查使用农药的种类、使用方式、使用量、使用时间、安全间隔期等是否符合《绿色食品 农药使用准则》(NY/T 393—2013)的要求。

(5) 收获及采后处理 了解收获的方法、工具。检查绿色食品在收获时采取何种措施防止污染。了解采后产品质量检验方法及检测指标。了解采后处理方式(晾晒、烘干等初加工),涉及投入品使用的,核查使用投入品是否符合《绿色食品 食品添加剂使用准则》(NY/T 392—2013)、《绿色食品 农药使用准则》(NY/T 393—2013)及《食品安全国家标准 食品添加剂使用标准》(GB 2760—2014)的要求。涉及清洗的,了解加工用水来源。

(6) 包装、贮藏运输与标识 核查包装及标识是否符合《绿色食品 包装通用准则》(NY/T 658)的要求。核查使用的包装材料是否可重复使用或回收利用,包装废弃物是否可降解。检查包装标识是否符合 GB 7718—2011、NY/T 658—2015,绿色食品标志是否符合《中国绿色食品商标标志设计使用规范手册》的要求。对于续展申请人,还应检查绿色食品标志使用情况。核查贮藏运输是否符合《绿色食品 贮藏运输准则》(NY/T 1056—2006)的要求。检查绿色食品是否设置专用库房或存放区并保持洁净卫生;是否根据种植产品特点、贮存原则及要求，选用合适的贮存技术和方法；贮存方法是否引起污染。检查贮藏场所内是否存在有害生物、有害物质的残留。检查贮藏设施是否具有防虫、防鼠、防鸟的功能，或采取何种措施防虫、防鼠、防潮、防鸟。涉及药剂使用的，是否符合《绿色食品　农药使用准则》(NY/T 393—2013) 的要求。核查绿色食品可降解食品包装与非降解食品包装是否分开贮存与运输；不应与农药、化肥及其他化学制品等一起运输。检查运输绿色食品的工具，并了解运输管理情况。

(7) 质量控制体系　是否有绿色食品生产负责人和企业内检员。查看企业质量控制规范、种植技术规程、产品质量保障措施等技术性文件的制订与执行情况。检查相关标准和技术规范是否上墙，产地是否有明显的绿色食品标识。检查申请人是否有统一规范的、内容全面的生产记录，是否建立了全程可追溯系统，检查记录是否有专人保管并保存 3 年以上。存在平行生产的，是否建立区分管理全程质量控制系统，包括防止绿色食品与常规食品在生产、收获、贮藏、运输等环节混淆的措施或制度；绿色食品与常规食品的各环节记录等。

(8) 风险性评估　评估各生产环节是否建立有效合理的生产技术规程，操作人员是否了解规程并准确执行。评估整体质量控制情况，是否存在平行生产，质量管理体系是否稳定。评估农药、肥料等投入品使用是否符合绿色食品标准要求。评估食用菌生产全过程是否会对周边环境造成污染。

(9) 其他　核对申报材料上的申请人名称、产品名称与包装上的是否一致。核对预包装标签上的商标与商标注册证上的是否一致。核实生产规模是否能满足产品申请需要。

对于续展申请人，还应核查其上一用标周期绿色食品投入品合同是否有效执行。

96. 绿色食品蜂产品现场检查的主要内容有哪些?

(1) 环境状况　核查蜂场周围是否有工矿区、公路铁路干线、垃圾场、化工厂、农药厂。核查蜂场周围是否有大型蜂场和以蜜、糖为生产原料的食品厂。核查蜂场周围是否具有能满足蜂群繁殖和蜜蜂产品生产的蜜源植物；是否具有清洁的水源。核查蜂场周围半径 5 千米范围内是否存在有毒蜜源植物；在有毒蜜源植物开花期是否放蜂。如何隔离？核查蜂场周围半径 5 千米范围内是否有常规农作物；针对常规农作物所用的农药是否对蜂群有影响。核查流蜜期内蜂场周围半径 5 千米范围内是否有处于花期的常规农作物。如何区别管理?

(2) 蜜源植物　核查蜜源植物为野生还是人工种植的。核查蜜源地位置，蜜源植物品种、分布情况；核实蜜源地规模与申报材料是否一致。人工种植的蜜源植物，核查其农药使用情况是否符合《绿色食品　农药使用准则》(NY/T 393—2013) 的要求，其肥料使用情况是否符合《绿色食品　肥料使用准则》(NY/T 394—2013) 的要求。核查在野生蜜源植物地放蜂时，是否会对当地蜜蜂种群以及其他依靠同种蜜源植物生存的昆虫造成严重影响。核查申报产品的蜜源植物花期的长短；申报产量是否与一个花期的产量相符。蜂群如转场，转场蜜源植物的生产管理应符合绿色食品相关标准要求。

(3) 养蜂机具　核查蜂箱和巢框用材是否无毒、无味、性能稳定、牢固；蜂箱是否定期消毒、换洗；消毒所用制剂是否符合《绿色食品　兽药使用准则》(NY/T 472—2013)

的要求。核查养蜂机具及采收机具(包括隔王栅、饲喂器、起刮刀、脱粉器、集胶器、摇蜜机和台基条等)、产品存放器具所用材料是否无毒、无味。核查巢础的材质及更换频率。

(4) 蜜蜂来源 了解引入种群品系、来源、数量,查看供应商资质、检疫证明等。蜂王为自育或外购的?若为外购蜂王或卵虫育王,应了解其来源,查看供应商资质、检疫证明。查看进出场日期和运输等记录。

(5) 饲料管理 核查各饲料品种、来源、比例、使用时间、年用量,核实是否100%为绿色食品。查看购买协议,协议期限是否涵盖一个用标周期。核查购买量是否能够满足生产需求量。查看绿色食品证书、绿色生资证书、绿色食品原料标准化基地证书(原件)。查看饲料包装标签:名称、主要成分、生产企业等信息。了解是否使用红糖作为蜜蜂饲料。了解转场和越冬饲料是否使用自留蜜、自留花粉;使用量、所占比例。核查蜜蜂饮用水中是否添加绿色食品禁用物质;饮水器材是否安全无毒。核查饲料存储仓库中是否有绿色食品禁用物质;仓库是否有防潮、防鼠、防虫设施;是否使用化学合成药物;药物的名称、用法与用量。核查蜂场内是否有绿色食品禁用物质。查看购买发票、出入库记录等。

(6) 转场管理 查看转场饲养的转地路线、转运方式、日期和蜜源植物花期、长势、流蜜状况等信息的材料及记录。了解转场前是否调整群势;运输过程中是否备足饲料及饮水。核查是否用装运过农药、有毒化学品的运输设备装运蜂群。了解是否采取有效措施防止蜂群在运输途中的伤亡。核查运输途中是否放蜂;是否经过污染源;途中采集的产品是否作为绿色食品或蜜蜂饲料。查看运输记录,包括时间、天气、起运地、途经地、到达地、运载工具、承运人、押运人、蜂群途中表现等情况。转场蜂场的生产管理应符合绿色食品相关标准要求。

(7) 饲养管理 了解蜂群是否有专门的背风向阳、干燥安静的越冬场所;是否布置越冬蜂巢;蜂箱是否配备专门的保温措施。核查越冬期饲料是否充足;饲料是否为绿色食品。核查春繁扩群期饲料配比是否符合蜜蜂生理需要;饲料是否为绿色食品。核查蜜源缺乏期是否供给足够饲料;饲料是否为绿色食品。了解蜂场废弃物如何处理?核查蜜蜂尸体、蜜蜂排泄物、杂草等废弃物处理是否符合国家相关规定。核查是否配备饮水器和充足的清洁水;水中是否添加盐类等矿物质;添加的物质是否为绿色食品。了解蜂箱是否具有调节光照、通风和温、湿度等条件的措施。核查蜂场卫生状况,是否具有相关管理制度、消毒程序。核查养蜂机具和采收器具是否经常清洗消毒,消毒剂的使用是否符合《绿色食品 兽药使用准则》(NY/T 472—2013)的要求。查看清洗、消毒记录。核查是否具有专门的绿色食品饲养管理规范;是否具有饲养管理相关记录;饲养管理人员是否经过绿色食品生产管理培训。询问一线蜜蜂养殖人员在实际生产操作中使用的饲料、饮水、蜂药、消毒剂等物质,核实其是否用过绿色食品禁用物质。核查继箱、更换蜂王过程中是否使用诱导剂;是否为绿色食品禁用物质。

(8) 疾病防治 了解当地蜜蜂常见疾病、有害生物种类及发生规律。核查疾病防治所用蜂药、消毒剂等是否符合《绿色食品 兽药使用准则》(NY/T 472—2013)、《绿色食品 畜禽卫生防疫准则》(NY/T 473—2016)、《绿色食品 畜禽饲养防疫准则》(NY/T 1892—2010)的要求。核查所用蜂药是否有停药期的规定;停药期是否符合规定。了解是否采取综合措施培养强群,提高蜂群自身的抗病能力。查看用药记录(包括蜂场编号、蜂群编号、蜂群数、蜂病名称、防治对象、发病时间及症状、治疗用药物名称及其有效成分、用药日期、用药方式、用药量、停药期、用药人、技术负责人等)。

(9) 产品采收 核查产品采收时间、标准、产量。了解是否存在掠夺式采收的现象 (采收频率过高、经常采光蜂巢内蜂蜜等)。了解成熟蜜、巢蜜的采收间隔期是否根据蜜源种类、水分、天气等情况适当延长。核查蜂产品采收期间，生产群是否使用蜂药；蜂群在停药期内是否从事蜜蜂产品采收，所得产品如何处理？核查蜜源植物施药期间（含药物安全间隔期）是否进行蜂产品采收，所得产品如何处理？核查采收机具和产品存放器具是否严格清洗、消毒；是否符合国家相关要求。查看蜜源植物施药情况（使用时间、使用量）及蜂产品采收记录（采收日期、产品种类、数量、采收人员、采收机具等)。了解蜂蜜采收之前，是否取出生产群中的饲料蜜。蜂王浆的采集过程中，移虫、采浆作业需在对空气消毒过的室内或者帐篷内进行，核查消毒剂的使用是否符合《绿色食品　兽药使用准则》(NY/T 472—2013) 的要求。

(10) 蜂产品加工 核查加工厂所在位置、面积、周围环境与申报材料是否一致。核查厂区卫生管理制度及实施情况。了解成熟蜜、浓缩蜜的加工流程。核查加工设施的清洗与消毒情况。核查加工设备是否同时用于绿色和非绿色产品。如何避免混杂和污染？核查加工用水是否符合《绿色食品　产地环境质量》(NY/T 391—2013) 的要求。查看不合格产品处理记录。

(11) 贮藏运输 核查是否有专门的绿色食品生产资料存放仓库；是否有明显的标识；是否有绿色食品禁用物质。核查是否有专门的绿色食品产品贮藏场所；其卫生状况是否符合食品贮藏条件；库房硬件设施是否齐备；若与同类非绿色食品产品一起贮藏如何防混、防污；贮藏场所是否具有防虫、防鼠、防潮措施，是否使用化学合成药物，药物的名称、用法与用量。查看生产资料、产品出入库记录。核查是否单独运输；若与非绿色食品一同运输，是否有明显的区别标识。核查运输过程是否需要控温等措施。核查运输工具的清洁、消毒处理情况。核查运输工具是否满足产品运输的基本要求；运输工具和运输过程管理是否符合《绿色食品　贮藏运输准则》(NY/T 1056—2006) 的要求。核查运输记录是否完整；是否能够保证产品可追溯。

(12) 包装标识 核查产品是否包装；核实产品预包装送审样。核查包装标识是否符合《食品安全国家标准　预包装食品标签通则》(GB 7718—2011)、《绿色食品　包装通用准则》(NY/T 658—2015) 的要求；绿色食品标志是否符合《中国绿色食品商标标志设计使用规范手册》的要求。核查使用的包装材料是否可重复使用或回收利用；包装废弃物是否可降解。

(13) 质量控制体系 了解申请人机构设置，是否专门设置基地负责人和内检员。了解蜂场所在地情况（固定蜂场及转场蜂场)。核查蜂场分布与申报材料是否一致。核实蜜源地位置，查看土地流转合同，或有效期 3 年以上的委托养殖合同或协议，基地清单、农户清单等。查看申请单位的资质性文件：企业营业执照、商标注册证、养殖许可证等其他合法性文件等资质证明原件。核查企业质量控制规范、养殖技术规程、加工规程和产品质量保障措施等技术性文件的制订与执行情况。核查绿色食品相关标准和技术规范是否上墙或在醒目的地方公示；产地是否有绿色食品的明显标识。核查是否建立可追溯的全程质量安全监管记录；查看近两年的生产记录、生产资料的采购与使用记录；核实生产过程记录的真实性、完整性和符合性。

（14）风险性评估　评估各生产环节是否建立有效合理的生产技术规程，操作人员是否了解规程并准确执行。评估整体质量控制情况，是否存在平行生产，质量管理体系是否稳定。转场过程中是否放蜂；是否经过污染源；途中采集的产品是否作为绿色食品或蜜蜂饲料。采蜜范围内是否有与申报产品同花期的常规植物。评估使用蜂药、消毒剂等是否符合绿色食品标准要求。评估是否存在使用常规饲料及饲料添加剂的风险。评估绿色食品养殖过程是否会对周边环境造成污染。

（15）其他　核对申报材料上的申请人名称、产品名称与包装上的是否一致。核对预包装标签上的商标与商标注册证上的是否一致。核实生产规模是否能满足产品申请需要。对于续展申请人，还应核查其上一用标周期绿色食品投入品合同是否有效执行。对于人工种植蜜源植物的申请人，还应参照种植产品的现场检查规范。对于蜂产品采集后再进行净化、浓缩等加工处理的申请人，还应参照加工产品现场检查规范。

97. 绿色食品获证后如何监管？

（1）横向上，根据国家食品质量安全监管职责分工（就食品安全监管而言）。

农业部门：食用农产品，从种植养殖环节到进入批发、零售市场或生产加工企业前的监管；

食品药品监督管理部门：食品，食用农产品进入批发、零售市场或生产加工企业后的监管；

卫生与计划生育部门：食品安全风险评估和食品安全标准制定；

质量监督部门：食品包装材料、容器、食品生产经营工具等食品相关产品生产加工的监管；

工商行政部门：保健食品广告活动的监督检查（商标管理）；

公安部门：组织指导食品犯罪案件侦查工作。

（2）纵向上，国家、省、市、县（市、区）各级绿色食品工作机构跟踪检查；绿色食品生产企业自我监管。实施主体：绿色食品监督管理员和企业内检员。

98. 绿色食品证后跟踪检查如何实施？

绿色食品生产企业获得标志使用权后，各级农业行政主管部门所属绿色食品工作机构将对标志使用企业实施证后跟踪检查，检查严格落实六道防线，确保绿色食品质量安全水平。

一是年度检查。依据中国绿色食品发展中心《绿色食品企业年度检查工作规范》，每年度对绿色食品生产企业实施现场检查一次。

二是产品抽检。每年度中国绿色食品发展中心制订年度抽检任务，由绿色食品定点检测机构对绿色食品产品实施抽样检测。

三是市场监察。每年由绿色食品省级工作机构实施，在辖区内绿色食品固定监察市场和流动监察市场，对标称绿色食品的产品实施市场监察，重点对标志使用规范性进行检查。

四是产品公告。按照《绿色食品标志管理办法》取消标志使用权的，中国绿色食品发展中心在相关媒体进行公告。

五是风险预警。中国绿色食品发展中心专门组织专家成立了绿色食品质量安全风险评估专家委员会，并在部分省市工作机构和行业影响力大的绿色食品企业设立了绿色食品风险预警信息员，切实保障绿色食品风险防控能力。

六是企业内部检查员。每一个绿色食品生产企业均需设立企业内部检查员，内部检查员必须参加专门培训并考试合格后，由中国绿色食品发展中心审批注册。

99. 获得绿色食品标志使用权后如何进行信息变更？

获得绿色食品标志商标使用权的单位或个人，在有效期内，由于单位名称、产品名称、注册商标、认证产量发生变更，可提出证书变更申请，由省级绿色食品管理机构受理核实，经中国绿色食品发展中心审批，办理证书变更，颁发新证书。

100. 绿色食品对总公司、子公司、分公司等申报情况有哪些规定？

对绿色食品总公司、子公司、分公司等申报情况规定如下：

(1) 总公司或子公司独立作为申请人 绿色食品申请人及绿色食品相关机构依据《绿色食品标志许可审查程序》(以下简称《审查程序》)提交相关材料并实施审查。

(2) "总公司＋分公司"作为申请人 总公司与分公司在同一省（区）的，由"总公司＋分公司"按《审查程序》提交相关材料并实施审查；总公司与分公司不在同一省（区）的，应由分公司向所在地省级工作机构提出申请，按《审查程序》提交相关材料并实施审查；"总公司＋分公司"作为申请人的，总公司和分公司应同时在申请材料上加盖公章。分公司不可独立作为申请人单独提出申请。

(3) 总公司作为统一申请人 总公司与子公司或分公司在同一省（区）的，应由总公司按《审查程序》提交相关材料并实施审查；总公司与子公司或分公司不在同一省（区）的，应由总公司向所在地省级工作机构提出申请，按《审查程序》提交相关材料并实施审查。现场检查时，应由总公司所在地省级工作机构向中国绿色食品发展中心提交跨省（区）开展现场检查的申请，由中心统一协调制订现场检查计划并组织实施；同一产品由多家子公司或分公司生产的，应分别进行产地环境监测和产品抽样检测。

(4) 总公司在绿色食品标志使用期内增加或变更生产场所的 应提交以下材料：增加或变更的《绿色食品标志使用申请书》(以下简称《申请书》)及《调查表》；增加或变更生产场所的营业执照；基地图或生产加工场所平面图；原料购买合同或协议、与总公司签订的委托生产合同；变化后的产品包装标签设计样；《产品检验报告》和产品抽样单；《环境质量监测报告》；产量变化的应退回绿色食品证书原件；检查员提交《现场核查报告》(附现场检查照片)，省级工作机构对其做出同意与否的意见，并加盖公章予以确认。

(5) 总公司在绿色食品标志使用期内减少生产场所的 应提交以下材料：总公司提交相关变化情况书面说明；产量变化的，退回绿色食品证书原件；变化后的产品包装标签设计样；省级工作机构提交情况说明，做出同意与否的意见，并加盖公章予以确认。

101. 绿色食品标志使用期内增报产品有哪些规定？

(1) 增报绿色食品产品或产量

1) 申报已获证产品的同类多品种产品，应提交以下材料：

① 增报产品的《申请书》；

② 生产工艺变化的，提供生产操作规程；

③ 基地图、基地清单、农户清单等；

④ 增报产品的原料购买合同或协议；

⑤ 产品包装标签设计样；

⑥ 生产区域不在原产地环境监测范围内的，需提供《环境质量监测报告》；

⑦《产品检验报告》和产品抽样单；

⑧ 检查员提交《现场核查报告》(附现场检查照片)，省级工作机构对其做出同意与否的意见，并加盖公章予以确认。

2) 申报与已获证产品产自相同生产区域的非同类多品种产品：

① 种植区域相同，生产管理模式相同的农林产品；捕捞水域相同，非人工投喂模式的水产品；加工场所相同，原料来源相同，加工工艺略有不同的产品，应提交以下材料：

A. 增报产品的《申请书》；

B. 增报产品的生产操作规程；

C. 基地图、基地清单、农户清单等；

D. 原料购买合同或协议（附发票）；

E. 产品包装标签设计样；

F.《产品检验报告》和产品抽样单；

G. 涉及已获证产品产量变化的，应退回绿色食品证书原件；

H. 检查员提交《现场核查报告》(附现场检查照片)，省级工作机构对其做出同意与否的意见，并加盖公章予以确认。

② 同一集中连片区域生产的园艺作物（蔬菜水果）

申请人应按照初次申报程序将该区域内的产品全部申请绿色食品，不应存在平行生产或"插花地"现象。

3) 增加已获证产品产量：

① 产品由于盛产（果）期增加产量的，应提交以下材料：

A.《申请书》；

B. 原获证产品证书原件；

C. 检查员《现场核查报告》(附现场检查照片)，省级工作机构对其做出同意与否的意见，并加盖公章予以确认。

② 扩大生产规模的（包括：种植面积增加，养殖区域扩大，养殖密度增加等），应提交以下材料：

A.《申请书》；

B. 原获证产品证书原件；

C. 新增区域的基地图、生产加工场所平面图、基地清单、农户清单等；

D. 原料购买合同或协议（附发票）；

E. 生产区域不在原产地环境监测范围内的，需提供《环境质量监测报告》，新增区域的产品，需按照审查程序相关要求进行产品抽样检测；

F. 生产区域未扩大的，无需进行产品检测；

G. 检查员提交《现场核查报告》(附现场检查照片)，省级工作机构对其做出同意与否的意见，并加盖公章予以确认。

4）已获证产品总产量保持不变，将其拆分为多个产品或将多个产品合并为一个产品，应提交以下材料：

①《申请书》；

② 原获证产品证书原件；

③ 变化的商标注册证复印件；

④ 产品包装标签设计样；

⑤ 省级工作机构提交情况说明，做出同意与否的意见，并加盖公章予以确认。

（2）增报绿色食品畜禽、水产分割肉产品 标志使用人在绿色食品标志使用期内，在已获证产品产量不变的基础上，增报同类畜、禽、水产分割肉、骨及相关产品的，应提交以下材料：

1）《申请书》；

2）产品包装标签设计样；

3）原获证产品证书原件；

4）检查员提交《现场核查报告》(附现场检查照片)，省级工作机构对其做出同意与否的意见，并加盖公章予以确认。

102. 绿色食品标志使用期内对标志使用人拆分、重组有哪些规定？

拆分即将原标志使用人法律主体资格撤销并新设两个及以上的具有法人资格的企业，其中一个企业负责生产、经营、管理绿色食品；或原标志使用人法律主体仍存在，但将绿色食品生产、经营、管理业务划出去另设一个新的独立法人公司。

重组即一个公司吸收其他公司（其中一个公司为标志使用人）或两个以上公司（其中一个公司为标志使用人）合并成立一个新的公司。

（1）标志使用人进行拆分的，应提交以下材料

① 绿色食品证书变更申请书；

② 绿色食品证书原件；

③ 拆分后各公司企业法人营业执照复印件；

④ 营业执照核发部门证明；

⑤ 原绿色食品标志使用人拆分决议；

⑥ 省级工作机构确认标志使用人的产地环境、生产技术、工艺流程、质量管理制度等是否发生变化，是否同意变更的说明。

（2）标志使用人进行重组的，应提交以下材料

① 绿色食品证书变更申请书；

② 绿色食品证书原件；

③ 重组后设立的公司企业法人营业执照复印件；

④ 营业执照核发部门证明；

⑤ 原绿色食品标志使用公司重组决议；

⑥ 省级工作机构确认标志使用人的产地环境、生产技术、工艺流程、质量管理制度等是否发生变化，是否同意变更的说明。

103. 绿色食品品牌宣传有哪些优惠政策？

对绿色食品工作机构或者是已获得绿色食品标志使用权的企业。根据品牌宣传类别和档次，中国绿色食品发展中心按照以下标准给予资金补贴：①一类一档：CCTV-1（央视综合频道）、CCTV-2（央视财经频道）、CCTV-3（央视综艺频道）、CCTV-4（央视国际频道）、CCTV-5（央视体育频道）、CCTV-7（央视农村军事频道）、CCTV-10（央视科教频道）和CCTV-13（央视新闻频道）。广告时长每次大于等于5秒，至少30次以上，每条广告补贴20万元。②一类二档：其他央视频道（除上述一类一档之外的央视频道）或省级卫视频道。广告时长每次大于等于5秒，至少30次以上，每条广告补贴10万。③二类一档：省级及以上电台或省会城市收听率较广的电台或公共交通工具上的广播平台。广告时长每次大于等于15秒，至少30次以上，每条广告补贴8万元。④二类二档：省级及以上的商业周刊、高铁期刊、航空期刊等。广告篇幅要求整版页面以上，连续刊登12次以上，每篇广告补贴5万元。⑤二类三档：地级及以上城市的公共场所（范围包括：公交车站、地铁、高铁、机场、高架等）投放广告。广告总面积要求大于等于10米^2，投放时间至少为3个月以上，每条广告补贴5万元。具体宣传内容要求：绿色食品商标标志及口号在单个广告画面或版面中所占比例至少为1/10；广播类声频广告中"绿色食品"和口号的声音时长不小于整个广告时长的1/10。在商业广告中进行宣传的绿色食品品牌形象包括绿色食品商标、中英文绿色食品字样和绿色食品宣传口号，申请人必须按照《中国绿色食品商标标志设计使用规范手册》中的图形及字体进行宣传。商标标志的矢量文件可登录中国绿色食品发展中心网站下载。

104. 对绿色食品获证企业有什么先优称号评比？

中国绿色食品协会对质量管理、产业带动、品牌经营等方面成效突出、持续获得绿色食品标志使用权4年以上（含4年）的企业，推荐评选"全国绿色食品示范企业"，具体申报条件为：①信用记录好：企业无不良信用记录；无虚假广告宣传和因质量问题导致的索赔和退货的相关记录；无仲裁机构裁定的合同违约记录；企业近三年内无重大失信行为。②质量管理严：建立了完善的绿色食品全程质量控制体系，实行标准化生产；产品质量稳定，企业年检合格，近三年产品质量抽检合格率保持在100%；严格遵守绿色食品标准和管理制度，企业年检和市场监察中100%合格，无投诉记录；具有先进可靠的生产工艺和技术设备，其生产技术水平在国内同行业中位居前列。③带动能力强：企业是省级以

上农业产业化重点龙头企业或省级农民专业合作社示范社；建立了稳定的原料基地，通过农民专业合作社、专业大户或通过合同、合作、股份制等方式与农户建立了良好的利益联结方式，企业对接基地农民增收明显。④品牌效应高：企业持续、规范使用绿色食品标志，企业用标效益较为显著；产品市场占有率在同行业中位居前列，消费者对品牌认知度高；积极开展绿色食品宣传报道、广告和促销活动，积极参与社会公益活动；产地生态环境效益显著。具体申报程序和要求按照《全国绿色食品示范企业评选办法》执行。

105. 注册绿色食品检查员需要什么条件？

（1）**个人素质**　热爱绿色食品事业，对所从事的工作有强烈的责任感；能够正确执行国家有关方针、政策、法律及法规，掌握绿色食品标准及有关规定；具有良好观察能力和业务能力，并能根据客观证据做出正确的判断；具有良好口头和书面表达能力，能够客观全面地表述概念和意见；具有履行检查员职责所需的保持充分独立性和客观性的能力，具有有效开展审查和检查工作所需的个人组织能力和人际交流能力；身体健康，具有从事野外工作的能力。

（2）**教育和工作经历**　申请人应具有国家承认的大学本科以上（含大学本科）学历，至少1年相关专业技术或相关农产品质量安全工作经历；或具有国家承认的大专学历，至少2年相关专业技术或相关农产品质量安全工作经历。申请人所学专业为非相关专业的，本科学历申请人至少4年相关专业技术或相关农产品质量安全工作经历；大专学历申请人至少5年相关专业技术或相关农产品质量安全工作经历。具有相关专业中级以上（含中级）技术职称视为符合教育和工作经历。

（3）**专业背景**　注册种植业检查员应具有农学、园艺、植保、农业环保及相关专业的专业；注册养殖业检查员应具有畜牧、兽医、动物营养或水产及相关专业的专业；注册加工业检查员应具有食品加工、发酵及相关专业的专业。

（4）**培训经历**　申请人应完成中国绿色食品发展中心指定的检查员相关课程的培训，并通过中国绿色食品发展中心或其委托的有关单位组织的各门专业课程的考试，取得绿色食品培训合格证书。

106. 如何申请注册成为绿色食品检查员？

自2015年起，中国绿色食品发展中心对检查员统一采取网上注册的方式，包括初次注册、再注册和扩专业注册。符合注册资质的人员通过金农账号登录绿色食品审核与管理系统，进入检查员模块进行相关的表格填写、材料上传、提交上报，经中国绿色食品发展中心审核通过后统一发放注册检查员编号，无纸质证书。

107. 有机食品认证程序是什么？

想要获得有机产品认证，需要由符合要求的有机产品生产或加工企业向具有资质的有机产品认证机构提出申请，按规定提交申请认证的文件，包括资质证明文件、有机生产加工基本情况、产地区域范围描述、有机产品生产加工规划和质量管理体系文件等材料。认证机构进行文件审核、评审合格后认证机构委派有机产品认证检查员进行生产基地或加工现场检查与审核，同时委托具有法定资质的检验检测机构对申请认证的产品进行检验检测。形成检查报告后，认证机构根据检查报告和相关的支持性审核文件，作出是否颁发认证证书的决定。获得认证后，认证机构还应进行后续的跟踪管理和市场抽查，以保证生产或加工企业持续符合有机产品系列国家标准和《有机产品认证实施规则》的规定要求。示意图如下。

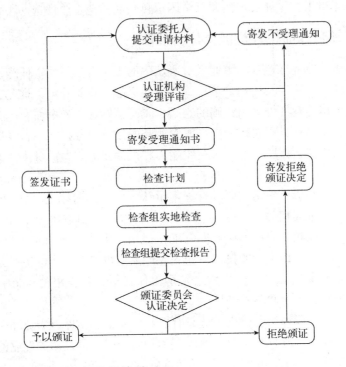

108. 有机食品的认证要求是什么？

要申报有机食品，必须满足以下几个条件：

(1) 申报产品必须在《有机产品认证目录》之内，不受理《有机产品认证目录》以外的产品申报有机食品。

(2) 申请者资质必须符合相关要求，如申报主体必须进行工商注册，加工产品必须通过 QS（2018 年 10 月后改为 SC）认证等。

(3) 申请者必须了解《有机产品标准》的技术要求，并与其进行对照，看自身生产技术条件是否满足《有机产品标准》的要求。

109. 申请有机食品认证需要提交的材料有哪些？

在生产或加工企业向认证机构提出有机食品认证申请时，申请人需要向认证机构提交申请表、生产、加工情况调查表和相关资料文件，主要包括：认证委托人的合法经营资质文件的复印件，包括营业执照副本、组织机构代码证、土地使用权证明及合同等。

认证委托人进行有机生产、加工、经营的基本情况：认证委托人名称、地址、联系方式；当认证委托人不是直接从事有机产品生产、加工的农户或个体加工组合的，应当同时提交与直接从事有机产品的生产、加工者签订的书面合同的复印件及具体从事有机产品生产、加工者的名称、地址、联系方式。生产单元或加工场所概况。申请认证的产品名称、品种、生产规模（包括面积、产量、数量、加工量等）；同一生产单元内非申请认证产品和非有机方式生产的产品的基本信息。

过去三年间的生产、加工历史情况说明材料，如植物生产的病虫草害防治、投入品使用及收获等农事活动描述；野生植物采集情况的描述；动物饲养、水产养殖方法、疾病防治、投入品使用、动物运输和屠宰等情况的描述。申请和获得其他认证的情况。

产地（基地）区域范围描述，包括地理位置、地块分布、缓冲带及产地周围邻近地块的使用情况；加工场所周边环境（包括水、气和有无面源污染）描述、厂区平面图、工艺流程图等。

有机产品生产、加工规划，包括对生产、加工环境适宜性的评价，对生产方式、加工工艺和流程的说明及证明材料，农药、肥料、食品添加剂等投入物质的管理制度，以及质量保证、标识与追溯体系建立、有机生产加工风险控制措施等。

本年度有机产品生产、加工计划，上一年度销售量、销售额和主要销售市场等。

承诺守法诚信，接受认证机构、认证监管等行政执法部门的监督和检查，保证提供材料真实、执行有机产品标准、技术规范及销售证管理的声明。

有机生产、加工的质量管理体系文件。

有机转换计划（适用时）。

其他相关材料。

申请有机食品新申报和再认证的材料是有区别的，在不发生变化的前提下，再认证的材料不需提供《质量管理手册》和《生产技术操作规程》。

110. 有机食品转换期是如何确定的？

有机作物种植和有机养殖均需要转换期。不同有机食品类别和种类有不同的规定。有机一年生作物的转换期一般不少于24个月，多年生作物的转换期一般不少于36个月。新开荒的、长期撂荒的、长期按传统农业方式耕种的或有充足证据证明多年未使用禁用物质的农田，也应经过至少12个月的转换期。转换期内必须完全按照有机农业的要求建立有效的管理体系。世界各国对有机作物种植转换期的长短规定各不相同，我国以及日本等国规定一年生作物需要有24个月的转换期，而美国、欧盟的要求则是36个月。

畜禽养殖的转换期分为两种：一种是畜禽本身的转换，畜禽需经过转换后，方可作为有机产品出售，由于不同畜禽的生理特征和养殖周期各异，从常规转换成有机所需要的时间也不用。肉用牛、马属动物、驼，12个月；肉用羊和猪，6个月；乳用畜，6个月；肉用家禽，10周；蛋用家禽，6周；其他种类的转换期应长于其养殖周期的3/4。另一种转换期是饲料生产基地的转换，对玉米等有机饲料基地的转换期要求与作物生产要求一样，是一年生的24个月，多年生的36个月；养殖有机畜禽的牧场和人工非食草动物活动的草地的转换期可以缩短到12个月。我国的有机畜禽转换期的标准与欧盟有机标准基本一致，这有利于我国有机畜禽产品的出口。

水产养殖的中，非开放性水域养殖场从常规养殖过渡到有机养殖至少应经过12个月的转换期。

111. 国家对有机食品包装上使用标志的规定是什么?

有机产品认证标志有中文"中国有机产品"字样和英文"ORGANIC"字样。图案如下:

获证产品的认证委托人应当在获证产品或者产品的最小销售包装上,根据产品的特性,采取粘贴或印刷等方式,加施中国有机产品认证标志、有机码和认证机构名称。获证产品标签、说明书及广告宣传材料上可以印刷中国有机产品认证标志,并可以按照比例放大或者缩小,但不得变形、变色。对于散装或裸装产品,以及鲜活动物产品,应在销售专区的适当位置展示中国有机产品认证标志、认证证书复印件。不直接零售的加工原料,可以不加施。有机产品认证标志应当在有机产品认证证书限定的产品范围、数量内使用,每一枚标志有唯一编码,可在国家认证认可监督管理委员会"中国食品农产品认证信息系统"(网址 http: //food. cnca. cn)查询该编码。

获得有机转换认证证书的产品只能按常规产品销售,不得使用中国有机产品认证标志以及标注"有机""ORGANIC"等字样和图。

对未获得有机产品认证或者认证产品在认证证书标明的生产、加工场所以外进行了再次加工、分装和分割的,任何单位和个人不得在产品和产品最小销售包装及其标签上标注含有"有机""ORGANIC"等字样且可能误导公众该产品为有机产品的文字表述和图案。

112. 有机生产管理体系的建立包括哪些内容?

有机食品生产、加工和经营者应按照有机标准的要求建立有机食品生产加工、经营管理体系,这一管理体系包括文件管理、资源管理、岗位管理以及追踪与反馈管理。

文件管理主要是制订、收集、保存、记录的各种相关文件,这些文件分为三大类。一是制度文件,主要指质量管理手册,生产、加工的操作规程,岗位职责,这些文件都是规范性文件,用来规范企业运行和约束员工行为的文件。二是资料性文件,法人证书、土地证明、承包合同、生产基地分布图、生产基地或加工经营等场所的位置图、员工健康证、各种相关单据及发票等。三是证明性文件,也叫记录,是对生产、加工、经营、所有活动和行为的适时记录;包括投入品购买使用、种植、收获、加工、包装、储存、销售、运输全部环节以及人员培训、内部检查、产品投诉等各种相关的具体活动。

资源管理。主要指有机食品生产、加工者不仅应具备与有机生产、加工规模和技术相适应的物质资源,而且应具备符合运作要求的人力资源并进行持续的培训。

岗位管理，主要是设置能确保有机生产完整运行的岗位管理体系，包括有机生产管理者、有机生产者和有机内部检查员。

追踪与反馈管理。这个管理体系依托文件管理中的保存的实际生产全过程的详细记录文件（如地块图、农事活动记录、加工记录、仓储记录、出入库记录和销售记录）等形成，通过追溯加以实施和保持，并通过持续改进、实现反馈，不断提高管理水平。

113. 有机食品认证中对销售证是如何规定的？

已经获得有机食品认证的产品不能直接进行销售，获证组织在销售认证产品前需要向认证机构申请销售证。由认证机构对获证组织与销售商签订的供货协议进行审核，若认证产品范围和数量符合要求，颁发有机产品销售证；若不符合要求则要在认证组织的监督下进行整改，否则不能颁发销售证。销售证的使用，需在认证机构监督管理下有序进行。

在销售获证产品时，获证组织要将销售证交给销售商，销售证不对消费者个人发放。获证组织方应保存已颁发的销售证的复印件，以备认证机构审核。有机产品销售证上登记有销售证编号（TC#）；有机食品获证的相关信息，包括认证证书号、认证类别、获证组织名称、产品名称；购销相关信息，包括购买单位、数（重）量、产品批号、合同号、交易日期、售出单位；认证机构相关信息，包括认证机构名称、地址和联系电话等。

需要特别注意的是，销售证仅对购买单位和获得中国有机产品认证的产品交易有效。

114. 绿色食品产品检验分为几类？

（1）申报检验 绿色食品管理部门在受理企业绿色食品申请时，申报企业委托具有资质的检验机构对企业申报的产品进行质量安全检验。申报检验应按绿色食品产品标准规定的要求对全部项目进行检验。

（2）监督检验 对获得绿色食品标志使用权的产品质量进行的跟踪检验。组织监督检验的机构应根据抽检产品生产基地的环境情况、生产过程中的投入品及加工过程中食品添加剂使用情况、所检产品中可能存在的质量安全风险情况确定检测项目，并在监督抽查细则中予以规定。

115. 绿色食品产品抽样有什么要求？

绿色食品产品抽样应由绿色食品检测机构组织实施。当检测机构无法完成抽样任务时，可委托当地绿色食品工作机构进行。抽样人员不应少于2人，应经过相关机构的培训，取得相应的资质。抽样人员应携带抽样单及封条等，并根据不同的产品准备相应的采样工具和包装容器，开展抽样工作。

116. 绿色食品抽样量是多少？

散装产品宜不少于3 kg，且不少于3个个体；预包装产品，若含有微生物检验项目，宜不少于15个单包装，若无微生物检验项目，宜不少于6个单包装。

117. 绿色食品检验时限要求是多少?

依据农绿认〔2014〕9号《绿色食品标志许可审查程序》：检测机构自产品抽样起，20个工作日内完成产品检测工作，出具《产品检验报告》。自环境抽样起，30个工作日内出具《环境质量监测报告》。

118. 种植业绿色食品如何抽样?

(1) 蔬菜类产品抽样

① 生产基地。当蔬菜种植面积小于10公顷时，每1~3公顷设为一个抽样批次；当蔬菜种植面积大于10公顷，每3~5公顷设一个抽样批次。在蔬菜大棚中抽样，每个大棚为一个抽样批次。每个抽样批次内根据实际情况按对角线法、梅花点法、棋盘式法、蛇形法等方法采取样品，每个抽样批次内抽样点不应少于5点。个体较大的样品（如大白菜、结球甘蓝），每点采样量不应超过2个个体，个体较小的样品（如樱桃、番茄），每点采样量0.5~0.7千克。若采样总量达不到规定的要求，可适当增加采样点。每个抽样点面积为1米²左右，随机抽取该范围内同一生产方式、同一成熟度的蔬菜作为检测用样品。

② 生产企业。从样品库中随机抽取同一生产（收获）日期的样品为一个抽样批次。

③ 批发市场。散装样品：视情况分层分方向结合或只分层或只分方向抽取样品为一个抽样批次。包装产品：堆垛取样时，在堆垛两侧的不同部位上、中、下过四角抽取相应数量的样品为一个抽样批次。

④ 农贸市场和超市。同一摊位抽取的同一产地、同一种类蔬菜样品为一个批次。

(2) 水果类产品抽样 按抽样地点分为以下两种情况：

① 生产基地。随机抽取同一基地、同一品种或种类、同一组批的产品。根据生产基地的地形、地势及作物的分布情况合理布局抽样点，每批内抽样点不应少于5点。视实际情况按对角线法、梅花点法、棋盘式法、蛇形法等方法抽取样品，每个抽样点面积不小于1米²。

② 仓储和流通领域。随机抽取同一组批产品的贮藏库、货架或堆。散装样品视情况以分层分方向结合或只分层（上、中、下三层）或只分方向方式抽取；预包装产品在堆放空间的四角和中间布设采样点。

(3) 其他类种植产品抽样 根据产品的特点，参照上述蔬菜类或水果类产品的抽样方法进行。

119. 畜禽类绿色食品如何抽样?

(1) 生产基地

① 蛋用禽类饲养场。随机抽取同一养殖场、相同养殖条件、同一组批的产品。

② 屠宰厂。随机抽取同一养殖场、同一品种、同一组批的产品。一般牲畜应抽取同一胴体的内脏、肉（在背部、腿部、臀尖三部位组织上分别取重量相近的肌肉，再混成一份样品）或分割肉，并作为不同的样品分开；一般禽类应取去除内脏后的整只胴体产品或

同一组批不同胴体混合均匀的产品。

③ 其他（如乳、蜂蜜等）。随机抽取同一养殖场、同一品种、同一组批的产品。若用大桶或大罐散装者，应充分混匀后再采样；若为包装产品，随机抽取。

（2）仓储和流通领域

① 蛋类。随机抽取同一养殖场、相同养殖条件、同一组批的产品。

② 肉类。按分析项目要求，分别采取整只胴体产品、不同部位的样品或采样后混合成一份样品。

③ 其他（如乳、蜂蜜等）。同上要求。

120. 加工类绿色食品如何抽样？

（1）散装产品 随机抽取同一生产单位、同一组批的产品。视情况以分层分方向结合或只分层（上、中、下三层）或只分方向方式抽取。

（2）预包装产品

① 单品种产品。随机抽取同一生产单位、同一组批的产品。

② 同类多品种产品。同类多品种产品抽样只适用于产品申报检验抽样。同类多品种产品的品种数量至多为 5 个，若超过 5 个，则每 1～5 个为一组同类多品种产品。同类多品种产品在抽样和检验时应明确该产品属同类多品种产品。抽样时，选取同类多品种产品中净含量最小、最低型号规格、最低包装成本、最基本的加工工艺或最基本配方的产品为全量样品，按标准进行全项目检验，其余的产品每个各抽全量样品的 1/4～1/3，做非共同项目检验。

121. 绿色食品产地环境空气监测的基本要求有哪些？

（1）布点原则 依据产地环境调查分析结论和产品工艺特点，确定是否进行空气质量监测。进行产地环境空气质量监测的地区，可根据当地生物生长期内的主导风向，重点监测可能对产地环境造成污染的污染源的下风向。

（2）样点数量 样点布设点数应充分考虑产地布局、工矿污染源情况和生产工艺等特点，布局相对集中、面积较小、无工矿污染源，布设点数 1～3 个；同时还应根据空气质量稳定性以及污染物对原料生长的影响程度适当增减，产地周围 5 千米，主导风向的上风向 20 千米内无工矿污染源的种植业区以及矿泉水等水源地和食用盐原料产区，可免测大气质量。

（3）采样方法 空气监测点应选择在远离树木、城市建筑及公路、铁路的开阔地带，若为地势平坦区域，沿主导风向 45°～90° 夹角内布点；若为山谷地貌区域，应沿山谷走向布点。各监测点之间的设置条件相对一致，间距一般不超过 5 千米，保证各监测点所获数据具有可比性。

采样时间应选择在空气污染对生产质量影响较大的时期进行，采样频率为每天 4 次，上下午各 2 次，连采 2 天。采样时间分别为：晨起、午前、午后和黄昏，每次采样量不得低于 10 米³。遇雨雪等降水天气停采，时间顺延。取 4 次平均值，作为日均值。

122. 绿色食品产地环境水质监测的基本要求有哪些？

(1) 布点原则 水质监测点的布设要坚持样点的代表性、准确性和科学性的原则。

坚持从水污染对产地环境质量的影响和危害出发，突出重点，照顾一般的原则。即优先布点监测代表性强，最有可能对产地环境造成污染的方位、水源（系）或产品生产过程中对其质量有直接影响的水源。

(2) 样点数量 对于水资源丰富，水质相对稳定的同一水源（系），样点布设1～3个，若不同水源（系）则依次叠加。水资源相对贫乏、水质稳定性较差的水源及对水质要求较高的作物产地，则根据实际情况适当增设采样点数；对水质要求较低的粮油作物、禾本植物等，采样点数可适当减少，灌溉水系天然降雨的作物、深海渔业以及矿泉水水源可以免测水质。

(3) 采样方法 采样时间和频率：种植业用水，在农作物生长过程中灌溉用水的主要灌溉期采样1次；水产养殖业用水，在水生生物生长期采样1次；畜禽养殖业用水，宜与原料产地灌溉用水同步采集饮用水水样1次；加工用水每个水源采集水样1次。

123. 绿色食品产地环境土壤监测的基本要求有哪些？

(1) 布点原则 绿色食品产地土壤监测点布设，以能代表整个产地监测区域为原则；不同的功能区采取不同的布点原则；宜选择代表性强、可能造成污染的最不利的方位、地块。

(2) 样点数量
① 大田种植区

产地面积	布设点数
2 000 公顷以内	3～5个
2 000 公顷以上	每增加1 000公顷，增加1个

② 蔬菜露地种植区

产地面积	布设点数
200 公顷以内	3～5个
200 公顷以上	每增加100公顷，增加1个

注：莲藕、荸荠等水生植物采集底泥。

③ 设施种植业区

产地面积	布设点数
100 公顷以内	3个
100～300 公顷	5个
300 公顷以上	每增加100公顷，增加1个

④ 食用菌种植区。根据品种和组成不同，每种基质采集不少于 3 个。

⑤ 野生产品生产区

产地面积	布设点数
2 000 公顷以内	3 个
2 000～5 000 公顷	5 个
5 000～10 000 公顷	7 个
10 000 公顷以上	每增加 5 000 公顷，增加 1 个

⑥ 其他生产区域

产地类型	布设点数
近海（包括滩涂）渔业	不少于 3 个（底泥）
淡水养殖区	不少于 3 个（底泥）

注：深海和网箱养殖区、食用盐原料产区、矿泉水水源区、加工业区免测。

(3) 采样方法 在环境因素分布比较均匀的监测区域，采取网格法或梅花法布点；在环境因素分布比较复杂的监测区域，采取随机布点法布点；在可能受污染的监测区域，可采用放射法布点。

土壤样品原则上要求安排在作物生长期内采样，采样层次按耕作层执行，对于基地区域内同时种植一年生和多年生作物的，采样点数量按照申报品种，分别计算面积进行确定。

124. 无公害农产品检验分为几类？

(1) 申报检验 无公害农产品管理部门在受理企业无公害农产品申请时，申报企业委托具有资质的检验机构对企业申报的产品进行质量安全检验。申报检验的产品应在农业部办公厅关于印发茄果类蔬菜等 58 类无公害农产品检测目录范围内（共 567 个产品），并按目录要求对该申报产品全部项目进行检验。

(2) 监督检验 对获得无公害农产品标志使用权的产品质量进行的跟踪检验。组织监督检验的机构应根据抽检产品生产基地的环境情况、生产过程中的投入品使用情况、所检产品中可能存在的质量安全风险情况确定检测项目，并在监督抽查细则中予以规定。

125. 无公害农产品抽样有什么要求？

由经过培训的两人以上人员组成抽样小组，抽样人员应经过专门的培训，并携带工作证、抽样通知单（抽样委托单或抽样任务书）和抽样工具，按照规定的程序和方法实施抽样。

抽检完成后由抽样人员和被检单位代表共同填写抽样单，一式三份（备检单位/承检单位/抽检任务下达部门各存一份），并在封条上签字盖章。样品应在规定的时间内送达检测实验室。

126. 无公害农产品抽样量是多少?

抽样数量应按该产品的相关检测标准要求抽取,每个抽样点的抽样数量,均应满足相应标准规定的最低数量要求。

例如:无公害蔬菜产品抽样数量:按 GB/T 8855—2008 执行,捆装蔬菜:10 捆;大白菜、花椰菜、莴苣、紫甘蓝:10 个个体;南瓜、西瓜:5 个个体;茄子、结球甘蓝、黄瓜、甜椒、萝卜、番茄、根块类蔬菜等:3 千克;豆类等其余未提及的蔬菜:1 千克。

127. 有机产品抽样要求是什么?

有机产品抽样是由有机检查员现场完成,并现场封样。抽样数量应按该产品的相关标准要求抽取。

消 费 指 导 篇

128. "三品"标志图案是怎样的?

全国统一无公害农产品标志标准颜色由绿色和橙色组成。标志图案主要由麦穗、对勾和无公害农产品字样组成,麦穗代表农产品,对勾表示合格,橙色寓意成熟和丰收,绿色象征环保和安全。具体如下图:

绿色食品标志图形由三部分构成,即上方的太阳、下方的叶片和蓓蕾。标志图形为正圆形,意为保护、安全。整个图形表达明媚阳光下的和谐生机,提醒人们保护环境创造自然界新的和谐。一般绿色食品标志有以下四种样式:

中国有机产品标志的主要图案由三部分组成,外围的圆形、中间的种子图形及其周围的环形线条。标志外围的圆形形似地球,象征和谐、安全,圆形中的"中国有机产品"字样为中英文结合方式。既表示中国有机产品与世界同行,也有利于国内外消费者识别。标志中间类似种子的图形代表生命萌发之际的勃勃生机,象征了有机产品是从种子开始的全过程认证,同时昭示出有机产品就如同刚刚萌生的种子,正在中国大地上茁壮成长。种子图形周围圆润自如的线条象征环形的道路,与种子图形合并构成汉字"中",体现出有机产品植根中国,有机之路越走越宽广。同时,处于平面的环形又是英文字母"C"的变体,种子形状也是"O"的变形,意为"China Organic"。

中国有机产品标志的绿色代表环保、健康,表示有机产品给人类的生态环境带来完美与协调。橘红色代表旺盛的生命力,表示有机产品对可持续发展的作用。

129. "三品"的购买渠道主要有哪些?

当前我国"三品"购买的渠道大致有五种,一是以超市为终端的销售渠道,二是以专卖店为销售终端的渠道,三是互联网销售渠道,四是集团购买和酒店,五是体验式直销。前三者是普通消费者可以直接购买的渠道,后两者则是特定消费者可以购买和消费的渠道。

就"三品"而言，无公害农产品多在超市和网上购买；绿色食品多在超市、专卖店和集团购买，有机食品在上述所有渠道都可以见到，但是，有机专卖店、高端超市和体验式直销成为目前有机销售的主要模式，且主要集中在北京、上海、广州等经济发达城市。国外品牌超市如麦德龙、沃尔玛；国内品牌的华联、银座等。专卖店则有 O-store、北京蟹岛、杭州新生态有机专卖店等。

国外有机产品销售的渠道则呈现出多元化状况。德国有机消费占欧洲的 1/3，已经形成成熟体系，有机专卖店和超市是主要销售渠道。日本除有机专卖店和超市外，体验式直销越来越成为主流模式。

130. 当前"三品"的整体质量安全水平如何？

"三品"生产包含了产地环境、生产技术规程、产品质量控制、包装、贮藏和运输等标准规范，贯穿"从土地到餐桌"整个过程。鼓励"三品"生产有利于严控农业投入品使用，加强生产过程管控和可追溯，进而提高农产品质量安全水平。近年来"三品"质量安全水平较高，并常年保持稳定。据统计，我国无公害农产品质量安全抽检合格率常年保持在 99.2% 以上；近年的绿色食品质量安全抽检合格率都在 99.4% 以上。山东省作为农产品质量安全重点监测省份和"三品"认证规模大省，其"三品"质量安全水平一直保持高水平稳定。2016 年山东省质量安全督导月活动中无公害农产品质量安全抽检合格率达到99.3%；绿色食品质量安全抽检合格率为 98.8%；中绿华夏认证的有机食品抽检合格率为 100%。全省"三品一标"专项抽检整体合格率 99.5%。

"三品"认证产品正以其质量稳定、生产可控、品质优良的特点成为消费者选购农产品时的首选。

131. "三品"各自的消费群体是什么样的？

无公害农产品、绿色食品、有机食品有着不同的市场消费定位。无公害农产品是政府为解决老百姓基本的食品安全而大力推动的，定位就是保障基本安全、满足大众消费。因此，无公害农产品是满足大众消费基本安全要求的消费品。适合于所有消费者。绿色食品是为了满足随经济发展水平不断提升产生的国内中高端市场消费需求，定位是中高端消费者，经二十年的发展，绿色食品品牌效应和质量安全水平获得了部分国际市场的认可，出口量连年增长。有机食品则是为满足高端消费需求、特定消费需求（如孕妇和婴幼儿）以及认可有机环保和可持续发展理念的消费者。

132. 如何获得"三品"生产企业的信息？

可以在相关行业网站获取。如农业部农产品质量安全中心网站、中国绿色食品网、山东省绿色食品网以及国家认证认可监督管理委员会管理下的中国食品农产品认证信息系统中查询。

133. 绿色食品标志如何规范使用？

绿色食品标志使用要求标志、企业信息码和"经中国绿色食品发展中心许可使用绿色食品标志"字样组合使用。具体可参照以下图例（但不限于这三种）：

134. 在市场上如何识别绿色食品？

查看产品包装上是否有规范的绿色食品标识，同时通过中国绿色食品网进行查询确认。

135. 是不是张贴绿色食品标志的都是绿色食品？

不是，目前市场上标识绿色食品字样、张贴相似图形标志的假冒产品仍然存在。消费者在选择时，一定要仔细辨别其标志样式是否为标准的绿色食品标志样式，如有疑问的，可在中国绿色食品发展中心网站查询栏，输入生产商信息进行查询或致电属地绿色食品工作机构（电话可在中国绿色食品发展中心网站工作机构栏查询）进行查询。

136. 绿色食品企业信息码和产品编号的区别是什么？

企业信息码的编码形式为 GFXXXXXXXXXXXX。GF 是绿色食品英文"GREEN FOOD"头一个字母的缩写组合，后面为 12 位阿拉伯数字，其中一到六位为地区代码（按行政区划编制到县级），七到八位为企业获证年份，九到十二位为当年获证企业序号。绿色食品企业信息码必须和绿色食品标志一同在产品包装上标识。

产品编号形式为：LB-XX-XXXXXXXXXXXA。LB 是绿色食品标志代码，后面的两位数代表产品分类，最后 11 位数字含义如下：一、二位是批准年度，三、四位是批准月份，五、六位是省区，七、八、九、十、十一位是产品当年获证序号，A 为获证产品级别。从序号中能够辨别出此产品相关信息，同时鉴别出"绿标"是否已过使用期。

137. 无公害农产品是如何标识的？

获得无公害农产品认证证书的单位和个人，可以在证书规定的产品或者其包装上加施无公害农产品标志。

印制在包装、标签、广告、说明书上的无公害农产品标志图案，不能作为无公害农产品标志使用。

使用无公害农产品标志的单位和个人，应当在无公害农产品认证证书规定的产品范围和有效期内使用，不得超范围和逾期使用，不得买卖和转让。对废、残、次无公害农产品标志应当进行销毁，并予以记录。

伪造、变造、盗用、冒用、买卖和转让无公害农产品标志以及违反其他相关规定的，按照国家有关法律法规予以行政处罚；构成犯罪的，依法追究其刑事责任。

138. 有机产品是如何标识的?

有机产品或产品销售包装上必须同时使用有机产品国家标志、有机码、有机认证机构名称或标识，缺一不可。例如：

139. 消费有机食品的好处是什么?

消费有机食品无论是对消费者自身还是对社会都有很大的益处。有机食品因为独特的生产方式与普通食品相比有较高的安全性水平，这是公认的事实，食用有机食品对于消费者的身体健康是有益的。消费者多食用有机食品，会提高有机食品生产者从事有机生产的积极性，拉动有机农业生产规模的扩大，有机农业的发展会促进农业生产环境和自然环境的改善。

140. 如何辨别市场上销售的有机食品的真假?

由于有机食品生产管理十分严格，质量好，价格远高于一般产品，因而时常被假冒。一些消费者认为有机食品生产要求严格，所以有机食品在口感、营养方面比普通食品要好得多，但实际上这样的指标不能区分有机食品和普通食品，如相对于常规食品，有时有机食品卖相甚至要差一些。分辨有机食品真假，要从以下三个方面入手：

一是到正规渠道购买。例如有机食品专卖店、大型商场、超市等。因为有机食品价格较高，并且认证、质量控制程序较复杂，与普通产品的营销渠道也不同，所以不能在农贸市场、批发市场或在不可信的网站购买"有机食品"。

二是查看有机产品标志。仔细查看产品或产品销售包装上是否使用了有机产品国家标志，并同时标注了有机码、认证机构名称或标识，也可向销售单位索取认证证书、销售证等证明材料，查看所购买的产品是否在证书列明的认证范围内。

三是查询验证有机码。可在国家认证认可监督管理委员会"中国食品农产品认证信息系统"（food. cnca. cn）中查询该有机码对应的产品信息，看是否对应。

如果消费者在购买有机产品时发现问题，可与销售单位进行核实，也可向食品药品管理部门投诉、举报。

141. 什么是有机码，如何进行查询?

有机码全称是有机产品认证标志编码，是为保证国家有机产品认证标志的基本防伪与追溯，防止假冒认证标志和获证产品的发生，由认证机构向获证组织发放认证标志或允许获证组织在产品标签上印制认证标志时，赋予每枚认证标志的唯一的 17 位编码。

编码规则：编码是由认证机构代码、认证标志发放年份代码和认证标志发放随机码组成。

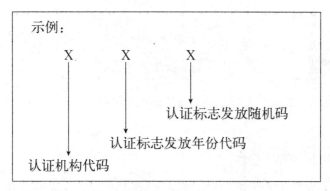

示例：

X   X   X

认证标志发放随机码

认证标志发放年份代码

认证机构代码

① 认证机构代码（3位），由认证机构批准号后三位代码形成。内资认证机构为该认证机构批准号的3位阿拉伯数字批准流水号；外资认证机构为：9＋该认证机构批准号的2位阿拉伯数字批准流水号。

② 认证标志发放年份代码（2位），采用年份的最后2位数字，例如2011年为11。

③ 认证标志发放随机码（12位），该代码是认证机构发放认证标志数量的12位阿拉伯数字随机号码。数字产生的随机规则由各认证机构自行制订。

142. 有机食品认证是否是国际通行的？

有机食品认证不是国际通行的，在中国认证的有机食品如果在国外市场作为有机食品销售必须申请出口国有机食品认证，通过后方可使用出口国有机食品标志，作为有机食品销售。同样，通过国外有机食品认证的产品要在中国以有机食品名义销售必须先申请中国的有机食品认证，通过后方可在包装上加贴或印刷中国有机产品标志。

但是，有一种情况除外，如果国家或地区间签署了有机产品认证体系等效备忘录或协议的国家（或地区），有机食品认证为等效认证，有机产品可以相互自由流通。2011年7月5日，欧盟与加拿大达成了有机食品等效协议。根据此项协议，欧盟、加拿大两地的有机食品进出口无需额外的认证，双方各自的有机标志将被允许在对方市场直接使用。此外，美国与澳大利亚、加拿大等国签署了等效协议，上述国家的有机食品可以相互等效流通。

有机产品认证体系等效备忘录或协议事实上成为一种贸易壁垒。

143. 市面上常见国外有机认证标志有哪些？

美国有机认证标志

澳大利亚有机认证标志

加拿大有机认证标志

| 日本有机认证标志 | 欧盟有机食品认证标志 | 德国有机食品认证标志 |

144. QS 标志被取消了么?

食品包装标注"QS"标志的法律依据是《工业产品生产许可证管理条例》,随着食品监督管理机构的调整和新《中华人民共和国食品安全法》的实施,《工业产品生产许可证管理条例》已不再作为食品生产许可的依据。取消食品"QS"标志,一是严格执行法律法规的要求,因为新的《食品安全法》明确规定食品包装上应当标注食品生产许可证编号,没有要求标注食品生产许可证标志;二是新的食品生产许可证编号完全可以达到识别、查询的目的。

新修订的《中华人民共和国食品安全法》已于 2015 年 10 月 1 日施行,作为新《中华人民共和国食品安全法》的配套规章,国家食品药品监督管理总局制定的《食品生产许可管理办法》(以下简称《办法》)也同步实施,《办法》实施后,食品"QS"标志将取消。按照新规,新获证及换证食品生产者,应当在食品包装或者标签上标注新的食品生产许可证编号,不再标注"QS"标志。食品生产者存有的带有"QS"标志的包装和标签,可以继续使用至完为止。2018 年 10 月 1 日起,食品生产者生产的食品不得再使用原包装、标签和"QS"标志。新的食品生产许可证编号是字母"SC"加上 14 位阿拉伯数字组成,数字从左至右依次为:3 位食品类别编码、2 位省(自治区、直辖市)代码、2 位市(地)代码、2 位县(区)代码、4 位顺序码、1 位校验码。

带有"QS"标志的食品不会从市场上立刻消失,而是会随着时间的推移慢慢退出市场,这期间市场上带有"QS"标志老包装的食品和标有新的食品生产许可证编号的食品会同时存在。

145. 食物污染的来源有哪些?

(1) 生物性污染 食品的生物性污染包括微生物、寄生虫、昆虫及病毒的污染。微生物污染主要有细菌与细菌毒素、霉菌与霉菌毒素。出现在食品中的细菌除包括可引起食物中毒、人畜共患传染病等的致病菌外,还包括能引起食品腐败变质并可作为食品受到污染标志的非致病菌。寄生虫和虫卵主要是通过病人、病畜的粪便间接通过水体或土壤污染食品或直接污染食品。昆虫污染主要包括粮食中的甲虫、螨类、蛾类,以及动物食品和发酵食品中的蝇、蛆等。病毒污染主要包括肝炎病毒、脊髓灰质炎病毒和口蹄疫病毒,其他病毒不易在食品上繁殖。

(2) 化学性污染 食品化学性污染涉及范围较广,情况也较复杂。主要包括:①来自生产、生活和环境中的污染物,如农药、兽药、有毒金属、多环芳烃化合物、N-亚硝基化合物、杂环胺、二噁英、三氯丙醇等。②食品容器、包装材料、运输工具等接触食品时溶入食品中的有害物质。③食品添加剂滥用。④在食品加工贮存过程中产生的物质，如酒中有害的醇类、醋类等。⑤掺假、制假过程中加入的物质。

（3）物理性污染 主要来源于复杂的多种非化学性的杂物，虽然有的污染物可能并不威胁消费者的健康，但是严重影响食品应有的感官性状和（或）营养价值，食品质量得不到保证，主要有：①来自食品产、储、运、销的污染物，如粮食收割时混入的草籽、液体食品容器池中的杂物、食品运销过程中的灰尘及苍蝇等。②食品的掺假使假，如粮食中掺入的沙石、肉中注入的水、奶粉中掺入大量的糖等。③食品的放射性污染，主要来自放射性物质的开采、冶炼、生产、应用及意外事故造成的污染。

146. 食品污染性慢性中毒的严重危害有哪些?

食品污染的更大问题是慢性中毒，亦即所谓的潜隐性危害。农药、化肥、二噁英、过量的香精、色素、糖精、防腐剂等化学物质都会对人体产生致癌、致畸作用。用于催熟水果蔬菜的激素类药物会使儿童性早熟和成人发胖。食品被黄曲霉毒素、多环芳烃、亚硝胺等致癌物质污染，易引起癌症。但是，由于这种中毒是慢性的，不易察觉，容易让人放松警惕。也正因为如此，其危害更大。

（1）黄曲霉毒素可造成慢性中毒 有很多种细菌能产生毒素，在这些毒素中起致癌作用的有 6 种，其中最强的是黄曲霉毒素 B，其毒性比亚硝胺强 75 倍，比砒霜强 68 倍，比氰化钾强 10 倍。若低剂量摄入，可造成慢性中毒，对肝脏的损害尤其大。霉变玉米、花生中易产生黄曲霉毒素。曾发生过 200 个村庄的农民因进食发霉的玉米而暴发黄曲霉毒素性肝炎的中毒事件，有 397 人发病，106 人死亡，没有死亡的也留下了慢性肝炎的后遗症。因此，现在要求在加工玉米、花生前，将谷粒筛选干净，禁止用发霉的花生加工食用品。

（2）多环芳烃类致癌物质 多环芳烃类的致癌物质来源于各种烟尘，包括煤烟、油烟、柴草烟等。用明火熏烤食品——熏鱼、熏肉、熏肠、烤羊肉串等，应尽可能少吃。另外，煎鱼烧肉时，如果火猛手慢，鱼或肉就会烧焦煎煳。因为鱼和肉焦煳后会产生强烈的致癌物，所以我们应毫不吝惜地把焦煳的鱼、肉扔掉。

（3）亚硝胺导致人衰老和致癌 大白菜、小白菜等叶类蔬菜中都含有硝酸盐，如果保管不善，发黄变质，就会生成亚硝酸盐。亚硝酸盐进入体内会生成亚硝胺，亚硝胺不仅可导致衰老，还是三大致癌物质之一。因此，叶类蔬菜若发黄变质就不能吃了。食入腌制不透的肉、菜等，也可能在人体内生成亚硝胺，因此，我们不要经常、多量地吃腌制食品。

（4）吊白块可造成慢性中毒 吊白块化学名称是甲醛次硫酸氢钠，有强还原性，通常在工业上用作漂白剂，尸体防腐也用它。不法生产商居然将它加进食品，这是因为加进吊白块，可起到增白、增韧的作用。人食用这类食品后可引起过敏，严重者可以致癌。但这是慢性中毒，食入一次两次可能感觉不到。

（5）植物生长调节剂慢性中毒 植物生长调节剂和化学合成农药一样，具有一定的毒副作用，特别是食品安全问题，包括造成残留，产生一定的毒性危害。例如，广谱性植物生长调节剂丁酰肼（比九）可以作为矮化剂、坐果剂、生根剂和保鲜剂，但研究发现其水解产物二甲基联氨是潜在的致癌物,引起了广泛的关注。乙烯利是可促进植物释放乙烯,促进果实变色成熟,打破种子休眠,控制性别分化的生长调节剂,但研究发现它对皮肤和眼睛具有刺激作用,对哺乳动物生殖细胞具有损伤作用,即具有潜在的致突变性。

总而言之,慢性中毒的影响深远,以上仅仅是一些已知的不良后果。为我们的健康生活着想,为子孙后代的健康成长着想,人人都应关注食品污染,人人都应努力减轻和消除食品污染带来的危害。从这个意义上说,食品生产者、销售者和消费者都有责任和义务来防范"病从口入"。

147. 生活中的蔬菜该如何处理,才能最大限度减少残留农药的摄入?

(1)清水浸泡洗涤法 主要用于叶类蔬菜,一般先用清水冲洗掉表面污物,剔除可见有污渍的部分,然后用清水盖过水果蔬菜部分5厘米左右,流动水浸泡应不少于30分钟。必要时可加入水果蔬菜洗剂之类的清洗剂,增加农药的溶出。如此清洗浸泡2~3次,基本上可清除绝大部分残留的农药成分。

(2)碱水浸泡清洗法 大多数有机磷类杀虫剂在碱性环境下,可迅速分解。一般在500毫升清水中加入食用碱5~10克配制成碱水,将初步冲洗后的水果蔬菜置入碱水中,根据菜量多少配足碱水,浸泡5~15分钟后用清水冲洗水果蔬菜,重复洗涤3次左右效果更好。

(3)淘米水浸泡清洗法 蔬菜在淘米水中浸泡10分钟左右再用清水洗,能减少残留的农药。

(4)加热烹饪法 常用于芹菜、圆白菜、青椒、豆角、四季豆等。由于氨基甲酸类杀虫剂会随着温度升高而加快分解,一般将清洗后的蔬菜放置于沸水中2~5分钟后立即捞出,然后用清水洗1~2遍,即可置于锅中烹饪成菜肴。

(5)清洗去皮法 对于带皮的水果蔬菜,残留农药的外皮可以用锐器削去,仅食用肉质部分,这样既可口又安全。

148. 保证食品安全消费的措施有哪些?

(1)买食品尽量到有信誉的正规商店、超市和管理健全的农贸市场去购买。

(2)尽可能购买标有优质安全食品标志的食品,特别是加贴有 QS(SC)、无公害农产品、绿色食品、有机产品等认证标识的食品。

(3)查看食品的包装、标签,看有无注册和条码,最主要的是查看生产日期和保质期,不购买不食用无生产厂家名称、无厂家地址、无生产日期、无保质期的食品。

(4)买回的食品应按要求进行清洗、烹调和保管。

(5)尽量不买不食卫生条件差、无食品生产经营资质的小作坊、小商店、小摊贩经销的食品。

(6)尽量不买不食疑似仿冒、假冒和虚假宣传的食品。

(7)国家卫生部曾提醒10种食物不宜多吃,可作为选购食品时的参考。这10种食物是松花蛋、臭豆腐、味精、方便面、葵花籽、菠菜、猪肝、烤牛羊肉、腌菜、油条。

(8)尽量向经营者索要票据,票据的内容要齐全、具体,并与所购食品相符。因为一旦发生食物中毒,有票据作依据,生产经营者就有不可推卸的责任。

149. 如何看待农产品的防腐保鲜问题?

食用农产品大多为生鲜食品,放置过久,细胞组织离析,为微生物滋生创造了条件。食物被空气、光和热氧化,产生异味和过氧化物,有致癌作用。如肉类被微生物污染,使蛋白质分解,产生有害物腐胺、组胺、色胺等,是食物中毒的重要原因。食物未进行保鲜处理保存在冰箱中,仍会腐败变质,只是速度放慢而已。因此,为防止微生物的侵袭必须对食品进行防腐处理。商品率越高,防腐保鲜技术运用越广,比如果蔬采收以后,虽然离开了植株或土壤,但仍然是有生命的活体,其最重要的特征是仍进行着旺盛的呼吸代谢,以维持其生命活动所需的能量和物质。果蔬贮藏保鲜就是通过控制贮藏环境条件,并利用各种辅助保鲜措施,以尽量维持果蔬的"年轻"状态;延缓其成熟衰老。

广义的保鲜剂包括抑菌剂、植物激素和各种化学药品。抑菌剂有一定的毒性,但有国家标准规定其残留限量。我国《食品安全国家标准 食品添加剂使用标准》(GB 2760—2014)规定,可以使用的果蔬保鲜剂有二氧化氯、乙氧基喹、仲丁胺、桂醛、噻苯咪唑、乙萘酚、联苯醚、二苯基苯酚钠盐、4-苯基苯酚、五碳双缩醛(戊二醛)、十二烷基二甲基溴化胺(新洁尔灭)、2,4-二氯苯氧乙酸(2,4-D)等。

另一部分果蔬保鲜剂属于农药管理范围,在食品添加剂中未列入。例如,二氧化硫对食品有漂白和防腐作用,使用二氧化硫能够达到使产品外观光亮、洁白的效果,是食品加工中常用的漂白剂和防腐剂。我国法规允许部分农产品中使用二氧化硫,但其残留最高限量应小于等于30毫克/千克。

150. 如何看待农产品中的非法添加物?

未被卫生部列入合法食品添加剂范畴内的食品添加剂,均应视为非法食品添加物,如豆制品中的吊白块、乳制品中的三聚氰胺、红鸭蛋中的苏丹红等。

食品添加剂在食品生产加工领域广泛使用,对我国食品工业的发展发挥了重要作用。可以说,没有食品添加剂的发展,就没有我国食品工业的发展。但是现在有一部分人把食品添加剂当成有害物质来看待,这是对食品添加剂的不公。非法添加物与食品添加剂有本质区别,譬如在小麦粉里添加的面粉处理剂(有漂白、增加面筋强度的作用)溴酸钾是非法添加物,而添加硫酸铝钾(膨松作用)是允许的,不过铝的残留量不得超过100毫克/千克,过多添加就是滥用添加剂,也会对人体有害。从目前来看,按照《食品安全国家标准 食品添加剂使用标准》(GB 2760—2014)的规定添加食品添加剂,其生产的食品是安全的。

151. 如何看待农产品中植物生长调节剂?

我国是世界上应用植物生长调节剂最广泛的国家,主要用于调节农作物生长发育,提高产量和改良品质。植物生长调节剂与其他农药一样,也有一定的毒副作用,因此,每种植物生长调节剂都有特定的用途,而且应用技术要求相当严格,只有在特定的施用条件(包括外界因素)下才能对目标植物产生特定的功效。《农药合理使用准则》(GB/T 8321—2009)等系列国家标准对包括植物生长调节剂在内的农药的适用作物、防治对象、施药剂量、施药方法、最大施药次数、安全间隔期以及最高残留限量值都有明确规定。按照《农药合理使用准则》施药和采收，植物生长调节剂的残留均低于国家限量标准，能够保证农产品的质量安全。目前，在设施农业中，植物生长调节剂应用较为广泛，消费者应该尽量选择可追溯的农产品生产基地及企业，或经无公害或绿色认证的农产品；特殊人群如孕妇和儿童建议食用应季农产品。

152. 如何看待农产品中药物残留检出、超标问题？

农药残留检出，是指应用特定检测方法，检测到残留农药的量达到或超过方法检出限。农药残留超标，是指农药残留检测中检出值超过规定的残留限量值。农业生产中不可避免地会使用农药，所以农产品中很可能含有农药残留。随着科技发展，检测仪器和检测方法灵敏度提高，低剂量残留也能检出，但只要不超标，就可以放心安全食用。

食用含有超标物质的食品一定会产生严重后果吗？食用含有超标物质的食品是否安全，主要取决于残留量、毒性和食用量。而限量标准的制定一般经过残留试验、膳食结构分析、风险评估等。残留试验使用的是敏感指标动植物，充分考虑个体差异，并将危害风险至少放大 100 倍，即限量值是最保守数值。因此，理论上讲，食用含有超标物质的食品不一定会产生严重后果。近年来，我国先后出台《农产品质量安全法》和《食品安全法》，就是要通过加强质量安全监管，确保居民能够购买到安全放心的食品。

153. 怎样科学食用水果？

（1）食用前浸泡清洗。要尽可能将水果清洗干净，通过表面清洗能有效减少农药残留。可以选择水果专用洗涤剂或添加少量的食用碱浸泡，然后用清水冲洗数次。

（2）食用前要削皮。农药残留主要集中在水果的表皮，由于很多农药不溶于水，简单浸泡并不能解决，削皮可去除水果表皮中的农药残留。

（3）饭后不能立即吃水果，宜在饭后两小时或饭前 1 小时吃；吃水果后要漱口，否则易造成龋齿；短时间内也不能吃过多水果，否则伤身体。

154. 如何看待反季节水果？

所谓反季节水果，是指通过特殊设施或特殊技术进行促成栽培或延迟栽培，从而提早或延迟成熟、上市的水果。目前，我国反季节水果生产以促成栽培为主，树种主要有桃、葡萄、草莓、樱桃等。反季节水果的品质（包括含糖量、风味、口感、色泽等）通常不如正常成熟上市的水果，其耐贮性也相对较差。因此，反季节水果购买后应尽快食用，放置时间过长，容易腐烂、变质。另外，促成栽培的反季节水果，其果实发育期相对较短，农药施用距果实采收的时间也较短，因此，食用前最好进行必要的清洗。反季节水果本身是没有任何危害的，但为了增加产量，有些不法果农过量使用植物生长调节剂。这些植物生长调节剂可以促进果实发育、生长和早熟，提高产量。经常食用植物生长调节剂残留超标的反季节水果，对正处于生长发育阶段的少年儿童来说，女孩会出现初潮提前等性早熟现象，而男孩则会导致性特征不明显。因此，在反季节水果生产过程中，应严格限制植物生长调节剂的使用剂量并对其残留状况进行监管。

155. 乙烯催熟的水果可以食用吗?

乙烯是五大类天然植物激素之一,具有促进果实成熟和衰老的作用。乙烯利属低毒类化学制剂,植物体吸收后分解形成乙烯。水果生产中,为了长途运输或延长贮藏期,需适当早采,有些水果采后不能马上食用需要后熟,这些果实通过喷施乙烯利可缩短达到充分成熟食用的时间。乙烯的催熟过程是一种复杂的植物生理生化反应过程,不是化学作用过程,不产生任何对人体有毒害的物质。通常情况下,在皮不可食水果上使用,如香蕉,不会造成可食部分残留量超标,可以安全食用。用乙烯或乙烯利催熟在全世界已经有100多年的历史。

识别小常识:乙烯利催熟香蕉较为常见,但有些不法商家使用二氧化硫和甲醛等化学药品为香蕉催熟,而这就需要一定的识别技巧。一是,催熟的香蕉表皮一般不会有香蕉熟透的标志——梅花点,因此在挑选香蕉时,有梅花点的香蕉相对安全。二是,用化学药品催熟的香蕉闻起来有化学药品的味道。三是,自然熟的香蕉熟得均匀,不光是表皮变黄,而且中间是软的;而催熟香蕉,中间则是硬的。

156. 瘦肉精有什么危害?

"瘦肉精"的化学名称为盐酸克仑特罗,是一种人用药品,医学上称为平喘药或克喘素,用于治疗支气管哮喘、慢性支气管炎和肺气肿等疾病。大剂量用在猪饲料中可以减少脂肪含量,提高瘦肉率,但食用含有瘦肉精的猪肉对人体有害。"瘦肉精"在我国已经禁止用于动物饲料中。但一些唯利是图的不法者曾经将其用于生猪饲养过程中,提高瘦肉率,这是重点打击的对象。使用"瘦肉精"会在动物产品中残留,这种物质的化学性质稳定,一般加热处理方法不能将其破坏,人食入含有大量"瘦肉精"残留的动物产品后,在15~20分钟就会出现头晕、脸色潮红、心跳加速、胸闷、心悸、心慌等症状,对人健康危害极大。"瘦肉精"在动物的肝、肺、肾、脾等内脏器官中残留量较高。

157. 所有的红心鸭蛋都不能吃吗?

媒体曾经披露鸭蛋含有致癌物质苏丹红4号,随后"红心鸭蛋"造成消费恐慌。但并不是所有的红心鸭蛋都是有毒的或不能食用的。

红心鸭蛋生产途径一般有两种,一种是过去放养于滩涂等地的蛋鸭食用的鱼虾、胡萝卜等饲料富含类胡萝卜素,可以产出颜色较深的红心鸭蛋;另一种是在饲料里添加国家允许使用的饲用色素类添加剂,主要品种为辣椒红和斑蝥黄等。由于这些合法饲用色素类添加剂的价格较高,一些不法蛋贩子和饲料供应商暗中向养殖户和养殖企业销售苏丹红牟取暴利,生产出了有毒的红心鸭蛋。

规 范 标 准 篇

无公害农产品管理办法

（中华人民共和国农业部、中华人民共和国
国家质量监督检验检疫总局令第 12 号）

第一章 总 则

第一条 为加强对无公害农产品的管理，维护消费者权益，提高农产品质量，保护农业生态环境，促进农业可持续发展，制定本办法。

第二条 本办法所称无公害农产品，是指产地环境、生产过程和产品质量符合国家有关标准和规范的要求，经认证合格获得认证证书并允许使用无公害农产品标志的未经加工或者初加工的食用农产品。

第三条 无公害农产品管理工作，由政府推动，并实行产地认定和产品认证的工作模式。

第四条 在中华人民共和国境内从事无公害农产品生产、产地认定、产品认证和监督管理等活动，适用本办法。

第五条 全国无公害农产品的管理及质量监督工作，由农业部门、国家质量监督检验检疫部门和国家认证认可监督管理委员会按照"三定"方案赋予的职责和国务院的有关规定，分工负责，共同做好工作。

第六条 各级农业行政主管部门和质量监督检验检疫部门应当在政策、资金、技术等方面扶持无公害农产品的发展，组织无公害农产品新技术的研究、开发和推广。

第七条 国家鼓励生产单位和个人申请无公害农产品产地认定和产品认证。

实施无公害农产品认证的产品范围由农业部、国家认证认可监督管理委员会共同确定、调整。

第八条 国家适时推行强制性无公害农产品认证制度。

第二章 产地条件与生产管理

第九条 无公害农产品产地应当符合下列条件：

（一）产地环境符合无公害农产品产地环境的标准要求；

（二）区域范围明确；

（三）具备一定的生产规模。

第十条　无公害农产品的生产管理应当符合下列条件：

（一）生产过程符合无公害农产品生产技术的标准要求；

（二）有相应的专业技术和管理人员；

（三）有完善的质量控制措施，并有完整的生产和销售记录档案。

第十一条　从事无公害农产品生产的单位或者个人，应当严格按规定使用农业投入品。禁止使用国家禁用、淘汰的农业投入品。

第十二条　无公害农产品产地应当树立标示牌，标明范围、产品品种、责任人。

第三章　产地认定

第十三条　省级农业行政主管部门根据本办法的规定负责组织实施本辖区内无公害农产品产地的认定工作。

第十四条　申请无公害农产品产地认定的单位或者个人（以下简称申请人），应当向县级农业行政主管部门提交书面申请，书面申请应当包括以下内容：

（一）申请人的姓名（名称）、地址、电话号码；

（二）产地的区域范围、生产规模；

（三）无公害农产品生产计划；

（四）产地环境说明；

（五）无公害农产品质量控制措施；

（六）有关专业技术和管理人员的资质证明材料；

（七）保证执行无公害农产品标准和规范的声明；

（八）其他有关材料。

第十五条　县级农业行政主管部门自收到申请之日起，在10个工作日内完成对申请材料的初审工作。

申请材料初审不符合要求的，应当书面通知申请人。

第十六条　申请材料初审符合要求的，县级农业行政主管部门应当逐级将推荐意见和有关材料上报省级农业行政主管部门。

第十七条　省级农业行政主管部门自收到推荐意见和有关材料之日起，在10个工作日内完成对有关材料的审核工作，符合要求的，组织有关人员对产地环境、区域范围、生产规模、质量控制措施、生产计划等进行现场检查。

现场检查不符合要求的，应当书面通知申请人。

第十八条　现场检查符合要求的，应当通知申请人委托具有资质资格的检测机构，对产地环境进行检测。

承担产地环境检测任务的机构，根据检测结果出具产地环境检测报告。

第十九条　省级农业行政主管部门对材料审核、现场检查和产地环境检测结果符合要求的,应当自收到现场检查报告和产地环境检测报告之日起,30 个工作日内颁发无公害农产品产地认定证书,并报农业部和国家认证认可监督管理委员会备案。

不符合要求的,应当书面通知申请人。

第二十条　无公害农产品产地认定证书有效期为 3 年。期满需要继续使用的,应当在有效期满 90 日前按照本办法规定的无公害农产品产地认定程序,重新办理。

第四章　无公害农产品认证

第二十一条　无公害农产品的认证机构,由国家认证认可监督管理委员会审批,并获得国家认证认可监督管理委员会授权的认可机构的资格认可后,方可从事无公害农产品认证活动。

第二十二条　申请无公害产品认证的单位或者个人(以下简称申请人),应当向认证机构提交书面申请,书面申请应当包括以下内容:

（一）申请人的姓名（名称）、地址、电话号码;

（二）产品品种、产地的区域范围和生产规模;

（三）无公害农产品生产计划;

（四）产地环境说明;

（五）无公害农产品质量控制措施;

（六）有关专业技术和管理人员的资质证明材料;

（七）保证执行无公害农产品标准和规范的声明;

（八）无公害农产品产地认定证书;

（九）生产过程记录档案;

（十）认证机构要求提交的其他材料。

第二十三条　认证机构自收到无公害农产品认证申请之日起,应当在 15 个工作日内完成对申请材料的审核。

材料审核不符合要求的,应当书面通知申请人。

第二十四条　符合要求的,认证机构可以根据需要派员对产地环境、区域范围、生产规模、质量控制措施、生产计划、标准和规范的执行情况等进行现场检查。

现场检查不符合要求的,应当书面通知申请人。

第二十五条　材料审核符合要求的、或者材料审核和现场检查符合要求的(限于需要对现场进行检查时),认证机构应当通知申请人委托具有资质资格的检测机构对产品进行检测。

承担产品检测任务的机构,根据检测结果出具产品检测报告。

第二十六条　认证机构对材料审核、现场检查(限于需要对现场进行检查时)和产品检测结果符合要求的,应当在自收到现场检查报告和产品检测报告之日起,30 个工作日内颁发无公害农产品认证证书。

不符合要求的,应当书面通知申请人。

第二十七条　认证机构应当自颁发无公害农产品认证证书后 30 个工作日内,将其颁发的认证证书副本同时报农业部和国家认证认可监督管理委员会备案，由农业部和国家认证认可监督管理委员会公告。

第二十八条 无公害农产品认证证书有效期为 3 年。期满需要继续使用的，应当在有效期满 90 日前按照本办法规定的无公害农产品认证程序，重新办理。

在有效期内生产无公害农产品认证证书以外的产品品种的，应当向原无公害农产品认证机构办理认证证书的变更手续。

第二十九条 无公害农产品产地认定证书、产品认证证书格式由农业部、国家认证认可监督管理委员会规定。

第五章 标志管理

第三十条 农业部和国家认证认可监督管理委员会制定并发布《无公害农产品标志管理办法》。

第三十一条 无公害农产品标志应当在认证的品种、数量等范围内使用。

第三十二条 获得无公害农产品认证证书的单位或者个人，可以在证书规定的产品、包装、标签、广告、说明书上使用无公害农产品标志。

第六章 监督管理

第三十三条 农业部、国家质量监督检验检疫总局、国家认证认可监督管理委员会和国务院有关部门根据职责分工依法组织对无公害农产品的生产、销售和无公害农产品标志使用等活动进行监督管理。

（一）查阅或者要求生产者、销售者提供有关材料；

（二）对无公害农产品产地认定工作进行监督；

（三）对无公害农产品认证机构的认证工作进行监督；

（四）对无公害农产品的检测机构的检测工作进行检查；

（五）对使用无公害农产品标志的产品进行检查、检验和鉴定；

（六）必要时对无公害农产品经营场所进行检查。

第三十四条 认证机构对获得认证的产品进行跟踪检查，受理有关的投诉、申诉工作。

第三十五条 任何单位和个人不得伪造、冒用、转让、买卖无公害农产品产地认定证书、产品认证证书和标志。

第七章 罚 则

第三十六条 获得无公害农产品产地认定证书的单位或者个人违反本办法，有下列情形之一的，由省级农业行政主管部门予以警告，并责令限期改正；逾期未改正的，撤销其无公害农产品产地认定证书：

（一）无公害农产品产地被污染或者产地环境达不到标准要求的；

（二）无公害农产品产地使用的农业投入品不符合无公害农产品相关标准要求的；

（三）擅自扩大无公害农产品产地范围的。

第三十七条 违反本办法第三十五条规定的，由县级以上农业行政主管部门和各地质量监督检验检疫部门根据各自的职责分工责令其停止，并可处以违法所得 1 倍以上 3 倍以下的罚款，但最高罚款不得超过 3 万元；没有违法所得的，可以处 1 万元以下的罚款。

第三十八条 获得无公害农产品认证并加贴标志的产品，经检查、检测、鉴定，不符合无公害农产品质量标准要求的，由县级以上农业行政主管部门或者各地质量监督检验检疫部门责令停止使用无公害农产品标志，由认证机构暂停或者撤销认证证书。

第三十九条 从事无公害农产品管理的工作人员滥用职权、徇私舞弊、玩忽职守的，由所在单位或者所在单位的上级行政主管部门给予行政处分；构成犯罪的，依法追究刑事责任。

第八章 附　　则

第四十条 从事无公害农产品的产地认定的部门和产品认证的机构不得收取费用。

检测机构的检测、无公害农产品标志按国家规定收取费用。

第四十一条 本办法由农业部、国家质量监督检验检疫总局和国家认证认可监督管理委员会负责解释。

无公害农产品标志管理办法

（农业部、国家认证认可监督管理委员会公告第231号）

第一条　为加强对无公害农产品标志的管理，保证无公害农产品的质量，维护生产者、经营者和消费者的合法权益，根据《无公害农产品管理办法》，制定本办法。

第二条　无公害农产品标志是加施于获得无公害农产品认证的产品或者其包装上的证明性标记。

本办法所指无公害农产品标志是全国统一的无公害农产品认证标志。

国家鼓励获得无公害农产品认证证书的单位和个人积极使用全国统一的无公害农产品标志。

第三条　农业部和国家认证认可监督管理委员会（以下简称国家认监委）对全国统一的无公害农产品标志实行统一监督管理。

县级以上地方人民政府农业行政主管部门和质量技术监督部门按照职责分工依法负责本行政区域内无公害农产品标志的监督检查工作。

第四条　本办法适用于无公害农产品标志的申请、印制、发放、使用和监督管理。

第五条　无公害农产品标志基本图案、规格和颜色如下：

（一）无公害农产品标志基本图案为：

（二）无公害农产品标志规格分为五种，其规格、尺寸（直径）为：

规格	1号	2号	3号	4号	5号
尺寸（mm）	10	15	20	30	60

（三）无公害农产品标志标准颜色由绿色和橙色组成。

第六条　根据《无公害农产品管理办法》的规定获得无公害农产品认证资格的认证机构（以下简称认证机构），负责无公害农产品标志的申请受理、审核和发放工作。

第七条　凡获得无公害农产品认证证书的单位和个人，均可以向认证机构申请无公害农产品标志。

第八条　认证机构应当向申请使用无公害农产品标志的单位和个人说明无公害农产品标志的管理规定，并指导和监督其正确使用无公害农产品标志。

第九条　认证机构应当按照认证证书标明的产品品种和数量发放无公害农产品标志，认证机构应当建立无公害农产品标志出入库登记制度。无公害农产品标志出入库时，应当清点数量，登记台账；无公害农产品标志出入库台账应当存档，保存时间为5年。

第十条 认证机构应当将无公害农产品标志的发放情况每 6 个月报农业部和国家认监委。

第十一条 获得无公害农产品认证证书的单位和个人，可以在证书规定的产品或者其包装上加施无公害农产品标志，用以证明产品符合无公害农产品标准。

印制在包装、标签、广告、说明书上的无公害农产品标志图案，不能作为无公害农产品标志使用。

第十二条 使用无公害农产品标志的单位和个人，应当在无公害农产品认证证书规定的产品范围和有效期内使用，不得超范围和逾期使用，不得买卖和转让。

第十三条 使用无公害农产品标志的单位和个人，应当建立无公害农产品标志的使用管理制度，对无公害农产品标志的使用情况如实记录并存档。

第十四条 无公害农产品标志的印制工作应当由经农业部和国家认监委考核合格的印制单位承担，其他任何单位和个人不得擅自印制。

第十五条 无公害农产品标志的印制单位应当具备以下基本条件：

（一）经工商行政管理部门依法注册登记，具有合法的营业证明；

（二）获得公安、新闻出版等相关管理部门发放的许可证明；

（三）有与其承印的无公害农产品标志业务相适应的技术、设备及仓储保管设施等条件；

（四）具有无公害农产品标志防伪技术和辨伪能力；

（五）有健全的管理制度；

（六）符合国家有关规定的其他条件。

第十六条 无公害农产品标志的印制单位应当按照本办法规定的基本图案、规格和颜色印制无公害农产品标志。

第十七条 无公害农产品标志的印制单位应当建立无公害农产品标志出入库登记制度。无公害农产品标志出入库时，应当清点数量，登记台账；无公害农产品标志出入库台账应当存档，期限为 5 年。

对废、残、次无公害农产品标志应当进行销毁，并予以记录。

第十八条 无公害农产品标志的印制单位，不得向具有无公害农产品认证资格的认证机构以外的任何单位和个人转让无公害农产品标志。

第十九条 伪造、变造、盗用、冒用、买卖和转让无公害农产品标志以及违反本办法规定的，按照国家有关法律法规的规定，予以行政处罚；构成犯罪的，依法追究其刑事责任。

第二十条 从事无公害农产品标志管理的工作人员滥用职权、徇私舞弊、玩忽职守，由所在单位或者所在单位的上级行政主管部门给予行政处分；构成犯罪的，依法追究刑事责任。

第二十一条 对违反本办法规定的，任何单位和个人可以向认证机构投诉，也可以直接向农业部或者国家认监委投诉。

第二十二条 本办法由农业部和国家认监委负责解释。

第二十三条 本办法自公告之日起实施。

绿色食品标志管理办法

第一章 总 则

第一条 为加强绿色食品标志使用管理，确保绿色食品信誉，促进绿色食品事业健康发展，维护生产经营者和消费者合法权益，根据《中华人民共和国农业法》、《中华人民共和国食品安全法》、《中华人民共和国农产品质量安全法》和《中华人民共和国商标法》，制定本办法。

第二条 本办法所称绿色食品，是指产自优良生态环境、按照绿色食品标准生产、实行全程质量控制并获得绿色食品标志使用权的安全、优质食用农产品及相关产品。

第三条 绿色食品标志依法注册为证明商标，受法律保护。

第四条 县级以上人民政府农业行政主管部门依法对绿色食品及绿色食品标志进行监督管理。

第五条 中国绿色食品发展中心负责全国绿色食品标志使用申请的审查、颁证和颁证后跟踪检查工作。

省级人民政府农业行政主管部门所属绿色食品工作机构（以下简称省级工作机构）负责本行政区域绿色食品标志使用申请的受理、初审和颁证后跟踪检查工作。

第六条 绿色食品产地环境、生产技术、产品质量、包装贮运等标准和规范，由农业部制定并发布。

第七条 承担绿色食品产品和产地环境检测工作的技术机构，应当具备相应的检测条件和能力，并依法经过资质认定，由中国绿色食品发展中心按照公平、公正、竞争的原则择优指定并报农业部备案。

第八条 县级以上地方人民政府农业行政主管部门应当鼓励和扶持绿色食品生产，将其纳入本地农业和农村经济发展规划，支持绿色食品生产基地建设。

第二章 标志使用申请与核准

第九条 申请使用绿色食品标志的产品，应当符合《中华人民共和国食品安全法》和《中华人民共和国农产品质量安全法》等法律法规规定，在国家工商总局商标局核定的范围内，并具备下列条件：

（一）产品或产品原料产地环境符合绿色食品产地环境质量标准；

（二）农药、肥料、饲料、兽药等投入品使用符合绿色食品投入品使用准则；

（三）产品质量符合绿色食品产品质量标准；

（四）包装贮运符合绿色食品包装贮运标准。

第十条 申请使用绿色食品标志的生产单位（以下简称申请人），应当具备下列条件：

（一）能够独立承担民事责任；

（二）具有绿色食品生产的环境条件和生产技术；

（三）具有完善的质量管理和质量保证体系；

（四）具有与生产规模相适应的生产技术人员和质量控制人员；

（五）具有稳定的生产基地；

（六）申请前三年内无质量安全事故和不良诚信记录。

第十一条 申请人应当向省级工作机构提出申请，并提交下列材料：

（一）标志使用申请书；

（二）资质证明材料；

（三）产品生产技术规程和质量控制规范；

（四）预包装产品包装标签或其设计样张；

（五）中国绿色食品发展中心规定提交的其他证明材料。

第十二条 省级工作机构应当自收到申请之日起十个工作日内完成材料审查。符合要求的，予以受理，并在产品及产品原料生产期内组织有资质的检查员完成现场检查；不符合要求的，不予受理，书面通知申请人并告知理由。

现场检查合格的，省级工作机构应当书面通知申请人，由申请人委托符合第七条规定的检测机构对申请产品和相应的产地环境进行检测；现场检查不合格的，省级工作机构应当退回申请并书面告知理由。

第十三条 检测机构接受申请人委托后，应当及时安排现场抽样，并自产品样品抽样之日起二十个工作日内、环境样品抽样之日起三十个工作日内完成检测工作，出具产品质量检验报告和产地环境监测报告，提交省级工作机构和申请人。

检测机构应当对检测结果负责。

第十四条 省级工作机构应当自收到产品检验报告和产地环境监测报告之日起二十个工作日内提出初审意见。初审合格的，将初审意见及相关材料报送中国绿色食品发展中心。初审不合格的，退回申请并书面告知理由。

省级工作机构应当对初审结果负责。

第十五条 中国绿色食品发展中心应当自收到省级工作机构报送的申请材料之日起三十个工作日内完成书面审查，并在二十个工作日内组织专家评审。必要时，应当进行现场核查。

第十六条 中国绿色食品发展中心应当根据专家评审的意见，在五个工作日内作出是否颁证的决定。同意颁证的，与申请人签订绿色食品标志使用合同，颁发绿色食品标志使用证书，并公告；不同意颁证的，书面通知申请人并告知理由。

第十七条 绿色食品标志使用证书是申请人合法使用绿色食品标志的凭证，应当载明准许使用的产品名称、商标名称、获证单位及其信息编码、核准产量、产品编号、标志使用有效期、颁证机构等内容。

绿色食品标志使用证书分中文、英文版本，具有同等效力。

第十八条 绿色食品标志使用证书有效期三年。

证书有效期满，需要继续使用绿色食品标志的，标志使用人应当在有效期满三个月前向省级工作机构书面提出续展申请。省级工作机构应当在四十个工作日内组织完成相关检查、检测及材料审核。初审合格的，由中国绿色食品发展中心在十个工作日内作出是否准予续展的决定。准予续展的，与标志使用人续签绿色食品标志使用合同，颁发新的绿色食品标志使用证书并公告；不予续展的，书面通知标志使用人并告知理由。

标志使用人逾期未提出续展申请，或者申请续展未获通过的，不得继续使用绿色食品标志。

第三章　标志使用管理

第十九条　标志使用人在证书有效期内享有下列权利：

（一）在获证产品及其包装、标签、说明书上使用绿色食品标志；

（二）在获证产品的广告宣传、展览展销等市场营销活动中使用绿色食品标志；

（三）在农产品生产基地建设、农业标准化生产、产业化经营、农产品市场营销等方面优先享受相关扶持政策。

第二十条　标志使用人在证书有效期内应当履行下列义务：

（一）严格执行绿色食品标准，保持绿色食品产地环境和产品质量稳定可靠；

（二）遵守标志使用合同及相关规定，规范使用绿色食品标志；

（三）积极配合县级以上人民政府农业行政主管部门的监督检查及其所属绿色食品工作机构的跟踪检查。

第二十一条　未经中国绿色食品发展中心许可，任何单位和个人不得使用绿色食品标志。

禁止将绿色食品标志用于非许可产品及其经营性活动。

第二十二条　在证书有效期内，标志使用人的单位名称、产品名称、产品商标等发生变化的，应当经省级工作机构审核后向中国绿色食品发展中心申请办理变更手续。

产地环境、生产技术等条件发生变化，导致产品不再符合绿色食品标准要求的，标志使用人应当立即停止标志使用，并通过省级工作机构向中国绿色食品发展中心报告。

第四章　监督检查

第二十三条　标志使用人应当健全和实施产品质量控制体系，对其生产的绿色食品质量和信誉负责。

第二十四条　县级以上地方人民政府农业行政主管部门应当加强绿色食品标志的监督管理工作，依法对辖区内绿色食品产地环境、产品质量、包装标识、标志使用等情况进行监督检查。

第二十五条　中国绿色食品发展中心和省级工作机构应当建立绿色食品风险防范及应急处置制度，组织对绿色食品及标志使用情况进行跟踪检查。

省级工作机构应当组织对辖区内绿色食品标志使用人使用绿色食品标志的情况实施年度检查。检查合格的，在标志使用证书上加盖年度检查合格章。

第二十六条 标志使用人有下列情形之一的，由中国绿色食品发展中心取消其标志使用权，收回标志使用证书，并予公告：

（一）生产环境不符合绿色食品环境质量标准的；

（二）产品质量不符合绿色食品产品质量标准的；

（三）年度检查不合格的；

（四）未遵守标志使用合同约定的；

（五）违反规定使用标志和证书的；

（六）以欺骗、贿赂等不正当手段取得标志使用权的。

标志使用人依照前款规定被取消标志使用权的，三年内中国绿色食品发展中心不再受理其申请；情节严重的，永久不再受理其申请。

第二十七条 任何单位和个人不得伪造、转让绿色食品标志和标志使用证书。

第二十八条 国家鼓励单位和个人对绿色食品和标志使用情况进行社会监督。

第二十九条 从事绿色食品检测、审核、监管工作的人员，滥用职权、徇私舞弊和玩忽职守的，依照有关规定给予行政处罚或行政处分；构成犯罪的，依法移送司法机关追究刑事责任。

承担绿色食品产品和产地环境检测工作的技术机构伪造检测结果的，除依法予以处罚外，由中国绿色食品发展中心取消指定，永久不得再承担绿色食品产品和产地环境检测工作。

第三十条 其他违反本办法规定的行为，依照《中华人民共和国食品安全法》、《中华人民共和国农产品质量安全法》和《中华人民共和国商标法》等法律法规处罚。

第五章 附　则

第三十一条 绿色食品标志有关收费办法及标准，依照国家相关规定执行。

第三十二条 本办法自 2012 年 10 月 1 日起施行。农业部 1993 年 1 月 11 日印发的《绿色食品标志管理办法》(1993 农（绿）字第 1 号) 同时废止。

有机产品认证管理办法

（国家质量技术监督检验检疫总局令第 155 号）

第一章 总 则

第一条 为了维护消费者、生产者和销售者合法权益，进一步提高有机产品质量，加强有机产品认证管理，促进生态环境保护和可持续发展，根据《中华人民共和国产品质量法》、《中华人民共和国进出口商品检验法》、《中华人民共和国认证认可条例》等法律、行政法规的规定，制定本办法。

第二条 在中华人民共和国境内从事有机产品认证以及获证有机产品生产、加工、进口和销售活动，应当遵守本办法。

第三条 本办法所称有机产品，是指生产、加工和销售符合中国有机产品国家标准的供人类消费、动物食用的产品。

本办法所称有机产品认证，是指认证机构依照本办法的规定，按照有机产品认证规则，对相关产品的生产、加工和销售活动符合中国有机产品国家标准进行的合格评定活动。

第四条 国家认证认可监督管理委员会（以下简称国家认监委）负责全国有机产品认证的统一管理、监督和综合协调工作。

地方各级质量技术监督部门和各地出入境检验检疫机构（以下统称地方认证监管部门）按照职责分工，依法负责所辖区域内有机产品认证活动的监督检查和行政执法工作。

第五条 国家推行统一的有机产品认证制度，实行统一的认证目录、统一的标准和认证实施规则、统一的认证标志。

国家认监委负责制定和调整有机产品认证目录、认证实施规则，并对外公布。

第六条 国家认监委按照平等互利的原则组织开展有机产品认证国际合作。

开展有机产品认证国际互认活动，应当在国家对外签署的国际合作协议内进行。

第二章 认证实施

第七条 有机产品认证机构（以下简称认证机构）应当经国家认监委批准，并依法取得法人资格后，方可从事有机产品认证活动。

认证机构实施认证活动的能力应当符合有关产品认证机构国家标准的要求。

从事有机产品认证检查活动的检查员，应当经国家认证人员注册机构注册后，方可从事有机产品认证检查活动。

第八条 有机产品生产者、加工者（以下统称认证委托人），可以自愿委托认证机构进行有机产品认证，并提交有机产品认证实施规则中规定的申请材料。

认证机构不得受理不符合国家规定的有机产品生产产地环境要求，以及有机产品认证目录外产品的认证委托人的认证委托。

第九条 认证机构应当自收到认证委托人申请材料之日起10日内，完成材料审核，并作出是否受理的决定。对于不予受理的，应当书面通知认证委托人，并说明理由。

认证机构应当在对认证委托人实施现场检查前5日内，将认证委托人、认证检查方案等基本信息报送至国家认监委确定的信息系统。

第十条 认证机构受理认证委托后，认证机构应当按照有机产品认证实施规则的规定，由认证检查员对有机产品生产、加工场所进行现场检查，并应当委托具有法定资质的检验检测机构对申请认证的产品进行检验检测。

按照有机产品认证实施规则的规定，需要进行产地（基地）环境监（检）测的，由具有法定资质的监（检）测机构出具监（检）测报告，或者采信认证委托人提供的其他合法有效的环境监（检）测结论。

第十一条 符合有机产品认证要求的，认证机构应当及时向认证委托人出具有机产品认证证书，允许其使用中国有机产品认证标志；对不符合认证要求的，应当书面通知认证委托人，并说明理由。

认证机构及认证人员应当对其作出的认证结论负责。

第十二条 认证机构应当保证认证过程的完整、客观、真实，并对认证过程作出完整记录，归档留存，保证认证过程和结果具有可追溯性。

产品检验检测和环境监（检）测机构应当确保检验检测、监测结论的真实、准确，并对检验检测、监测过程做出完整记录，归档留存。产品检验检测、环境监测机构及其相关人员应当对其作出的检验检测、监测报告的内容和结论负责。

本条规定的记录保存期为5年。

第十三条 认证机构应当按照认证实施规则的规定，对获证产品及其生产、加工过程实施有效跟踪检查，以保证认证结论能够持续符合认证要求。

第十四条 认证机构应当及时向认证委托人出具有机产品销售证，以保证获证产品的认证委托人所销售的有机产品类别、范围和数量与认证证书中的记载一致。

第十五条 有机配料含量（指重量或者液体体积，不包括水和盐，下同）等于或者高于95%的加工产品，应当在获得有机产品认证后，方可在产品或者产品包装及标签上标注“有机”字样，加施有机产品认证标志。

第十六条 认证机构不得对有机配料含量低于95%的加工产品进行有机认证。

第三章 有机产品进口

第十七条 向中国出口有机产品的国家或者地区的有机产品主管机构，可以向国家认监委提出有机产品认证体系等效性评估申请，国家认监委受理其申请，并组织有关专家对提交的申请进行评估。

评估可以采取文件审查、现场检查等方式进行。

第十八条　向中国出口有机产品的国家或者地区的有机产品认证体系与中国有机产品认证体系等效的，国家认监委可以与其主管部门签署相关备忘录。

该国家或者地区出口至中国的有机产品，依照相关备忘录的规定实施管理。

第十九条　未与国家认监委就有机产品认证体系等效性方面签署相关备忘录的国家或者地区的进口产品，拟作为有机产品向中国出口时，应当符合中国有机产品相关法律法规和中国有机产品国家标准的要求。

第二十条　需要获得中国有机产品认证的进口产品生产商、销售商、进口商或者代理商（以下统称进口有机产品认证委托人），应当向经国家认监委批准的认证机构提出认证委托。

第二十一条　进口有机产品认证委托人应当按照有机产品认证实施规则的规定，向认证机构提交相关申请资料和文件，其中申请书、调查表、加工工艺流程、产品配方和生产、加工过程中使用的投入品等认证申请材料、文件，应当同时提交中文版本。申请材料不符合要求的，认证机构应当不予受理其认证委托。

认证机构从事进口有机产品认证活动应当符合本办法和有机产品认证实施规则的规定，认证检查记录和检查报告等应当有中文版本。

第二十二条　进口有机产品申报入境检验检疫时，应当提交其所获中国有机产品认证证书复印件、有机产品销售证复印件、认证标志和产品标识等文件。

第二十三条　各地出入境检验检疫机构应当对申报的进口有机产品实施入境验证，查验认证证书复印件、有机产品销售证复印件、认证标志和产品标识等文件，核对货证是否相符。不相符的，不得作为有机产品入境。

必要时，出入境检验检疫机构可以对申报的进口有机产品实施监督抽样检验，验证其产品质量是否符合中国有机产品国家标准的要求。

第二十四条　自对进口有机产品认证委托人出具有机产品认证证书起 30 日内，认证机构应当向国家认监委提交以下书面材料：

（一）获证产品类别、范围和数量；

（二）进口有机产品认证委托人的名称、地址和联系方式；

（三）获证产品生产商、进口商的名称、地址和联系方式；

（四）认证证书和检查报告复印件（中外文版本）；

（五）国家认监委规定的其他材料。

第四章　认证证书和认证标志

第二十五条　国家认监委负责制定有机产品认证证书的基本格式、编号规则和认证标志的式样、编号规则。

第二十六条　认证证书有效期为 1 年。

第二十七条　认证证书应当包括以下内容：

（一）认证委托人的名称、地址；

（二）获证产品的生产者、加工者以及产地（基地）的名称、地址；

（三）获证产品的数量、产地（基地）面积和产品种类；

（四）认证类别；

（五）依据的国家标准或者技术规范；

（六）认证机构名称及其负责人签字、发证日期、有效期。

第二十八条 获证产品在认证证书有效期内，有下列情形之一的，认证委托人应当在15日内向认证机构申请变更。认证机构应当自收到认证证书变更申请之日起30日内，对认证证书进行变更：

（一）认证委托人或者有机产品生产、加工单位名称或者法人性质发生变更的；

（二）产品种类和数量减少的；

（三）其他需要变更认证证书的情形。

第二十九条 有下列情形之一的，认证机构应当在30日内注销认证证书，并对外公布：

（一）认证证书有效期届满，未申请延续使用的；

（二）获证产品不再生产的；

（三）获证产品的认证委托人申请注销的；

（四）其他需要注销认证证书的情形。

第三十条 有下列情形之一的，认证机构应当在15日内暂停认证证书，认证证书暂停期为1至3个月，并对外公布：

（一）未按照规定使用认证证书或者认证标志的；

（二）获证产品的生产、加工、销售等活动或者管理体系不符合认证要求，且经认证机构评估在暂停期限内能够能采取有效纠正或者纠正措施的；

（三）其他需要暂停认证证书的情形。

第三十一条 有下列情形之一的，认证机构应当在7日内撤销认证证书，并对外公布：

（一）获证产品质量不符合国家相关法规、标准强制要求或者被检出有机产品国家标准禁用物质的；

（二）获证产品生产、加工活动中使用了有机产品国家标准禁用物质或者受到禁用物质污染的；

（三）获证产品的认证委托人虚报、瞒报获证所需信息的；

（四）获证产品的认证委托人超范围使用认证标志的；

（五）获证产品的产地（基地）环境质量不符合认证要求的；

（六）获证产品的生产、加工、销售等活动或者管理体系不符合认证要求，且在认证证书暂停期间，未采取有效纠正或者纠正措施的；

（七）获证产品在认证证书标明的生产、加工场所外进行了再次加工、分装、分割的；

（八）获证产品的认证委托人对相关方重大投诉且确有问题未能采取有效处理措施的；

（九）获证产品的认证委托人从事有机产品认证活动因违反国家农产品、食品安全管理相关法律法规，受到相关行政处罚的；

（十）获证产品的认证委托人拒不接受认证监管部门或者认证机构对其实施监督的；

（十一）其他需要撤销认证证书的情形。

第三十二条 有机产品认证标志为中国有机产品认证标志。

中国有机产品认证标志标有中文"中国有机产品"字样和英文"ORGANIC"字样。图案如右：

■ C:100 M:0 Y:100 K:0
■ C:0 M:60 Y:100 K:0

第三十三条 中国有机产品认证标志应当在认证证书限定的产品类别、范围和数量内使用。

认证机构应当按照国家认监委统一的编号规则，对每枚认证标志进行唯一编号（以下简称有机码），并采取有效防伪、追溯技术，确保发放的每枚认证标志能够溯源到其对应的认证证书和获证产品及其生产、加工单位。

第三十四条 获证产品的认证委托人应当在获证产品或者产品的最小销售包装上，加施中国有机产品认证标志、有机码和认证机构名称。

获证产品标签、说明书及广告宣传等材料上可以印制中国有机产品认证标志，并可以按照比例放大或者缩小，但不得变形、变色。

第三十五条 有下列情形之一的，任何单位和个人不得在产品、产品最小销售包装及其标签上标注含有"有机""ORGANIC"等字样且可能误导公众认为该产品为有机产品的文字表述和图案：

（一）未获得有机产品认证的；

（二）获证产品在认证证书标明的生产、加工场所外进行了再次加工、分装、分割的。

第三十六条 认证证书暂停期间，获证产品的认证委托人应当暂停使用认证证书和认证标志；认证证书注销、撤销后，认证委托人应当向认证机构交回认证证书和未使用的认证标志。

第五章 监督管理

第三十七条 国家认监委对有机产品认证活动组织实施监督检查和不定期的专项监督检查。

第三十八条 地方认证监管部门应当按照各自职责，依法对所辖区域的有机产品认证活动进行监督检查，查处获证有机产品生产、加工、销售活动中的违法行为。

各地出入境检验检疫机构负责对外资认证机构、进口有机产品认证和销售，以及出口有机产品认证、生产、加工、销售活动进行监督检查。

地方各级质量技术监督部门负责对中资认证机构、在境内生产加工且在境内销售的有机产品认证、生产、加工、销售活动进行监督检查。

第三十九条 地方认证监管部门的监督检查的方式包括：

（一）对有机产品认证活动是否符合本办法和有机产品认证实施规则规定的监督检查；

（二）对获证产品的监督抽查；

（三）对获证产品认证、生产、加工、进口、销售单位的监督检查；

（四）对有机产品认证证书、认证标志的监督检查；

（五）对有机产品认证咨询活动是否符合相关规定的监督检查；

（六）对有机产品认证和认证咨询活动举报的调查处理；

（七）对违法行为的依法查处。

第四十条　国家认监委通过信息系统，定期公布有机产品认证动态信息。

认证机构在出具认证证书之前，应当按要求及时向信息系统报送有机产品认证相关信息，并获取认证证书编号。

认证机构在发放认证标志之前，应当将认证标志、有机码的相关信息上传到信息系统。

地方认证监管部门通过信息系统，根据认证机构报送和上传的认证相关信息，对所辖区域内开展的有机产品认证活动进行监督检查。

第四十一条　获证产品的认证委托人以及有机产品销售单位和个人，在产品生产、加工、包装、贮藏、运输和销售等过程中，应当建立完善的产品质量安全追溯体系和生产、加工、销售记录档案制度。

第四十二条　有机产品销售单位和个人在采购、贮藏、运输、销售有机产品的活动中，应当符合有机产品国家标准的规定，保证销售的有机产品类别、范围和数量与销售证中的产品类别、范围和数量一致，并能够提供与正本内容一致的认证证书和有机产品销售证的复印件，以备相关行政监管部门或者消费者查询。

第四十三条　认证监管部门可以根据国家有关部门发布的动植物疫情、环境污染风险预警等信息，以及监督检查、消费者投诉举报、媒体反映等情况，及时发布关于有机产品认证区域、获证产品及其认证委托人、认证机构的认证风险预警信息，并采取相关应对措施。

第四十四条　获证产品的认证委托人提供虚假信息、违规使用禁用物质、超范围使用有机认证标志，或者出现产品质量安全重大事故的，认证机构5年内不得受理该企业及其生产基地、加工场所的有机产品认证委托。

第四十五条　认证委托人对认证机构的认证结论或者处理决定有异议的，可以向认证机构提出申诉，对认证机构的处理结论仍有异议的，可以向国家认监委申诉。

第四十六条　任何单位和个人对有机产品认证活动中的违法行为，可以向国家认监委或者地方认证监管部门举报。国家认监委、地方认证监管部门应当及时调查处理，并为举报人保密。

第六章　罚　　则

第四十七条　伪造、冒用、非法买卖认证标志的，地方认证监管部门依照《中华人民共和国产品质量法》、《中华人民共和国进出口商品检验法》及其实施条例等法律、行政法规的规定处罚。

第四十八条　伪造、变造、冒用、非法买卖、转让、涂改认证证书的，地方认证监管部门责令改正，处3万元罚款。

违反本办法第四十条第二款的规定，认证机构在其出具的认证证书上自行编制认证证书编号的，视为伪造认证证书。

第四十九条 违反本办法第八条第二款的规定，认证机构向不符合国家规定的有机产品生产产地环境要求区域或者有机产品认证目录外产品的认证委托人出具认证证书的，责令改正，处 3 万元罚款；有违法所得的，没收违法所得。

第五十条 违反本办法第三十五条的规定，在产品或者产品包装及标签上标注含有"有机"、"ORGANIC"等字样且可能误导公众认为该产品为有机产品的文字表述和图案的，地方认证监管部门责令改正，处 3 万元以下罚款。

第五十一条 认证机构有下列情形之一的，国家认监委应当责令改正，予以警告，并对外公布：

（一）未依照本办法第四十条第二款的规定，将有机产品认证标志、有机码上传到国家认监委确定的信息系统的；

（二）未依照本办法第九条第二款的规定，向国家认监委确定的信息系统报送相关认证信息或者其所报送信息失实的；

（三）未依照本办法第二十四条的规定，向国家认监委提交相关材料备案的。

第五十二条 违反本办法第十四条的规定，认证机构发放的有机产品销售证数量，超过获证产品的认证委托人所生产、加工的有机产品实际数量的，责令改正，处 1 万元以上 3 万元以下罚款。

第五十三条 违反本办法第十六条的规定，认证机构对有机配料含量低于 95% 的加工产品进行有机认证的，地方认证监管部门责令改正，处 3 万元以下罚款。

第五十四条 认证机构违反本办法第三十条、第三十一条的规定，未及时暂停或者撤销认证证书并对外公布的，依照《中华人民共和国认证认可条例》第六十条的规定处罚。

第五十五条 认证委托人有下列情形之一的，由地方认证监管部门责令改正，处 1 万元以上 3 万元以下罚款：

（一）未获得有机产品认证的加工产品，违反本办法第十五条的规定，进行有机产品认证标识标注的；

（二）未依照本办法第三十三条第一款、第三十四条的规定使用认证标志的；

（三）在认证证书暂停期间或者被注销、撤销后，仍继续使用认证证书和认证标志的。

第五十六条 认证机构、获证产品的认证委托人拒绝接受国家认监委或者地方认证监管部门监督检查的，责令限期改正；逾期未改正的，处 3 万元以下罚款。

第五十七条 进口有机产品入境检验检疫时，不如实提供进口有机产品的真实情况，取得出入境检验检疫机构的有关证单，或者对法定检验的有机产品不予报检，逃避检验的，由出入境检验检疫机构依照《中华人民共和国进出口商检检验法实施条例》第四十六条的规定处罚。

第五十八条 有机产品认证活动中的其他违法行为，依照有关法律、行政法规、部门规章的规定处罚。

第七章 附 则

第五十九条 有机产品认证收费应当依照国家有关价格法律、行政法规的规定执行。

第六十条　出口的有机产品，应当符合进口国家或者地区的要求。

第六十一条　本办法所称有机配料，是指在制造或者加工有机产品时使用并存在（包括改性的形式存在）于产品中的任何物质，包括添加剂。

第六十二条　本办法由国家质量监督检验检疫总局负责解释。

第六十三条　本办法自 2014 年 4 月 1 日起施行。国家质检总局 2004 年 11 月 5 日公布的《有机产品认证管理办法》（国家质检总局第 67 号令）同时废止。

有机产品认证实施规则

(认监委2014年第8号)

1. 目的和范围

1.1　为规范有机产品认证活动，根据《中华人民共和国认证认可条例》和《有机产品认证管理办法》(质检总局第155号令，下同)等有关规定制定本规则。

1.2　本规则规定了从事有机产品认证的认证机构(以下简称认证机构)实施有机产品认证活动的程序与管理的基本要求。

1.3　在中华人民共和国境内从事有机产品认证以及有机产品生产、加工、进口和销售的活动，应当遵守本规则的规定。

对从与中国国家认证认可监督管理委员会(以下简称"国家认监委")签署了有机产品认证体系等效备忘录或协议的国家(或地区)进口有机产品进行的认证活动，应当遵守备忘录或协议的相关规定。

1.4　遵守本规则的规定，并不意味着可免除其所承担的法律责任。

2. 认证机构要求

2.1　从事有机产品认证活动的认证机构，应当具备《中华人民共和国认证认可条例》规定的条件和从事有机产品认证的技术能力，并获得国家认监委的批准。

2.2　认证机构应在获得国家认监委批准后的12个月内，向国家认监委提交可证实其具备实施有机产品认证活动符合本规则和GB/T 27065《产品认证机构通用要求》能力的证明文件。认证机构在未提交相关能力证明文件前，每个批准认证范围颁发认证证书数量不得超过5张。

2.3　认证机构应当建立内部制约、监督和责任机制，使受理、培训(包括相关增值服务)、检查和作认证决定等环节相互分开、相互制约和相互监督。

2.4　认证机构不得将是否获得认证与参与认证检查的检查员及其他人员的薪酬挂钩。

3. 认证人员要求

3.1　从事认证活动的人员应当具有相关专业教育和工作经历；接受过有机产品生产、加工、经营与销售管理、食品安全和认证技术等方面的培训，具备相应的知识和技能。

3.2　有机产品认证检查员应取得中国认证认可协会的执业注册资质。

3.3　认证机构应对本机构的全体认证检查员的能力做出评价，以满足实施相应认证范围的有机产品认证活动的需要。

4. 认证依据

GB/T 19630《有机产品》

5. 认证程序

5.1　认证机构受理认证申请应至少公开以下信息：

5.1.1　认证资质范围及有效期。

5.1.2　认证程序和认证要求。

5.1.3　认证依据。

5.1.4　认证收费标准。

5.1.5　认证机构和认证委托人的权利与义务。

5.1.6　认证机构处理申诉、投诉和争议的程序。

5.1.7　批准、注销、变更、暂停、恢复和撤销认证证书的规定与程序。

5.1.8　对获证组织正确使用中国有机产品认证标志、认证证书和认证机构标识（或名称）的要求。

5.1.9　对获证组织正确宣传有机生产、加工过程及认证产品的要求，以及管理和控制有机认证产品销售证的要求。

5.2　认证机构受理有机产品认证申请的条件：

5.2.1　认证委托人及其相关方生产、加工的产品符合相关法律法规、质量安全卫生技术标准及规范的基本要求。

5.2.2　认证委托人建立和实施了文件化的有机产品管理体系，并有效运行3个月以上。

5.2.3　申请认证的产品应在国家认监委公布的《有机产品认证目录》内。

5.2.4　认证委托人及其相关方在五年内未出现《有机产品认证管理办法》第四十四条所列情况。

5.2.5　认证委托人及其相关方一年内未被认证机构撤销认证证书。

5.2.6　认证委托人应至少提交以下文件和资料：

（1）认证委托人的合法经营资质文件的复印件，包括营业执照副本、组织机构代码证、土地使用权证明及合同等。

（2）认证委托人及其有机生产、加工、经营的基本情况：

①认证委托人名称、地址、联系方式；当认证委托人不是直接从事有机产品生产、加工的农户或个体加工组织的，应当同时提交与直接从事有机产品的生产、加工者签订的书面合同的复印件及具体从事有机产品生产、加工者的名称、地址、联系方式。

②生产单元或加工场所概况。

③申请认证的产品名称、品种、生产规模包括面积、产量、数量、加工量等；同一生产单元内非申请认证产品和非有机方式生产的产品的基本信息。

④过去三年间的生产、加工历史情况说明材料，如植物生产的病虫草害防治、投入物使用及收获等农事活动描述；野生植物采集情况的描述；动物、水产养殖的饲养方法、疾病防治、投入物使用、动物运输和屠宰等情况的描述。

⑤申请和获得其他认证的情况。

（3）产地（基地）区域范围描述，包括地理位置、地块分布、缓冲带及产地周围临近地块的使用情况；加工场所周边环境（包括水、气和有无面源污染）描述、厂区平面图、工艺流程图等。

（4）有机产品生产、加工规划，包括对生产、加工环境适宜性的评价，对生产方式、加工工艺和流程的说明及证明材料，农药、肥料、食品添加剂等投入物质的管理制度，以及质量保证、标识与追溯体系建立、有机生产加工风险控制措施等。

（5）本年度有机产品生产、加工计划，上一年度销售量、销售额和主要销售市场等。

（6）承诺守法诚信，接受认证机构、认证监管等行政执法部门的监督和检查，保证提供材料真实、执行有机产品标准、技术规范及销售证管理的声明。

（7）有机生产、加工的质量管理体系文件。

（8）有机转换计划（适用时）。

（9）其他相关材料。

5.3 申请材料的审查

对符合5.2要求的认证委托人，认证机构应根据有机产品认证依据、程序等要求，在10日内对提交的申请文件和资料进行审查并作出是否受理的决定，保存审查记录。

5.3.1 审查要求如下：

（1）认证要求规定明确，并形成文件和得到理解，

（2）认证机构和认证委托人之间在理解上的差异得到解决。

（3）对于申请的认证范围，认证委托人的工作场所和任何特殊要求，认证机构均有能力开展认证服务。

5.3.2 申请材料齐全、符合要求的，予以受理认证申请；对不予受理的，应当书面通知认证委托人，并说明理由。

5.3.3 认证机构可采取必要措施帮助认证委托人及直接进行有机产品生产、加工者进行技术标准培训，使其正确理解和执行标准要求。

5.4 现场检查准备

5.4.1 根据所申请产品对应的认证范围，认证机构应委派具有相应资质和能力的检查员组成检查组。每个检查组应至少有一名相应认证范围注册资质的专职检查员，并担任检查组组长。

5.4.2 对同一认证委托人的同一生产单元，认证机构不能连续3年以上（含3年）委派同一检查员实施检查。

5.4.3 认证机构在现场检查前可向检查组下达检查任务书，应包含以下内容：

（1）检查依据，包括认证标准、认证实施规则和其他规范性文件。

（2）检查范围，包括检查的产品种类、生产加工过程和生产加工基地等。

（3）检查组组长和成员；计划实施检查的时间。

（4）检查要点，包括管理体系、追踪体系、投入物的使用和包装标识等。

（5）上年度认证机构提出的不符合项（适用时）。

认证机构可向认证委托人出具现场检查通知书，将检查内容告知认证委托人。

5.4.4 检查组应制定书面的检查计划，经认证机构审定后交认证委托人并获得确认。

（1）检查计划应保证对生产单元的全部生产活动范围逐一进行现场检查。

对由多个农户、个体生产加工组织（如农业合作社，或"公司＋农户"型组织）申请有机认证的，应检查全部农户和个体生产加工组织；对加工场所要逐一实施检查，需在非生产加工场所进行二次分装或分割的，应对二次分装或分割的场所进行现场检查，以保证认证产品生产、加工全过程的完整性。

（2）制定检查计划还应考虑以下因素：

① 当地有机产品与非有机产品之间的价格差异。

② 申请认证组织内的各农户间生产体系和种植、养殖品种的相似程度。

③ 往年检查中发现的不符合项。

④ 组织内部控制体系的有效性。

⑤ 再次加工分装分割对认证产品完整性的影响（适用时）。

5.4.5　现场检查时间应安排在申请认证产品的生产、加工过程或易发质量安全风险的阶段。因生产季等原因，初次现场检查不能覆盖所有申请认证产品的，应当在认证证书有效期内实施现场补充检查。

5.4.6　认证机构应当在现场检查前至少提前 5 日将认证委托人、检查通知及检查计划等基本信息登录到国家认监委网站"自愿性认证活动执法监管信息系统"。

地方认证监管部门对认证机构提交的检查方案和计划等基本信息有异议的应至少在现场检查前 2 日提出；认证机构应及时与该部门进行沟通，协调一致后方可实施现场检查。

5.5　现场检查的实施检查组应当根据认证依据要求对认证委托人建立的管理体系的符合性进行评审，核实生产、加工过程与认证委托人按照 5.2.6 条款所提交的文件的一致性，确认生产、加工过程与认证依据。

5.5.1　检查过程至少应包括以下内容：

（1）对生产、加工过程和场所的检查，如生产单元有非有机生产或加工时也应对其非有机部分进行检查。

（2）对生产、加工管理人员、内部检查员、操作者进行访谈。

（3）对 GB/T 19630.4 所规定的管理体系文件与记录进行审核。

（4）对认证产品的产量与销售量进行汇总和核算。

（5）对产品和认证标志追溯体系、包装标识情况进行评价和验证。

（6）对内部检查和持续改进进行评估。

（7）对产地和生产加工环境质量状况进行确认，评估对有机生产、加工的潜在污染风险。

（8）采集必要的样品。

（9）对上一年度提出的不符合项采取的纠正和纠正措施进行验证（适用时）。

检查组在结束检查前，应对检查情况进行总结，向受检查方和认证委托人确认检查发现的不符合项。

5.5.2　对产品的样品检测

（1）认证机构应当对申请认证的所有产品安排样品检验检测，在风险评估基础上确定需检测的项目。

认证证书发放前无法采集样品并送检的，应在证书有效期内安排检验检测，并得到检验检测结果。

（2）认证机构应委托具备法定资质的检验检测机构进行样品检测。

（3）有机生产或加工中允许使用物质的残留量应符合相关法律法规或强制性标准的规定。有机生产和加工中禁止使用的物质不得检出。

5.5.3　对产地环境质量状况的检查

认证委托人应出具有资质的监测（检测）机构对产地环境质量进行的监测（检测）报

告，或县级以上环境保护部门出具的证明性材料，以证明产地的环境质量状况符合 GB/T 19630《有机产品》规定的要求。

5.5.4 对有机转换的检查

有机转换计划须事前获得认证机构认定。在开始实施转换计划后，每年须经认证机构派出的检查组核实、确认。未按转换计划完成转换并经现场检查确认的生产单元不能获得认证。未能保持有机认证的生产单元，需重新经过有机转换才能再次获得有机认证

5.5.5 对投入品的检查

（1）有机生产或加工过程中允许使用 GB/T 19630.1 附录 A、附录 B 及 GB/T 19630.2 附录 A、附录 B 列出的物质。

（2）对未列入 GB/T 19630.1 附录 A、附录 B 及 GB/T19630.2 附录 A、附录 B 的投入品，国家认监委可在专家评估的基础上公布有机生产、加工投入品临时补充列表。

5.5.6 检查报告

（1）认证机构应规定本机构的检查报告的基本格式。

（2）检查报告应叙述 5.5.1 至 5.5.5 列明的各项要求的检查情况，就检查证据、检查发现和检查结论逐一进行描述。

对识别出的不符合项，应用写实的方法准确、具体、清晰描述，以易于认证委托人和申请获证组织理解。不得用概念化的、不确定的、含糊的语言表述不符合项。

（3）检查报告应当随附必要的证据或记录，包括文字或照片摄像等音视频资料。

（4）检查组应通过检查记录等书面文件提供充分信息对认证委托人执行标准的总体情况作评价，对是否通过认证提出意见建议。

（5）认证机构应将检查报告提交给认证委托人，并保留签收或提交的证据。

5.6 认证决定

5.6.1 认证机构应基于对产地环境质量的现场检查和产品检测评估的基础上作出认证决定，同时考虑产品生产、加工特点，认证委托人或直接生产加工者的管理体系稳定性，当地农兽药使用、环境保护和区域性社会质量诚信状况等情况。

5.6.2 对符合以下要求的认证委托人，认证机构应颁发认证证书（基本格式见附件 1、2）。

（1）生产加工活动、管理体系及其他审核证据符合本规则和认证标准的要求。

（2）生产加工活动、管理体系及其他审核证据虽不完全符合本规则和认证依据标准的要求，但认证委托人已经在规定的期限内完成了不符合项纠正纠正措施，并通过认证机构验证。

5.6.3 认证委托人的生产加工活动存在以下情况之一，认证机构不应批准认证。

（1）提供虚假信息，不诚信的。

（2）未建立管理体系或建立的管理体系未有效实施的。

（3）生产加工过程使用了禁用物质或者受到禁用物质污染的。

（4）产品检测发现存在禁用物质的。

（5）申请认证的产品质量不符合国家相关法律法规和（或）技术标准强制要求的。

（6）存在认证现场检查场所外进行再次加工、分装、分割情况的。

（7）一年内出现重大产品质量安全问题，或因产品质量安全问题被撤销有机产品认证证书的。

（8）未在规定的期限完成不符合项纠正和纠正措施，或提交的纠正和纠正措施未满足认证要求的。

（9）经检测（监测）机构检测（监测）证明产地环境受到污染的。

（10）其他不符合本规则和（或）有机产品标准要求，且无法纠正的。

5.6.4　申诉

认证委托人如对认证决定结果有异议，可在 10 日内向认证机构申诉，认证机构自收到申诉之日起，应在 30 日内处理并将处理结果书面通知认证委托人。

认证委托人如认为认证机构的行为严重侵害了自身合法权益，可以直接向各级认证监管部门申诉。

6. 认证后的管理

6.1　认证机构应当每年对获证组织至少安排一次现场检查。认证机构应根据申请认证产品种类和风险、生产企业管理体系的稳定性、当地质量安全诚信水平总体情况等，科学确定现场检查频次及项目。同一认证的品种在证书有效期内如有多个生产季的，则每个生产季均需进行现场检查。

认证机构还应在风险评估的基础上每年至少对 5% 的获证组织实施一次不通知的现场检查。

6.2　认证机构应及时了解和掌握获证组织变更信息，对获证组织实施有效跟踪，以保证其持续符合认证的要求。

6.3　认证机构在与认证委托人签订的合同中，应明确约定获证组织需建立信息通报制度，及时向认证机构通报以下信息：

6.3.1　法律地位、经营状况、组织状态或所有权变更的信息。

6.3.2　获证组织管理层、联系地址变更的信息。

6.3.3　有机产品管理体系、生产、加工、经营状况、过程或生产加工场所变更的信息。

6.3.4　获证产品的生产、加工、经营场所周围发生重大动植物疫情、环境污染的信息。

6.3.5　生产、加工、经营及销售中发生的产品质量安全重要信息，如相关部门抽查发现存在严重质量安全问题或消费者重大投诉等。

6.3.6　获证组织因违反国家农产品、食品安全管理相关法律法规而受到处罚。

6.3.7　采购的原料或产品存在不符合认证依据要求的情况。

6.3.8　不合格品撤回及处理的信息。

6.3.9　销售证的使用、产品核销情况。

6.3.10　其他重要信息。

6.4　销售证

6.4.1　认证机构应制定有机认证产品销售证的申请和办理程序，要求获证组织在销售认证产品前向认证机构申请销售证（基本格式见附件 3）。

6.4.2　认证机构应对获证组织与销售商签订的供货协议的认证产品范围和数量进行审核。对符合要求的颁发有机产品销售证；对不符合要求的应当监督其整改，否则不能颁发销售证。

6.4.3　销售证由获证组织在销售获证产品时交给销售商或消费者。获证组织应保存已颁发的销售证的复印件，以备认证机构审核。

6.4.4　认证机构对其颁发的销售证的正确使用负有监督管理的责任。

7. 再认证

7.1 获证组织应至少在认证证书有效期结束前 3 个月向认证机构提出再认证申请。

获证组织的有机产品管理体系和生产、加工过程未发生变更时，认证机构可适当简化申请评审和文件评审程序。

7.2 认证机构应当在认证证书有效期内进行再认证检查。

因生产季或重大自然灾害的原因，不能在认证证书有效期内安排再认证检查的，获证组织应在证书有效期内向认证机构提出书面申请说明原因。经认证机构确认，再认证可在认证证书有效期后的 3 个月内实施，但不得超过 3 个月，在此期间内生产的产品不得作为有机产品进行销售。

7.3 对超过 3 个月仍不能再认证的生产单元，应当重新进行认证。

8. 认证证书、认证标志的管理

8.1 认证证书基本格式

有机产品认证证书有效期为 1 年。认证证书基本格式应符合本规则附件 1、2 的要求。

认证证书的编号应当从国家认监委网站"中国食品农产品认证信息系统"中获取。认证机构不得仅依据本机构编制的证书编号发放认证证书。

8.2 认证证书的变更

按照《有机产品认证管理办法》第二十八条实施。

8.3 认证证书的注销

按照《有机产品认证管理办法》第二十九条实施。

8.4 认证证书的暂停

按照《有机产品认证管理办法》第三十条实施。

8.5 认证证书的撤销

按照《有机产品认证管理办法》第三十一条实施。

8.6 认证证书的恢复

8.6.1 认证证书被注销或撤销后，认证机构不能以任何理由恢复认证证书。

8.6.2 认证证书被暂停的，需在证书暂停期满且完成对不符合项的纠正或纠正措施并确认后，认证机构方可恢复认证证书。

8.7 认证证书与标志使用

8.7.1 获得有机转换认证证书的产品只能按常规产品销售，不得使用中国有机产品认证标志以及标注"有机"、"ORGANIC"等字样和图案。

8.7.2 认证证书暂停期间，认证机构应当通知并监督获证组织停止使用有机产品认证证书和标志，封存带有有机产品认证标志的相应批次产品。

8.8 认证证书被注销或撤销的，获证组织应将注销、撤销的有机产品认证证书和未使用的标志交回认证机构，或由获证组织在认证机构的监督下销毁剩余标志和带有有机产品认证标志的产品包装，必要时还应当召回相应批次带有有机产品认证标志的产品。

8.9 认证机构有责任和义务采取有效措施避免各类无效的认证证书和标志被继续使用。

对于无法收回的证书和标志，认证机构应当及时在相关媒体和网站上公布注销或撤销认证证书的决定，声明证书及标志作废。

9. 信息报告

9.1 认证机构应当及时向国家认监委网站"中国食品农产品认证信息系统"填报认证活动的信息，现场检查计划应在现场检查5日前录入信息系统。

9.2 认证机构应当在10日内将暂停、撤销认证证书相关组织的名单及暂停、撤销原因等，通过国家认监委网站"中国食品农产品认证信息系统"向国家认监委和该获证组织所在地认证监管部门报告，并向社会公布。

9.3 认证机构在获知获证组织发生产品质量安全事故后，应当及时将相关信息向国家认监委和获证组织所在地的认证监管部门通报。

9.4 认证机构应当于每年3月底之前将上一年度有机认证工作报告报送国家认监委。报告内容至少包括：颁证数量、获证产品质量分析、暂停和撤销认证证书清单及原因分析等。

10. 认证收费

认证机构应根据相关规定收取认证费用。

附件：1. 有机产品认证证书基本格式
　　　2. 有机转换认证证书基本格式
　　　3. 有机产品销售证格式
　　　4. 有机产品认证证书编码规则
　　　5. 国家有机产品认证标志编码规则

附件1

有机产品认证证书基本格式

证书编号：**************

有机产品认证证书

认证委托人（证书持有人）名称　**************************

地址　**************************

生产（加工）企业名称　**************************

地址　**************************

有机产品认证的类别：*生产/加工（生产类注明植物生产、野生植物采集、畜禽养殖、水产养殖具体类别）*

产品标准　　　　GB/T 19630.1 有机产品：生产

（GB/T 19630.2 有机产品：加工）

GB/T 19630.3 有机产品：标识与销售

GB/T 19630.4 有机产品：管理体系

序　号	基地（加工厂）名称	基地（加工厂）地址	基地面积	产品名称	产品描述	生产规模	产量

（可设附件描述，附件与本证书同等效力）

以上产品及其生产（加工）过程符合有机产品认证实施规则的要求，特发此证。

初次发证日期：　　　年　月　日

本次发证日期：　　　年　月　日

证书有效期至：　　　年　月　日

负责人签字：＿＿＿＿＿＿＿＿＿＿＿　　　　　　　　盖章

认证机构名称

认证机构地址

联系电话

　　　　（认证机构标识）　　　　　　　　　　　（认可标志）

附件2

有机转换产品认证证书基本格式

证书编号：＊＊＊＊＊＊＊＊＊＊＊＊＊

有机转换产品认证证书

认证委托人（证书持有人）名称　　＊＊＊＊＊＊＊＊＊＊＊＊＊＊＊＊＊＊＊＊＊＊＊

地址　　　　　　　　　　　　　　＊＊＊＊＊＊＊＊＊＊＊＊＊＊＊＊＊＊＊＊＊＊＊

生产（加工）企业名称　　　　　　＊＊＊＊＊＊＊＊＊＊＊＊＊＊＊＊＊＊＊＊＊＊＊

地址　　　　　　　　　　　　　　＊＊＊＊＊＊＊＊＊＊＊＊＊＊＊＊＊＊＊＊＊＊＊

有机产品认证的类别：生产/加工（生产类注明植物生产、野生植物采集、畜禽养殖、水产养殖具体类别）

产品标准　　　　GB/T 19630.1 有机产品：生产

（GB/T 19630.2 有机产品：加工）

GB/T 19630.3 有机产品：标识与销售

GB/T 19630.4 有机产品：管理体系

序号	基地（加工厂）名称	基地（加工厂）地址	基地面积	产品名称	产品描述	生产规模	产量

（可设附件描述，附件与本证书同等效力）

以上产品及其生产（加工）过程符合有机产品认证实施规则的要求，特发此证。

初次发证日期：　　　年　月　日

本次发证日期：　　　年　月　日

证书有效期至：　　　年　月　日

负责人签字：_____　　　　　　盖章

认证机构名称

认证机构地址

联系电话

（认证机构标识）　　　　　　　　（认可标志）

附件3

有机产品销售证基本格式

有机产品销售证

□ 有机产品　　　　□ 有机转换产品

编号（TC#）：_____

认证证书号：_____

认证类别：_____

获证组织名称：_____

产品名称：_____

购买单位：_____

数　　量：_____

产品批号：_____

合同号：_____

交易日期：_____

售出单位：_____

此证书仅对购买单位和获《有机产品》(GB/T 19630) 国家标准认证的产品交易有效。

发证日期：

负责人签字：_____　　　　　　　　　　盖章

认证机构名称

认证机构地址

联系电话

附件4

有机产品认证证书编号规则

有机产品认证采用统一的认证证书编号规则。认证机构在食品农产品系统中录入认证证书、检查组、检查报告、现场检查照片等方面相关信息后，经格式校验合格后，由系统自动赋予认证证书编号，认证机构不得自行编号。

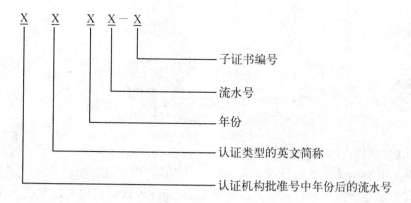

（一）认证机构批准号中年份后的流水号

认证机构批准号的编号格式为 "CNCA-R/RF-年份-流水号"，其中 R 表示内资认证机构，RF 表示外资认证机构，年份为 4 位阿拉伯数字，流水号是内资、外资分别流水编号。

内资认证机构认证证书编号为该机构批准号的 3 位阿拉伯数字批准流水号；外资认证机构认证证书编号为：F＋该机构批准号的 2 位阿拉伯数字批准流水号。

（二）认证类型的英文简称

有机产品认证英文简称为OP。

（三）年份

采用年份的最后2位数字，例如2011年为11。

（四）流水号

为某认证机构在某个年份该认证类型的流水号，5位阿拉伯数字。

（五）子证书编号

如果某张证书有子证书，那么在母证书号后加“－”和子证书顺序的阿拉伯数字。

（六）其他

再认证时，证书号不变。

附件5

国家有机产品认证标志编码规则

为保证国家有机产品认证标志的基本防伪与追溯，防止假冒认证标志和获证产品的发生，各认证机构在向获证组织发放认证标志或允许获证组织在产品标签上印制认证标志时，应当赋予每枚认证标志一个唯一的编码，其编码由认证机构代码、认证标志发放年份代码和认证标志发放随机码组成。

示例：

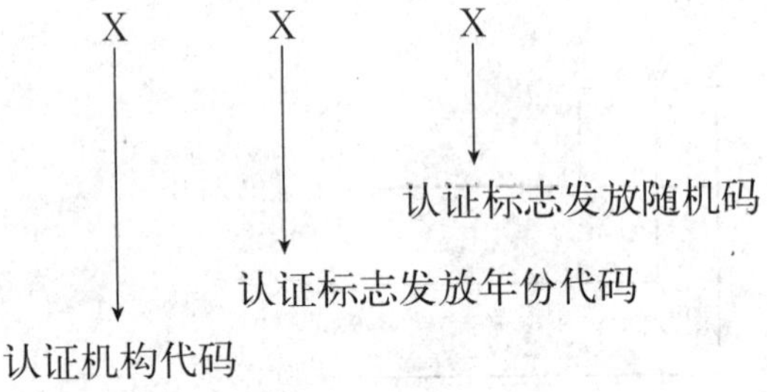

（一）认证机构代码（3位）

认证机构代码由认证机构批准号后三位代码形成。内资认证机构为该认证机构批准号的3位阿拉伯数字批准流水号；外资认证机构为：9＋该认证机构批准号的2位阿拉伯数字批准流水号。

（二）认证标志发放年份代码（2位）

采用年份的最后2位数字，例如2011年为11。

（三）认证标志发放随机码（12位）

该代码是认证机构发放认证标志数量的12位阿拉伯数字随机号码。数字产生的随机规则由各认证机构自行制定。

实施无公害农产品认证的产品目录

（中华人民共和国农业部公告第 2034 号）

产品类别	序号	产品名称	别名
一、种植业产品			
粮食类	1	稻谷	
	2	糙米	
	3	大米	
	4	小麦	
	5	大麦	皮大麦、裸大麦（米大麦、元麦、裸麦、青稞、米麦）
	6	黑麦	
	7	燕麦	裸燕麦（莜麦、铃铛麦、玉麦、油麦）、皮燕麦
	8	玉米	玉蜀黍、大蜀黍、棒子、苞谷、苞米、珍珠米
	9	鲜食玉米	
	10	糯玉米	黏玉米
	11	爆裂玉米	
	12	甜玉米	
	13	玉米面	苞米面、棒子面
	14	玉米糁	玉米渣
	15	高粱	红粮、小蜀黍、红棒子
	16	高粱米	
	17	高粱面	
	18	粟	谷子
	19	小米	粟米
	20	稷	稷子、禾稷
	21	稷米	
	22	薏仁	薏米仁、薏苡、六谷子、草珠子、药玉米、回回米
	23	荞麦	
	24	黍	糜子
	25	黍米	大黄米、黄米、软黄米
	26	粮用蚕豆	
	27	粮用豌豆	
	28	粮用扁豆	蛾眉豆、眉豆

（续）

产品类别	序号	产品名称	别名
粮食类	29	粮用黎豆	狸豆、虎豆或狗爪豆
	30	粮用红花菜豆	多花菜豆、大白芸豆、看花豆、大花豆、龙爪豆、荷包豆或大白云豆
	31	粮用赤豆	红小豆、赤小豆、红豆、小豆
	32	粮用白小豆	
	33	粮用绿小豆	
	34	粮用芸豆	去荚的干菜豆和干四季豆
	35	粮用绿豆	
	36	粮用爬豆	
	37	粮用红珠豆	
	38	粮用禾根豆	
	39	粮用花豆	
	40	粮用泥豆	
	41	粮用鹰嘴豆	桃豆、鸡豆、鸡头豆、鸡豌豆
	42	粮用饭豆	
	43	粮用小扁豆	滨豆、鸡眼豆
	44	粮用羽扇豆	
	45	粮用瓜尔豆	鸽豆、无脐豆、树豆、柳豆、黄豆树、刚果豆
	46	粮用利马豆	莱豆、棉豆、荷包豆、皇帝豆、玉豆、金甲豆、糖豆、洋扁豆
	47	粮用木豆	鸽豆、无脐豆、树豆、柳豆、黄豆树、刚果豆、三叶豆、千年豆
油料类	48	大豆	
	49	花生	
	50	芝麻	
	51	油菜籽	
糖料类	52	糖用甜菜	
	53	甜叶菊	
蔬菜类	54	番茄	西红柿、洋柿子
	55	樱桃番茄	
	56	树茄	
	57	茄子	茄瓜、吊瓜、矮瓜、落苏、茄包
	58	辣椒	小青椒、番椒、海椒、秦椒、辣茄、大椒、辣子
	59	甜椒	大青椒、菜椒、柿子椒
	60	黄秋葵	羊角豆、补肾菜、秋葵荚、芙蓉葵
	61	酸浆	红姑娘、灯笼草、洛神珠
	62	黄瓜	王瓜、胡瓜、刺瓜、青瓜

（续）

产品类别	序号	产品名称	别名
	63	西葫芦	美洲南瓜、角瓜、葫芦瓜、搅瓜、番瓜
	64	节瓜	毛瓜、毛节瓜、水影瓜
	65	苦瓜	凉瓜、哈哈瓜、癞瓜、金荔枝
	66	丝瓜	布瓜、天罗瓜、天丝瓜、天络瓜
	67	线瓜	
	68	蛇瓜	蛇丝瓜、印度丝瓜、蛇豆
	69	瓠瓜	瓠子、扁蒲、蒲瓜、夜开花、葫芦
	70	冬瓜	东瓜、枕瓜、白冬瓜
	71	南瓜	窝瓜、倭瓜、番瓜、中国南瓜、饭瓜
	72	笋瓜	印度南瓜、玉瓜、北瓜
	73	越瓜	梢瓜、脆瓜
	74	菜瓜	蛇甜瓜
	75	佛手瓜	拳头瓜、隼人瓜、万年瓜、菜肴梨、洋丝瓜、菜苦瓜、合掌瓜
	76	豇豆	长豆角、带豆、裙带豆
	77	菜豆	四季豆
	78	食荚豌豆	
	79	四棱豆	翼豆
蔬菜类	80	扁豆	娥眉豆、眉豆、沿篱豆、鹊豆
	81	刀豆	大刀豆、刀鞘豆
	82	菜用大豆	毛豆、枝豆、青豆
	83	蚕豆	胡豆、罗汉豆、佛豆、马齿豆
	84	豌豆	青元、麦豆
	85	莱豆	利马豆、棉豆、荷包豆、皇帝豆、玉豆
	86	黎豆	狸豆、虎豆、狗爪豆
	87	红花菜豆	龙爪豆、荷包豆或大白云豆
	88	荷兰豆	软荚豌豆、甜荚豌豆
	89	黑吉豆	
	90	刺槐豆荚	角豆荚
	91	菠菜	
	92	普通白菜	小白菜、青菜、油菜
	93	苋菜	苋、仁汉菜、米苋菜、棉苋、苋菜梗
	94	蕹菜	竹叶菜、空心菜、通心菜
	95	茼蒿	蓬蒿、蒿子秆、春菊
	96	大叶茼蒿	
	97	莴苣	茎用莴苣、莴苣笋、青笋、莴菜、生笋

（续）

产品类别	序号	产品名称	别名
蔬菜类	98	莴笋	
	99	苦苣	
	100	落葵	木耳菜、软浆叶、胭脂菜、豆腐菜、软姜子
	101	油麦菜	油荬菜
	102	叶芥菜	散叶芥菜和结球芥菜、包心芥、辣菜、苦菜、石榴红、芥菜、主园菜、梨叶
	103	芹菜	芹、旱芹、药芹菜
	104	小茴香	
	105	球茎茴香	
	106	大白菜	结球白菜、包心白菜、黄芽菜、绍菜、卷心白菜、黄秧白
	107	乌塌菜	塌菜、塌棵菜、油塌菜、太古菜、乌菜
	108	薹菜	
	109	紫菜薹	红菜薹
	110	叶用莴苣	生菜
	111	马齿苋	
	112	芫荽	香菜、香荽、胡荽
	113	叶菾菜	叶甜菜、莙荙菜、牛皮菜、厚皮菜
	114	荠菜	护生草、菱角菜
	115	冬寒菜	冬葵、葵菜、滑肠菜、冬苋菜
	116	番杏	新西兰菠菜、夏菠菜
	117	金花菜	黄花苜蓿、南苜蓿、刺苜蓿、草头
	118	紫背天葵	血皮菜、观音苋
	119	罗勒	毛罗勒、兰香
	120	榆钱菠菜	食用滨藜、洋菠菜
	121	薄荷尖	蕃荷菜
	122	菊苣	欧洲菊苣、苞菜、结球菊苣和软化菊苣
	123	鸭儿芹	三叶芹、野蜀葵
	124	紫苏	荏、赤苏
	125	香芹菜	洋芫荽、旱芹菜、荷兰芹
	126	菊花脑	路边黄、菊花叶、黄菊仔、菊花菜
	127	莳萝	土茴香
	128	甜荬菜	
	129	苦荬菜	
	130	油菜薹	
	131	蒌蒿	蒌蒿薹、芦蒿、水蒿、香艾蒿、小艾、水艾

（续）

产品类别	序号	产品名称	别名
蔬菜类	132	蕺儿根	蕺儿菜、菹菜、鱼腥草、鱼鳞草
	133	食用甘薯叶	
	134	食用芦荟	油葱、龙舌草
	135	结球甘蓝	洋白菜、包菜、圆白菜、卷心菜、莲花白、椰菜
	136	球茎甘蓝	苤头、擘蓝、玉蔓菁、芜菁甘蓝
	137	抱子甘蓝	芽甘蓝、子持甘蓝、汤菜甘蓝
	138	赤球甘蓝	紫甘蓝
	139	花椰菜	花菜、菜花
	140	青花菜	绿菜花、意大利芥蓝、木立花椰菜
	141	芥蓝	白花芥蓝
	142	菜薹	菜心、薹心菜、菜尖
	143	茎芥菜	青菜头、羊角菜
	144	薹芥菜	
	145	子芥菜	蛮油菜、辣油菜、大油菜
	146	分蘖芥	雪里蕻、雪菜、毛芥菜、紫菜英
	147	抱子芥	四川儿菜、芽芥菜
	148	萝卜	
	149	胡萝卜	
	150	根甜菜	
	151	根芹菜	根洋芹、球根塘蒿
	152	根芥菜	
	153	姜	
	154	辣根	马萝卜、西洋山嵛菜
	155	芜菁	盆菜、蔓青、圆根或灰萝卜
	156	桔梗	
	157	马铃薯	土豆、山药蛋、洋芋、地蛋、荷兰薯
	158	山药	大薯、薯蓣、佛掌薯
	159	牛蒡	芋头、芋艿、毛芋
	160	芋	芋头、芋艿、毛芋
	161	葛	葛根、粉葛
	162	魔芋	蒟蒻、麻芋、鬼芋
	163	芜菁甘蓝	紫米菜或洋蔓茎
	164	根荠菜	红菜头、紫菜头
	165	美洲防风	芹菜萝卜、蒲芹萝卜
	166	婆罗门参	西洋牛蒡

(续)

产品类别	序号	产品名称	别名
蔬菜类	167	菊牛蒡	鸦葱、黑婆罗门参
	168	山葵	
	169	豆薯	沙葛、凉薯、新罗葛、土瓜
	170	草食蚕	螺丝菜、宝塔菜、甘露儿、地蚕
	171	菜用土圞儿	美洲土圞儿、香芋
	172	蕉芋	蕉藕、姜芋
	173	菊芋	洋姜、鬼子姜
	174	甘薯	山芋、地瓜、番薯、红苕
	175	木薯	
	176	大蒜	蒜、蒜头、胡蒜
	177	洋葱	葱头、圆葱、团葱、球葱、玉葱
	178	薤	薤头、薤子、三白
	179	韭菜	草钟乳、起阳草、懒人菜、青韭
	180	葱	
	181	青蒜	
	182	蒜苔	蒜苗
	183	百合	
	184	韭黄	
	185	韭菜花	
	186	韭菜苔	
	187	蒜黄	
	188	芦笋	石刁柏
	189	朝鲜蓟	法国百合、荷花百合、洋蓟、洋百合、菜蓟
	190	大黄	菜用大黄、圆叶大黄、酸菜
	191	黄花菜	黄花菜、忘忧草、草萱菜、黄花
	192	竹笋	笋
	193	食用仙人掌	
	194	枸杞尖	枸杞头
	195	襄荷	野姜、山姜
	196	食用菊	甘菊、臭菊
	197	香椿	
	198	款冬	冬花，款冬花，款花
	199	守宫木	天绿香、树仔菜、树菜、越南菜、泰国枸杞菜
	200	刺老芽	龙牙楤木、虎阳刺、刺龙牙、刺嫩芽、树头芽
	201	水芹	楚葵

（续）

产品类别	序号	产品名称	别名
蔬菜类	202	豆瓣菜	西洋菜、水蔊菜、水田芥、水芥菜
	203	茭白	茭瓜、茭笋、菰手
	204	蒲菜	香蒲、蒲草、蒲儿菜、草芽
	205	菱角	
	206	芡	
	207	莲藕	藕
	208	莲子	
	209	荸荠	马蹄
	210	慈姑	茨菰、慈菰
	211	野慈姑	狭叶慈姑、三脚剪、水芋
	212	水雍菜	
食用菌类	213	香菇	香菌、冬菇、香信、香蕈
	214	金针菇	朴菇、构菌、金菇、毛柄金钱菌
	215	平菇	
	216	茶树菇	
	217	鸡腿菇	
	218	棒蘑	
	219	竹荪	僧笠蕈、长裙竹荪
	220	草菇	苞脚菇、兰花菇，中国蘑菇
	221	牛肝菌	牛肚菌
	222	羊肚菌	
	223	口蘑	白蘑、蒙古口蘑、云盘蘑、银盘
	224	松茸	松口蘑
	225	双孢蘑菇	白蘑菇
	226	猴头	猴头菇、猴头蘑、阴阳菇、菜花菌、刺猬菌、对脸蘑、山伏菌
	227	白灵菇	阿魏菇、白灵侧耳、翅鲍菇
	228	杏鲍菇	刺芹侧耳
	229	滑菇	珍珠菇
	230	黄伞	
	231	榆蘑	胶韧革耳、榆耳
	232	凤尾菇	袖珍菇、秀珍菇
	233	斑玉蕈	真姬菇、蟹味菇、海鲜菇
	234	金顶侧耳	榆黄蘑
	235	鲍鱼侧耳	鲍鱼菇
	236	美味蘑菇	高温蘑菇

（续）

产品类别	序号	产品名称	别名
食用菌类	237	大杯伞	猪肚菇、笋菇
	238	小白平菇	小平菇、小百灵
	239	皱环球盖菇	大球盖菇
	240	元蘑	亚侧耳
	241	洛巴口蘑	大白口蘑、大口蘑、金福菇
	242	灰树花	栗子蘑
	243	大肥蘑	
	244	巴西蘑菇	姬松茸
	245	木耳	黑耳、黑木耳、云耳、桑耳、松耳
	246	毛木耳	粗木耳
	247	银耳	白木耳、雪耳
	248	金耳	云南黄木耳
	249	地耳	
	250	血耳	红耳
	251	石耳	
	252	牛舌菌	牛排菌、猪肝菌、猪舌菌
	253	灵芝	红芝
	254	茯苓	
	255	蛹虫草	
	256	冬虫夏草	虫草、夏草冬虫
果品类	257	西瓜	
	258	薄皮甜瓜	
	259	厚皮甜瓜	光皮甜瓜、网纹甜瓜、白兰瓜
	260	哈密瓜	
	261	香瓜	
	262	黑莓	
	263	蓝莓	
	264	醋栗	
	265	欧洲越橘	
	266	桑葚（椹）	
	267	唐棣	
	268	葡萄	
	269	五味子	
	270	猕猴桃	
	271	柿	

（续）

产品类别	序号	产品名称	别名
	272	草莓	
	273	无花果	
	274	树莓	覆盆子、木莓、树梅、野莓、乌蔗子、小托盘、笋蔗子、花蜜托盘、蛇莓、蛇头莓、桑莓、红莓、山莓
	275	鹅莓	
	276	穗醋栗	
	277	石榴	
	278	沙棘	
	279	枸杞	
	280	柑桔	
	281	橘	
	282	甜橙	
	283	酸橙	
	284	柠檬	
	285	来檬	
	286	柚	
	287	金橘	金柑、金桔
果品类	288	佛手柑	
	289	银杏	白果
	290	榛子	
	291	腰果	
	292	松仁	
	293	阿月浑子	开心果
	294	核桃	
	295	板栗	
	296	山核桃	
	297	澳洲坚果	
	298	桃	
	299	油桃	
	300	杏	
	301	杏仁	
	302	枣	
	303	李子	
	304	樱桃	
	305	冬枣	

（续）

产品类别	序号	产品名称	别名
	306	梅	
	307	油柰	
	308	酸枣	
	309	稠李	
	310	欧李	
	311	苹果	
	312	梨	
	313	山楂	
	314	榅桲	木梨
	315	花红	沙果
	316	楸子	海棠果
	317	刺梨	
	318	荔枝	
	319	龙眼	
	320	红毛丹	
	321	木菠萝	菠萝蜜、包蜜
	322	番荔枝	
果品类	323	刺番荔枝	
	324	山竹	
	325	榴莲	
	326	面包果	
	327	凤梨	菠萝、黄梨
	328	罗望子	酸角、酸豆、罗晃子、通血图
	329	角豆	
	330	苹婆	
	331	香蕉	
	332	石榴	
	333	火龙果	
	334	杨桃	
	335	无花果	
	336	西番莲	
	337	黄皮	
	338	莲雾	
	339	蛋黄果	
	340	人心果	

（续）

产品类别	序号	产品名称	别名
果品类	341	番石榴	芭乐
	342	芭蕉	
	343	枇杷	
	344	蒲桃	
	345	番木瓜	
	346	椰子	
	347	槟榔	
	348	芒果	
	349	杨梅	
	350	毛叶枣	
	351	海枣	
	352	橄榄	
	353	白榄	
	354	乌榄	
	355	油橄榄	
	356	油梨	
	357	余甘子	
	358	仁面	
	359	毛叶枣	
	360	鲜食果蔗	
茶叶类	361	绿茶	
	362	红茶	
	363	青茶	
	364	苦丁茶	
	365	白茶	
	366	黄茶	
	367	黑茶	
	368	饮用菊花	
	369	窨茶用茉莉花	
其他类	370	花椒	
	371	白胡椒	
	372	黑胡椒	
	373	八角	
	374	肉桂	
	375	月桂	

（续）

产品类别	序号	产品名称	别名
	376	小茴香	
	377	丁香	
	378	孜然	
	379	小豆蔻	
	380	玉果	
	381	甘牛至	
	382	留兰香	
	383	欧芹	
	384	多香果	
	385	肉豆蔻	
	386	牛至	
	387	香草兰	
	388	人参（鲜）	
	389	西洋参（鲜）	
	390	可食茉莉花	
	391	可食玫瑰花	
	392	可食栀子花	
	393	可食菊花	
其他类	394	可食桂花	
	395	可食梨花	
	396	可食桃花	
	397	可食白兰花	
	398	可食荷花	
	399	可食山茶花	
	400	可食金雀花	
	401	可食百合花	
	402	可食丁香花	
	403	可食芙蓉	
	404	可食月季	
	405	可食海棠	
	406	可食玉兰花	
	407	可食霸王花	
	408	可食大丽花	
	409	葵花籽	
	410	南瓜籽	
	411	西瓜籽	
	412	西葫芦籽	

（续）

产品类别	序号	产品名称	别名
二、畜牧业产品			
畜类	1	猪肉	
	2	生猪	
	3	牛肉	
	4	肉牛	
	5	羊肉	
	6	肉羊	
	7	驴肉	
	8	肉驴	
	9	马肉	
	10	鹿肉	
	11	兔肉	
	12	肉兔	
禽类	13	活鸡	
	14	鸡肉	
	15	活鸭	
	16	鸭肉	
	17	活鹅	
	18	鹅肉	
	19	活火鸡	
	20	火鸡肉	
	21	活鸵鸟	
	22	鸵鸟肉	
	23	活鹌鹑	
	24	鹌鹑肉	
	25	活鹧鸪	
	26	鹧鸪肉	
	27	活鸽	
	28	鸽肉	
鲜禽蛋	29	鲜鸡蛋	
	30	鲜鸭蛋	
	31	鲜鹅蛋	
	32	鲜鸵鸟蛋	
	33	鲜鹌鹑蛋	
	34	鸽蛋	

（续）

产品类别	序号	产品名称	别名
蜂产品	35	蜂蜜	
	36	蜂王浆	
	37	蜂王浆冻干粉	
	38	蜂花粉	
生鲜乳	39	生鲜牛乳	
	40	生鲜羊乳	
	41	生鲜马乳	

三、渔业产品

产品类别	序号	产品名称	别名
淡水鱼	1	草鱼	
	2	青鱼	
	3	鲢	
	4	鳙	
	5	鲮	
	6	鲤	
	7	鲫	
	8	雅罗鱼	
	9	淡水白鲳	
	10	罗非鱼（淡水养殖）	
	11	红鲌	
	12	鲥	
	13	鲚	
	14	拉氏鲅	
	15	丁鲅	
	16	鲴	
	17	花鳎	
	18	厚唇鱼	重唇鱼
	19	马口鱼	
	20	鲂	
	21	鳊	
	22	鲈（淡水养殖）	
	23	尖吻鲈	
	24	大口黑鲈	加州鲈
	25	梭鲈	
	26	条纹鲈	
	27	胭脂鱼	

（续）

产品类别	序号	产品名称	别名
淡水鱼	28	鮎（鲶）	
	29	鳢	
	30	塘鳢（淡水养殖）	
	31	高体革鯻	宝石鲈
	32	鳗鲡	
	33	太阳鱼	
	34	鲴	
	35	鲃	
	36	长吻鮠	
	37	黄颡鱼	
	38	黄鳝	
	39	泥鳅	
	40	鳟	
	41	鲑	大麻哈鱼
	42	大西洋鲑	
	43	细鳞鱼	
	44	鲟（淡水养殖）	
	45	鮡	扁头鱼
	46	狗鱼	
	47	银鱼	
	48	香鱼	
	49	池沼公鱼	
	50	鳇	
	51	鳜	
	52	遮目鱼	
淡水虾	53	沼虾	青虾
	54	克氏原螯虾	小龙虾
	55	凡纳滨对虾（淡水养殖）	南美白对虾
淡水蟹	56	绒螯蟹	河蟹
淡水贝	57	螺（淡水养殖）	
	58	蚌	
	59	蚬	
海水鱼	60	大黄鱼	大黄花鱼
	61	美国红鱼	
	62	鮸鱼	米鱼

产品类别	序号	产品名称	别名
海水鱼	63	黄姑鱼	
	64	褐毛鲿	
	65	大菱鲆	
	66	牙鲆	牙片
	67	舌鳎	左口
	68	鲽	
	69	鲷	
	70	笛鲷	
	71	罗非鱼	
	72	胡椒鲷	
	73	斜带髭鲷	
	74	断斑石鲈	
	75	石斑鱼	
	76	六线鱼	
	77	平鲉	
	78	鲈（海水养殖）	
	79	鲻	
	80	鲅	
	81	鲳鲹	
	82	军曹鱼	
	83	塘鳢（海水养殖）	
海水虾	84	对虾	
	85	虾蛄	
	86	鹰爪虾	
	87	白虾	
	88	毛虾	
	89	龙虾	
海水蟹	90	梭子蟹	
	91	青蟹	
	92	蟳	
海水贝	93	扇贝	
	94	贻贝	
	95	江珧	
	96	牡蛎	
	97	蛤	

（续）

产品类别	序号	产品名称	别名
海水贝	98	西施舌	
	99	方形马珂蛤	四角蛤蜊
	100	鲍	
	101	蛏	
	102	蚶	
	103	螺（海水养殖）	
藻类	104	羊栖菜	
	105	海带	
	106	裙带菜	
	107	紫菜	
	108	麒麟菜	
	109	江蓠	
海参	110	海参	
海蜇	111	海蜇	
蛙类	112	蛙	
龟鳖类	113	鳖	
	114	龟	

注：本目录中畜类、禽类和渔业产品均指法律法规允许用于食用的养殖产品。

绿色食品产品适用标准目录（2017版）

一、种植业产品标准

序号	标准名称	适用产品名称	适用产品别名及说明
1	绿色食品 豆类 NY/T 285—2012	大豆	
		蚕豆	
		豌豆	
		红小豆	赤豆、赤小豆、红豆、小豆
		绿豆	
		菜豆（芸豆）	
		豇豆	
		黑豆	
		饭豆	
		鹰嘴豆	桃豆、鸡豆、鸡头豆、鸡豌豆
		木豆	豆蓉、山豆根、扭豆、三叶豆、野黄豆
		扁豆	蛾眉豆、眉豆
		羽扇豆	
2	绿色食品 茶叶 NY/T 288—2012	绿茶	包括各种绿茶及以绿茶为原料的窨制花茶
		红茶	
		青茶（乌龙茶）	
		黄茶	
		白茶	
		黑茶	普洱茶、紧压茶
3	绿色食品 代用茶 NY/T 2140—2015	代用茶	选用除茶（Camellia sinensis L. O. Kunts）以外，由国家行政主管部门公布的可用于食品的植物花及花蕾、芽叶、果（实）、根茎等为原料，经加工制作，采用冲泡（浸泡或煮）的方式，供人们饮用的产品。涉及保健食品的应符合国家相关规定
4	绿色食品 咖啡 NY/T 289—2012	生咖啡	咖啡鲜果经干燥脱壳处理所得产品
		焙炒咖啡豆	生咖啡经焙炒所得产品
		咖啡粉	焙炒咖啡豆磨碎后的产品
			注：不适用于脱咖啡因咖啡和速溶型咖啡

規 范 标 准 篇

（续）

序号	标准名称	适用产品名称	适用产品别名及说明
5	绿色食品 玉米及玉米粉 NY/T 418—2014	玉米	玉蜀黍、大蜀黍、棒子、苞米、苞谷、玉菱、玉麦、六谷、芦黍和珍珠米
		鲜食玉米	包括甜玉米、糯玉米。同时适用于生、熟产品
		速冻玉米	包括速冻甜玉米、速冻糯玉米。同时适用于生、熟产品
		玉米碴子	玉米粒经脱皮、破碎加工而成的颗粒物，包括玉米仁、玉米糁等
		玉米粉	包括脱胚玉米粉和全玉米粉
6	绿色食品 稻谷 NY/T 2978—2016	稻谷	适用于作为绿色食品稻米原料的稻谷
7	绿色食品 稻米 NY/T 419—2014	大米	
		糙米	稻谷脱壳后保留着皮层和胚芽的米
		胚芽米	胚芽保留率达 75% 以上，加工精度符合 GB1354 规定的三等或三等以上的精米
		蒸谷米	稻谷经清理、浸泡、蒸煮、干燥等处理后，再按常规稻谷碾米加工方法生产的稻米
		黑米	
		红米	糙米天然色泽为棕红色的稻米
8	绿色食品 花生及制品 NY/T 420—2009	食用花生（果、仁）	
		油用花生（果、仁）	
		煮花生（果、仁）	
		烤花生（果、仁）	
		油炸花生仁	
		咸干花生（果、仁）	
		裹衣花生	包括淀粉型、糖衣型、混合型
		花生类糖制品	以花生仁、糖为主要原料，添加适量果仁或其他辅料制成的花生类糖制品，包括酥松型、酥脆型、半软质型和蛋酥型
		花生蛋白粉	
		花生组织蛋白	
		花生酱	包括纯花生酱、稳定型花生酱、颗粒型花生酱
9	绿色食品 小麦及小麦粉 NY/T 421—2012	小麦	
		小麦粉	亦称面粉。小麦加工成的粉状产品。按其品质特性，可分为强筋小麦粉、中筋小麦粉、弱筋小麦粉和普通小麦粉等
		全麦粉	保留全部或部分麦皮的小麦粉

· 125 ·

（续）

序号	标准名称	适用产品名称	适用产品别名及说明
10	绿色食品 柑橘类水果 NY/T 426—2012	宽皮柑橘类鲜果	
		甜橙类鲜果	
		柚类鲜果	
		柠檬类鲜果	
		金柑类鲜果	
		杂交柑橘类鲜果	
11	绿色食品 西甜瓜 NY/T 427—2016	薄皮甜瓜	果肉厚度一般不大于2.5 cm的甜瓜
		厚皮甜瓜	果肉厚度一般大于2.5 cm的甜瓜
		西瓜	包括普通西瓜、籽用西瓜（打瓜）、无籽西瓜及用于腌制或育种的小西瓜等
12	绿色食品 白菜类蔬菜 NY/T 654—2012	结球白菜	大白菜、黄芽菜
		普通白菜（小白菜）	青菜、小油菜
		乌塌菜	黑菜、塌棵菜、太古菜、瓢儿菜、乌金白
		紫菜薹	红菜薹、红油菜薹
		菜薹（心）	菜心、薹心菜、绿菜薹
		薹菜	青菜
13	绿色食品 茄果类蔬菜 NY/T 655—2012	番茄	西红柿、洋柿子、番柿、柿子、火柿子
		樱桃番茄	洋小柿子、小西红柿
		茄子	古名伽、落苏、酪酥、昆仑瓜、小菰、紫膨亨
		辣椒	番椒、海椒、秦椒、辣茄、辣子
		甜椒	青椒、菜椒
		酸浆	红姑娘、灯笼草、洛神珠、洋姑娘、酸浆番茄
		香瓜茄	南美香瓜梨、人参果、香艳茄
		树番茄	木番茄、木立番茄
		少花龙葵	天茄子、老鸦酸浆草、光果龙葵、乌子菜、乌茄子
14	绿色食品 绿叶类蔬菜 NY/T 743—2012	菠菜	波斯草、赤根菜、角菜、红根菜
		芹菜	芹、旱芹、药芹、野圆荽、塘蒿、苦堇
		落葵	木耳菜、软浆叶、胭脂菜、藤菜
		莴苣	生菜、千斤菜
		莴笋	莴苣笋、青笋、莴菜
		油麦菜	
		蕹菜	竹叶菜、空心菜、通菜
		小茴香	土茴香、洋茴香
		球茎茴香	结球茴香、意大利茴香、甜茴香
		苋菜	苋、米苋

（续）

序号	标准名称	适用产品名称	适用产品别名及说明
14	绿色食品　绿叶类蔬菜 NY/T 743—2012	青葙	土鸡冠、青箱子、野鸡冠
		芫荽	香菜、胡荽、香荽
		叶荟菜	莙荙菜、厚皮菜、牛皮菜、火焰菜
		大叶茼蒿	板叶茼蒿、菊花菜、大花茼蒿、大叶蓬蒿
		茼蒿	蒿子秆、蓬蒿、春菊
		荠菜	护生草、菱角草、地米菜
		冬寒菜	冬葵、葵菜、滑肠菜、葵、滑菜、冬苋菜、露葵
		番杏	新西兰菠菜、洋菠菜、夏菠菜、毛菠菜
		菜苜蓿	黄花苜蓿、南苜蓿、刺苜蓿、草头、菜苜蓿
		紫背天葵	血皮菜、观音苋、红凤菜
		榆钱菠菜	食用滨藜、洋菠菜、山菠菜、法国菠菜
		鸭儿芹	三叶芹、野蜀葵、山芹菜
		芽球菊苣	欧洲菊苣、苞菜
		苦苣	花叶生菜、花苣、菊苣菜
		苦荬菜	取麻菜、苦苣菜
		苦苣菜	秋苦苣菜、盘儿菜
		酸模	山菠菜、野菠菜、酸溜溜
		独行菜	家独行菜、胡椒菜、麦秸菜、英菜、辣椒菜
		珍珠菜	野七里香、角菜、白苞菜、珍珠花
		芝麻菜	火箭生菜、臭菜
		白花菜	羊角菜、凤蝶菜
		菜用黄麻	斗鹿、莫洛海芽、甜麻、埃及野麻婴、埃及锦葵
		土人参	假人参、参仔叶、珊瑚花、土高丽参、土洋参
		藤三七	落葵薯、类藤菜、马地拉落葵、川七、洋落葵、云南白菜
		香芹菜	洋芫荽、旱芹菜、荷兰芹、欧洲没药
		根香芹菜	根用香芹
		罗勒	九层塔、光明子、寒陵香、零陵香
		薄荷	番荷菜、接骨菜、苏薄荷、仁丹草
		荆芥	猫食草
		迷迭香	万年志、艾菊
		百里香	麝香草、麝香菜
		牛至	五香草、马脚兰、滇香薷、白花茵陈、花薄荷
		香蜂花	香美利
		香茅	柠檬草、柠檬茅、芳香草、大风草
		琉璃苣	滨来香菜

(续)

序号	标准名称	适用产品名称	适用产品别名及说明
14	绿色食品 绿叶类蔬菜 NY/T 743—2012	藿香	合香、山茴香、山薄荷、土藿香
		紫苏	荏、赤苏、白苏、回回苏
		芸香	香草
		莳萝	土茴香、洋茴香、茴香草
		食用甘薯叶	
15	绿色食品 葱蒜类蔬菜 NY/T 744—2012	韭菜	草钟乳、起阳草、懒人草
		大葱	水葱、青葱、木葱、汉葱
		洋葱	葱头、圆葱
		分蘖洋葱	株葱、分蘖葱头、冬葱
		顶球洋葱	顶葱头、櫓葱、埃及葱头
		大蒜	蒜、胡蒜、蒜子
		蒜薹	蒜毫
		蒜苗	
		蒜黄	
		薤	藠头、藠子、荞头
		韭葱	扁葱、扁叶葱、洋蒜苗、洋大蒜
		细香葱	四季葱、香葱、细葱
		分葱	四季葱、菜葱、冬葱、红葱头
		胡葱	火葱、蒜头葱、瓣子葱
		楼葱	龙爪葱、龙角葱
16	绿色食品 根菜类蔬菜 NY/T 745—2012	萝卜	莱菔、芦菔、葵、地苏、萝卜
		四季萝卜	小萝卜
		胡萝卜	红萝卜、黄萝卜、番萝卜、丁香萝卜、赤珊瑚、黄根
		芜菁	蔓菁、圆根、盘菜、九英菘
		芜菁甘蓝	洋蔓菁、洋大头菜、洋疙瘩、根用甘蓝、瑞典芜菁
		美洲防风	芹菜萝卜、蒲芹萝卜
		根甜菜	红菜头、紫菜头、火焰菜
		婆罗门参	西洋牛蒡、西洋白牛蒡
		黑婆罗门参	鸦葱、菊牛蒡、黑皮牡蛎菜
		牛蒡	大力子、蝙蝠刺、东洋萝卜
		桔梗	道拉基、和尚头、铃铛花
		山葵	瓦萨比、山姜、泽葵、山嵛菜
		根芹菜	根用芹菜、根芹、根用塘蒿、旱芹菜根

（续）

序号	标准名称	适用产品名称	适用产品别名及说明
17	绿色食品　甘蓝类蔬菜 NY/T 746—2012	结球甘蓝	洋白菜、包菜、圆白菜、卷心菜、椰菜、包心菜、茴子菜、莲花白、高丽菜
		赤球甘蓝	红玉菜、紫甘蓝、红色高丽菜
		抱子甘蓝	芽甘蓝、子持甘蓝
		皱叶甘蓝	缩叶甘蓝
		羽衣甘蓝	绿叶甘蓝、叶牡丹、花苞菜
		花椰菜	花菜、菜花
		青花菜	绿菜花、意大利芥蓝、木立花椰菜、西兰花、嫩茎花椰菜
		球茎甘蓝	苤蓝、擘蓝、松根、玉蔓菁、芥蓝头
		芥蓝	白花芥蓝
18	绿色食品　瓜类蔬菜 NY/T 747—2012	黄瓜	胡瓜、王瓜、青瓜、刺瓜
		冬瓜	枕瓜、水芝、东瓜
		节瓜	节冬瓜、毛瓜
		南瓜	倭瓜、番瓜、饭瓜、中国南瓜、窝瓜
		笋瓜	印度南瓜、玉瓜、北瓜
		西葫芦	美洲南瓜、角瓜、西洋南瓜、白瓜
		飞碟瓜	碟形西葫芦
		越瓜	梢瓜、脆瓜、酥瓜
		菜瓜	蛇甜瓜、酱瓜、老羊瓜
		普通丝瓜	水瓜、蛮瓜、布瓜
		有棱丝瓜	棱角丝瓜
		苦瓜	凉瓜、锦荔枝
		癞苦瓜	癞荔枝、癞葡萄、癞蛤蟆
		瓠瓜	扁蒲、蒲瓜、葫芦、夜开花
		蛇瓜	蛇丝瓜、蛇王瓜、蛇豆
		佛手瓜	瓦瓜、拳手瓜、万年瓜、隼人瓜、洋丝瓜、合掌瓜、菜肴梨
19	绿色食品　豆类蔬菜 NY/T 748—2012	菜豆	四季豆、芸豆、玉豆、豆角、芸扁豆、京豆、敏豆
		多花菜豆	龙爪豆、大白芸豆、荷包豆、红花菜豆
		长豇豆	豆角、长豆角、带豆、筷豆、长荚豇豆
		扁豆	峨眉豆、眉豆、沿篱豆、鹊豆、龙爪豆
		莱豆	利马豆、雪豆、金甲豆、棉豆、荷包豆、白豆、观音豆
		蚕豆	胡豆、罗汉豆、佛豆、寒豆
		刀豆	大刀豆、关刀豆、菜刀豆
		豌豆	回回豆、荷兰豆、麦豆、青斑豆、麻豆、青小豆
		食荚豌豆	荷兰豆
		四棱豆	翼豆、四稔豆、杨桃豆、四角豆、热带大豆
		菜用大豆	毛豆、枝豆
		藜豆	狸豆、虎豆、狗爪豆、八升豆、毛毛豆、毛胡豆

（续）

序号	标准名称	适用产品名称	适用产品别名及说明
20	绿色食品　食用菌 NY/T 749—2012	香菇	香蕈、冬菇、香菌
		草菇	美味苞脚菇、兰花菇、秆菇、麻菇
		平菇	青蘑、北风菌、桐子菌
		杏鲍菇	干贝菇、杏仁鲍鱼菇
		白灵菇	阿魏菇、百灵侧耳、翅鲍菇
		双孢蘑菇	洋蘑菇、白蘑菇、蘑菇、洋菇、双孢菇
		杨树菇	柱状田头菇、茶树菇、茶薪菇、柳松蘑、柳环菌
		松茸	松蘑、松蕈、鸡丝菌
		金针菇	冬菇、毛柄金钱菇、朴菇、朴菰
		黑木耳	光木耳、云耳、粗木耳、白背木耳、黄背木耳
		银耳	白木耳、雪耳
		金耳	称黄木耳、金黄银耳、黄耳、脑耳
		猴头菇	刺猬菌、猴头蘑、猴头菌
		灰树花	贝叶多孔菌、莲花菌、云蕈、栗蕈、千佛菌、舞茸
		竹荪	僧竺蕈、竹参、竹笙、网纱菌
		口蘑	白蘑、蒙古口蘑
		羊肚菌	羊肚子、羊肚菜、美味羊肚菌
		鸡腿菇	毛头鬼伞
		毛木耳	
		榛蘑	蜜环菌、蜜色环蕈、蜜蘑、栎蘑、根索蕈、根腐蕈
		鸡油菌	鸡蛋黄菌、杏菌
		真姬菇	玉蕈、斑玉蕈、蟹味菇、海鲜菇
		白玉菇	
		鹿茸菇	
		虫草	应为经国家卫计委批准列入新食品原料名单中的品种
		灵芝	应为经国家卫计委批准列入"可用于保健食品的真菌菌种名单"中的品种，申报企业应取得保健食品生产许可证
		食用菌粉	
		人工培养的食用菌菌丝体及其菌丝粉	
			注：干品包括压缩食用菌、颗粒食用菌，标准中"干湿比"指标仅适用于压缩食用菌产品

（续）

序号	标准名称	适用产品名称	适用产品别名及说明
21	绿色食品 薯芋类蔬菜 NY/T 1049—2015	马铃薯	土豆、山药蛋、洋芋、地蛋、荷兰薯、爪哇薯、洋山芋
		生姜	姜、黄姜
		魔芋	蒟芋、蒟头、磨芋、蛇头草、花梗莲、麻芋子
		山药	大薯、薯蓣、佛掌薯、白苕、脚板苕
		豆薯	沙葛、凉薯、新罗葛、地瓜、土瓜
		菊芋	洋姜、鬼子姜
		草食蚕	螺丝菜、宝塔菜、甘露儿、地蚕、罗汉
		蕉芋	蕉藕、姜芋、食用没人蕉
		葛	葛根、粉葛
		香芋	美洲土圞儿、地栗子
		甘薯	山芋、地瓜、番薯、红苕、番芋、红薯、白薯
		木薯	木番薯、树薯
		菊薯	雪莲果、雪莲薯、地参果
22	绿色食品 芥菜类蔬菜 NY/T 1324—2015	根芥菜	大头菜、疙瘩菜、芥菜头、春头、生芥
		叶芥菜	包括大叶芥、小叶芥、宽柄芥、叶瘤芥、长柄芥、花叶芥、凤尾芥、白花芥、卷心芥、结球芥、分蘖芥
		茎芥菜	包括茎瘤芥、抱子芥（儿菜、娃娃菜）、笋子芥（棒菜）
		薹芥菜	
23	绿色食品 芽苗类蔬菜 NY/T 1325—2015	绿豆芽	
		黄豆芽	
		黑豆芽	
		青豆芽	
		红豆芽	
		蚕豆芽	
		红小豆芽	
		豌豆苗	
		花生芽	
		苜蓿芽	
		小扁豆芽	
		萝卜芽	
		菘蓝芽	
		沙芥芽	
		芥菜芽	
		芥蓝芽	
		白菜芽	

(续)

序号	标准名称	适用产品名称	适用产品别名及说明
23	绿色食品 芽苗类蔬菜 NY/T 1325—2015	独行菜芽	
		种芽香椿	
		向日葵芽	
		荞麦芽	
		胡椒芽	
		紫苏芽	
		水芹芽	
		小麦苗	
		蕹菜芽	
		芝麻芽	
		黄秋葵芽	
24	绿色食品 多年生蔬菜 NY/T 1326—2015	百合	夜合、中蓬花
		菜用枸杞	枸杞头、枸杞菜
		芦笋	石刁柏、龙须菜
		辣根	西洋山嵛菜、山葵萝卜
		菜蓟	朝鲜蓟、法国百合、荷花百合、洋蓟
		襄荷	阳藿、野姜、襄草、茗荷
		食用大黄	圆叶大黄
		黄秋葵	秋葵、羊角豆
25	绿色食品 水生蔬菜 NY/T 1405—2015	茭白	茭瓜、茭笋、菰笋
		慈姑	茨菰、慈菰
		菱	菱角、风菱、乌菱、菱实
		荸荠	地栗、马蹄、乌芋、凫茈
		芡实	鸡头、鸡头米、水底黄蜂、芡
		豆瓣菜	西洋菜、水蔊菜、水田芥、荷兰芥
		水芹	刀芹、楚葵、蜀芹、紫堇
		莼菜	马蹄菜、水荷叶、水葵、露葵、湖菜、凫葵
		蒲菜	香蒲、蒲草、甘蒲蒲儿菜、草芽
		水芋	
26	绿色食品 食用花卉 NY/T 1506—2015	茉莉花	
		玫瑰花	
		菊花	
		金雀花	
		代代花	
		槐花	
		金银花	
		其他国家批准的可食用花卉	注：本标准仅适用于食用花卉的鲜品

（续）

序号	标准名称	适用产品名称	适用产品别名及说明
27	绿色食品　热带、亚热带水果 NY/T 750—2011	荔枝	
		龙眼	
		香蕉	
		菠萝	
		芒果	
		枇杷	
		黄皮	
		番木瓜	木瓜、番瓜、万寿果、乳瓜、石瓜
		番石榴	
		杨梅	
		杨桃	
		橄榄	
		红毛丹	
		毛叶枣	印度枣、台湾青枣
		莲雾	天桃、水蒲桃、洋蒲桃
		人心果	吴凤柿、赤铁果、奇果
		西番莲	鸡蛋果、受难果、巴西果、百香果、藤桃
		山竹	
		火龙果	
		菠萝蜜	
		番荔枝	洋波罗、佛头果
		青梅	
28	绿色食品　温带水果 NY/T 844—2010	苹果	
		梨	
		桃	
		草莓	
		山楂	
		柰子	俗称沙果，别名文林果、花红果、林擒、五色来、联珠果
		蓝莓	别名笃斯、都柿、甸果等
		无花果	映日果、奶浆果、蜜果等
		树莓	覆盆子、悬钩子、野莓、乌藨（biao）子
		桑葚	桑果、桑枣
		猕猴桃	
		葡萄	
		樱桃	

（续）

序号	标准名称	适用产品名称	适用产品别名及说明
28	绿色食品 温带水果 NY/T 844—2010	枣	
		杏	
		李	
		柿	
		石榴	
29	绿色食品 大麦及 大麦粉 NY/T 891—2014	啤酒大麦	
		食用大麦	用于食用的皮大麦（带壳大麦）和裸大麦
		大麦粉	大麦加工成的用于食用的粉状产品
30	绿色食品 燕麦及 燕麦粉 NY/T 892—2014	燕麦	裸燕麦、莜麦
		燕麦粉	以裸燕麦为原料，经初级加工制成的粉状产品
		燕麦米	以裸燕麦为原料，经去杂、打毛、湿热处理和烘干等加工工序制得的粒状产品
31	绿色食品 粟米及 粟米粉 NY/T 893—2014	粟米	小米、稞子
		黍米	亦称大黄米、软黄米，是由黍经碾磨加工除去皮层的粒状产品
		稷米	亦称稷子米，糜子米，是稷经碾磨加工除去皮层的粒状产品
		粟米粉	由小米、黍米、稷米等经加工制成的粉状产品
32	绿色食品 荞麦及 荞麦粉 NY/T 894—2014	荞麦	乌麦、花荞、甜荞、荞子、胡荞麦
		荞麦米	荞麦果实脱去外壳后得到的含种皮或不含种皮的籽粒
		荞麦粉	荞麦经清理除杂去壳后直接碾磨成的粉状产品
			注：本标准适用于甜荞麦和苦荞麦
33	绿色食品 高粱 NY/T 895—2015	高粱	蜀黍、秫秫、芦粟、荻子
		高粱米	
34	绿色食品 杂粮米 NY/T 2974—2016	杂粮米	通过碾磨、脱壳将各种谷类、麦类、豆类、薯类等杂粮直接掺混的产品
		杂粮米制品	碾磨、脱壳、磨粉后将各种谷类、麦类、豆类、薯类等杂粮按照一定的营养配比，混合加工制得的产品
35	绿色食品 薏仁及 薏仁粉 NY/T 2977—2016	薏仁	包括薏仁和带皮薏仁
		薏仁粉	经薏仁或带皮薏仁研磨而成的粉状物
			注：不适用于即食薏仁粉
36	绿色食品 香辛料及 其制品 NY/T 901—2011	菖蒲	使用部分：根茎
		蒜	使用部分：鳞茎
		高良姜	使用部分：根、茎
		豆蔻	使用部分：果实、种子
		香豆蔻	使用部分：果实、种子

（续）

序号	标准名称	适用产品名称	适用产品别名及说明
36	绿色食品　香辛料及其制品 NY/T 901—2011	香草	使用部分：果实
		砂仁	使用部分：果实
		莳萝、土茴香	使用部分：果实、种子
		圆叶当归	使用部分：果、嫩枝、根
		辣根	使用部分：根
		黑芥籽	使用部分：果实
		龙蒿	使用部分：叶、花序
		刺山柑	使用部分：花蕾
		葛缕子	使用部分：果实
		桂皮、肉桂	使用部分：树皮
		阴香	使用部分：树皮
		大清桂	使用部分：树皮
		芫荽	使用部分：种子、叶
		枯茗	俗称：孜然，使用部分：果实
		姜黄	使用部分：根、茎
		香茅	使用部分：叶
		枫茅	使用部分：叶
		小豆蔻	使用部分：果实
		阿魏	使用部分：根、茎
		小茴香	使用部分：果实、梗、叶
		甘草	使用部分：根
		八角	大料、大茴香、五香八角，使用部分：果实
		刺柏	使用部分：果实
		山奈	使用部分：根、茎
		木姜子	使用部分：果实
		月桂	使用部分：叶
		薄荷	使用部分：叶、嫩芽
		椒样薄荷	使用部分：叶、嫩芽
		留兰香	使用部分：叶、嫩芽
		调料九里香	使用部分：叶
		肉豆蔻	使用部分：假种皮、种仁
		甜罗勒	使用部分：叶、嫩芽
		甘牛至	使用部分：叶、花序
		牛至	使用部分：叶、花
		欧芹	使用部分：叶、种子

（续）

序号	标准名称	适用产品名称	适用产品别名及说明
36	绿色食品 香辛料及其制品 NY/T 901—2011	多香果	使用部分：果实、叶
		荜拨	使用部分：果实
		黑胡椒、白胡椒	使用部分：果实
		迷迭香	使用部分：叶、嫩芽
		白欧芥	使用部分：种子
		丁香	使用部分：花蕾
		罗晃子	使用部分：果实
		蒙百里香	使用部分：嫩芽、叶
		百里香	使用部分：嫩芽、叶
		香旱芹	使用部分：果实
		葫芦巴	使用部分：果实
		香荚兰	使用部分：果荚
		花椒	使用部分：果实，适用于保鲜花椒产品，水分指标不作为判定依据
		姜	使用部分：根、茎
		即食香辛料调味粉	干制香辛料经研磨和灭菌等工艺过程加工而成的，可供即食的粉末状产品
			注：上述香辛料产品除特殊说明外，均只适用于干制品；本标准不适用于辣椒及其制品
37	绿色食品 瓜籽 NY/T 902—2015	葵花籽	包括油葵籽
		南瓜籽	
		西瓜籽	
		瓜蒌籽	
			注：本标准适用于葵花籽、南瓜籽、西瓜籽和瓜蒌籽的生瓜籽及籽仁，不适用于烘炒类等进行熟制工艺加工的瓜籽及籽仁
38	绿色食品 坚果 NY/T 1042—2014	核桃	胡桃
		山核桃	
		榛子	
		香榧	
		腰果	鸡腰果、介寿果、槚如树
		松籽	
		杏仁	
		开心果	阿月浑子、无名子
		扁桃	巴旦木
		澳洲坚果	夏威夷果

（续）

序号	标准名称	适用产品名称	适用产品别名及说明
38	绿色食品　坚果 NY/T 1042—2014	鲍鱼果	
		板栗	栗子、毛栗
		橡子	
		银杏	白果
		芡实（米）	鸡头米、鸡头苞、鸡头莲、刺莲藕
		莲子	莲肉、莲米
		菱角	芰、水栗子
			注：本标准适用于上述鲜或干的坚果及其果仁，也适用于以坚果为主要原料，不添加辅料，经水煮、蒸煮等工艺制成的原味坚果制品。本标准微生物限量仅适用于原味坚果制品
39	绿色食品　人参和 西洋参 NY/T 1043—2016	保鲜参	以鲜人参为原料，洗刷后经过保鲜处理，能够较长时间贮藏的人参产品
		活性参（冻干参）	以鲜边条人参为原料，刮去表皮，采用真空低温冷冻（−25℃）干燥技术加工而成的产品
		生晒参	以鲜人参为原料，刷洗除须后，晒干或烘干而成的人参产品
		红参	以鲜人参为原料，经过刷洗、蒸制、干燥的人参产品
		人参蜜片	鲜人参洗刷后，将主根切成薄片，采用热水轻烫或短时间蒸制，浸蜜，干燥加工制成的人参产品
		西洋参	鲜西洋参（Panax quinquefolium L.）的根及根茎经洗净烘干、冷冻干燥或其他方法干燥制成的产品
			注：申报西洋参相关产品的企业应取得保健食品生产许可证
40	绿色食品　枸杞及 枸杞制品 NY/T 1051—2014	枸杞鲜果	野生或人工栽培，经过挑选、预冷、冷藏和包装的新鲜枸杞产品
		枸杞干果	以枸杞鲜果为原料，经预处理后，自然晾晒、热风干燥、冷冻干燥等工艺加工而成的枸杞产品
		枸杞原汁	以枸杞鲜果为原料，经过表面清洗、破碎、均质、杀菌、灌装等工艺加工而成的枸杞产品
		枸杞原粉	以枸杞干果为原料，经研磨、粉碎等工艺加工而成的粉状枸杞产品
41	绿色食品　山野菜 NY/T 1507—2016	薇菜	大巢菜、野豌豆、牛毛广、紫萁
		蜂斗菜	掌叶菜、蛇头草
		马齿苋	长命菜、五行草、瓜子菜、马齿菜
		蕈菜	辣米菜、野油菜、塘葛菜
		蒌蒿	芦蒿、水蒿、水艾、蒌蒿蒿
		沙芥	山萝卜、沙萝卜、沙芥菜

(续)

序号	标准名称	适用产品名称	适用产品别名及说明
41	绿色食品 山野菜 NY/T 1507—2016	马兰	马兰头、鸡儿肠
		蕺菜	鱼腥草、鱼鳞草、蕺儿菜
		多齿蹄盖蕨	猴腿蹄盖蕨
		守宫木	树仔菜、五指山野菜、越南菜
		蒲公英	孛孛丁、蒲公草
		东风菜	山白菜、草三七、大耳毛
		野茼蒿	革命菜、野塘蒿、安南菜
		山莴苣	山苦菜、北山莴苣
		菊花脑	
		歪头菜	野豌豆、歪头草、歪脖菜
		锦鸡儿	黄雀花、阳雀花、酱瓣子
		山韭菜	野韭菜
		薤白	小根蒜、山蒜、小根菜、野蒜、野葱
		野葱	沙葱、麦葱、山葱
		雉隐天冬	龙须菜
		茖葱	寒葱、茖葱
		黄精	鸡格、兔竹、鹿竹
		紫萼	河白菜、东北玉簪、剑叶玉簪
		野蔷薇	刺花、多花蔷薇
		小叶芹	东北羊角芹
		野芝麻	白花菜、野藿香、地蚤
		香茶菜	野苏子、龟叶草、铁菱角
		败酱	黄花龙牙、黄花苦菜、山芝麻
		海州常山	斑鸠菜
		苦刺花	白刺花、狼牙刺
42	绿色食品 油菜籽 NY/T 2982—2016	油菜籽	适用于加工食用油的油菜籽
	二、畜禽产品标准		
43	绿色食品 乳制品 NY/T 657—2012	液态乳	包括生乳、巴氏杀菌乳、灭菌乳、调制乳
		发酵乳	包括发酵乳和风味发酵乳
		炼乳	包括淡炼乳、加糖炼乳和调制炼乳
		乳粉	包括乳粉和调制乳粉
		干酪	包括软质干酪、半软质干酪、硬质干酪、特硬质干酪
		再制干酪	
		奶油	包括稀奶油、奶油和无水奶油
			注：不适用于乳清制品、婴幼儿配方奶粉和人造奶油

（续）

序号	标准名称	适用产品名称	适用产品别名及说明
44	绿色食品　蜂产品 NY/T 752—2012	蜂蜜	
		蜂王浆	
		蜂王浆冻干粉	
		蜂花粉	
			注：本标准不适用于蜂胶、蜂蜡及其制品
45	绿色食品　禽肉 NY/T 753—2012	鲜、冷却或冻胴体禽	
		鲜、冷却或冻分割禽	不包括禽内脏、禽骨架
46	绿色食品　蛋及蛋制品 NY/T 754—2011	鲜蛋	
		皮蛋	
		卤蛋	
		咸蛋	包括生、熟咸蛋制品
		咸蛋黄	
		糟蛋	
		巴氏杀菌冰全蛋	
		冰蛋黄	
		冰蛋白	
		巴氏杀菌全蛋粉	
		蛋黄粉	
		蛋白片	
		巴氏杀菌全蛋液	
		巴氏杀菌蛋白液	
		巴氏杀菌蛋黄液	
		鲜全蛋液	
		鲜蛋白液	
		鲜蛋黄液	
47	绿色食品　畜肉 NY/T　2799—2015	猪肉	
		牛肉	
		羊肉	
		马肉	
		驴肉	
		兔肉	
			注：本标准适用于上述畜肉的鲜肉、冷却肉及冷冻肉；不适用于畜内脏、混合畜肉和辐照畜肉

（续）

序号	标准名称	适用产品名称	适用产品别名及说明
48	绿色食品 畜禽肉制品 NY/T 843—2015	调制肉制品	包括冷藏调制肉类（如鱼香肉丝等菜肴式肉制品）和冷冻调制肉制品（如肉丸、肉卷、肉糕、肉排、肉串等）
		腌腊肉制品	包括咸肉类（如腌咸肉、板鸭、酱封肉等）；腊肉类（如腊猪肉、腊牛肉、腊羊肉、腊鸡、腊鸭、腊兔、腊乳猪等）；腊肠类（如腊肠、风干肠、枣肠、南肠、香肚、发酵香肠等）；风干肉类（如风干牛肉、风干羊肉、风干鸡等）
		酱卤肉制品	包括卤肉类（如盐水鸭、嫩卤鸡、白煮羊头、肴肉等）；酱肉类（如酱肘子、酱牛肉、酱鸭、扒鸡等）
		熏烧焙烤肉制品	包括熏烤肉类（如熏肉、熏鸡、熏鸭）；烧烤肉类（如盐焗鸡、烤乳猪、叉烧肉等）；熟培根类（如五花培根、通脊培根等）
		肉干制品	包括肉干、肉松、肉脯
		肉类罐头	不包括内脏类的所有肉罐头
49	绿色食品 畜禽可食用副产品 NY/T 1513—2007	畜禽可食用的生鲜副产品	畜（猪、牛、羊、兔等）禽（鸡、鸭、鹅、鸽、雀等）的舌、肾、肝、肚、肠、心、肺、胗等可食用的生鲜食品
		畜禽可食用的熟副产品	以生鲜畜禽副产品经酱、卤熏、烤、腌、蒸、煮等任何一种或多种加工方法制成的直接可食用的制品

三、渔业产品标准

序号	标准名称	适用产品名称	适用产品别名及说明
50	绿色食品 虾 NY/T 840—2012	活虾	
		鲜虾	
		速冻生虾	包括冻全虾、去头虾、带尾虾和虾仁
		速冻熟虾	
51	绿色食品 蟹 NY/T 841—2012	淡水蟹活品	
		海水蟹活品	
		海水蟹冻品	包括冻梭子蟹、冻切蟹、冻蟹肉
52	绿色食品 鱼 NY/T 842—2012	活鱼	包括淡水、海水产品
		鲜鱼	包括淡水、海水产品
		去内脏冷冻的初加工鱼产品	包括淡水、海水产品
53	绿色食品 龟鳖类 NY/T 1050—2006	中华鳖	甲鱼、团鱼、王八、元鱼
		黄喉拟水龟	
		三线闭壳龟	金钱龟、金头龟、红肚龟
		红耳龟	巴西龟、巴西彩龟、秀丽锦龟、彩龟
		鳄龟	肉龟、小鳄龟、小鳄鱼龟
		其他淡水养殖的食用龟鳖	不包括非人工养殖的野生龟鳖

（续）

序号	标准名称	适用产品名称	适用产品别名及说明
54	绿色食品 海水贝 NY/T 1329—2007	牡蛎活体和冻品	
		扇贝活体和冻品	
		贻贝活体和冻品	
		蛤活体和冻品	
		蛏活体和冻品	
		蚶活体和冻品	
		鲍活体和冻品	
		螺活体和冻品	
		蚬活体和冻品	
			注：冻品包括煮熟冻品
55	绿色食品 海参及制品 NY/T 1514—2007	活海参	
		盐渍海参	
		干海参	
		即食海参	
		海参液	
56	绿色食品 海蜇及制品 NY/T 1515—2007	盐渍海蜇皮	
		盐渍海蜇头	
		即食海蜇	
57	绿色食品 蛙类及制品 NY/T 1516—2007	活蛙	包括牛蛙、虎纹蛙、棘胸蛙、林蛙、美蛙等可供人们安全食用的养殖蛙类
		鲜蛙体	
		蛙类干产品	
		蛙类冷冻产品	
		林蛙油	
58	绿色食品 藻类及 其制品 NY/T 1709—2011	干海带	
		盐渍海带	
		即食海带	
		干紫菜	
		即食紫菜	
		干裙带菜	
		盐渍裙带菜	
		即食裙带菜	
		螺旋藻粉	
		螺旋藻片	
		螺旋藻胶囊	

（续）

序号	标准名称	适用产品名称	适用产品别名及说明
59	绿色食品 头足类水产品 NY/T 2975—2016	头足类水产品	海洋捕捞的乌贼目（sepiidae）所属的各种乌贼（又称墨鱼，如乌贼、金乌贼、微鳍乌贼、曼氏无针乌贼等）；枪乌贼目（teuthida）所属的各种鱿鱼（又称枪乌贼、柔鱼、笔管等）；八腕目（octopoda）所属的各种章鱼及蛸（如船蛸、长蛸、短蛸、真蛸等）的鲜活品、冻品和解冻品

四、加工产品标准

序号	标准名称	适用产品名称	适用产品别名及说明
60	绿色食品 啤酒 NY/T 273—2012	淡色啤酒	色度 2 EBC～14 EBC 的啤酒
		浓色啤酒	色度 15 EBC～40 EBC 的啤酒
		黑色啤酒	色度大于等于 41 EBC 的啤酒
		特种啤酒	包括干啤酒、低醇啤酒、小麦啤酒、浑浊啤酒、冰啤酒。特种啤酒的理化指标除特征指标外，其他理化指标应符合相应啤酒（淡色、浓色、黑色啤酒）要求
61	绿色食品 葡萄酒 NY/T 274—2014	平静葡萄酒	20 ℃时，二氧化碳压力小于 0.05 MPa 的葡萄酒，按含糖量分为干、半干、半甜、甜四种类型
		低泡葡萄酒	按含糖量分为干、半干、半甜、甜四种类型
		高泡葡萄酒	按含糖量分为天然、绝干、干、半干、甜五种类型
62	绿色食品 食用糖 NY/T 422—2016	原糖	以甘蔗汁经清净处理、煮炼结晶、离心分蜜制成的带有糖蜜、不供作直接食用的蔗糖结晶
		白砂糖	以甘蔗或甜菜为原料，经提取糖汁、清净处理、煮炼结晶和分蜜等工艺加工制成的蔗糖结晶
		绵白糖	以甘蔗或甜菜为原料，经提取糖汁、清净处理、煮炼结晶、分蜜并加入适量转化糖浆等工艺制成的晶粒细小、颜色洁白、质地绵软的糖
		冰糖	砂糖经再溶、清净处理，重结晶而制得的大颗粒结晶糖。有单晶体和多晶体两种，呈透明或半透明状
		单晶体冰糖	单一晶体的大颗粒（每粒重1.5～2 g）冰糖
		多晶体冰糖	由多颗晶体并聚而成的大块冰糖。按色泽可分为白冰糖和黄冰糖两种
		方糖	由颗粒适中的白砂糖，加入少量水或糖浆，经压铸等工艺制成小方块的糖
		精幼砂糖	用原糖或其他蔗糖溶液，经精炼处理后制成的颗粒较小的糖
		赤砂糖	以甘蔗为原料，经提取糖汁、清净处理等工艺加工制成的带蜜的棕红色或黄褐色砂糖
		红糖	以甘蔗为原料，经提取糖汁、清净处理后，直接煮制不经分蜜的棕红色或黄褐色的糖

（续）

序号	标准名称	适用产品名称	适用产品别名及说明
62	绿色食品 食用糖 NY/T 422—2016	冰片糖	用冰糖蜜或砂糖加原糖蜜为原料，经加酸部分转化，煮成的金黄色片糖
		黄砂糖	以甘蔗、甘蔗糖、甜菜、甜菜糖、糖蜜为原料加工生产制得的带蜜黄色蔗糖结晶
		液体糖	以白砂糖、绵白糖、精制的糖蜜或中间制品为原料，经加工或转化工艺制炼而成的食用液体糖。液体糖分为全蔗糖糖浆和转化糖浆两类，全蔗糖糖浆以蔗糖为主，转化糖浆是以蔗糖经部分转化为还原糖（葡萄糖＋果糖）后的产品
		糖霜	以白砂糖为原料，添加适量的食用淀粉或抗结剂，经磨制或粉碎等加工而成的粉末状产品
63	绿色食品 果（蔬）酱 NY/T 431—2009	果酱	包括块状和泥状，如草莓酱、桃子酱等
		番茄酱	
64	绿色食品 白酒 NY/T 432—2014	白酒	
65	绿色食品 植物蛋白饮料 NY/T 433—2014	豆乳类饮料	以大豆等豆类为主要原料，经磨碎、提浆、脱醒等工艺制得的浆液中加入水、糖液等调制而成的乳状饮料，如纯豆乳、调制豆乳、豆乳饮料
		椰子乳（汁）饮料	以新鲜、成熟适度的椰子为原料，取其果肉加工制得的椰子浆液中加入水、糖液等调制而成的饮料
		杏仁乳（露）饮料	以杏仁为原料，经浸泡、磨碎等工艺制得的浆液中加入水、糖液等调制而成的饮料
		核桃乳（露）饮料	以核桃仁为主要原料，经磨碎、提浆等工艺制得的浆液中加入水、糖液等调制而成的乳状饮料
		花生乳（露）饮料	以花生仁为主要原料，经磨碎、提浆等工艺制得的浆液中加入水、糖液等调制而成的乳状饮料
		其他植物蛋白饮料	以玉米胚芽、云麻、腰果、榛子、南瓜籽、葵花籽、松籽等为原料，经磨碎等工艺制得的浆液中加入水、糖液等调制而成的乳状饮料
		复合蛋白饮料	以乳或乳制品，和不同植物蛋白为主要原料，经加工或发酵制成的乳状饮料

（续）

序号	标准名称	适用产品名称	适用产品别名及说明
66	绿色食品 果蔬汁饮料 NY/T 434—2016	果蔬汁（浆）	以水果或蔬菜为原料，采用物理方法制成的未发酵的汁液、浆液制品；或在浓缩果蔬汁中加入其加工过程中除去的等量水分复原制成的汁液、浆液制品。包括原榨果汁、果汁、蔬菜汁、果浆、蔬菜浆、复合果蔬汁（浆）
		果蔬汁饮料	以果蔬汁（浆）、浓缩果蔬汁（浆）、水为原料，添加或不添加其他辅料或食品添加剂，加工制成的制品。包括果蔬汁饮料、果肉（浆）饮料、复合果蔬汁饮料、果蔬汁饮料浓浆、水果饮料
		浓缩果蔬汁（浆）	以水果或蔬菜为原料，从采用物理方法制取的果汁（浆）或蔬菜汁（浆）中除去一定量水分制成的、加入其加工过程中除去的等量水分复原后具有果汁（浆）或蔬菜汁（浆）应有特征的制品
67	绿色食品 水果、蔬菜脆片 NY/T 435—2012	水果、蔬菜脆片	以水果、蔬菜为主要原料，经或不经切片（条、块），采用真空油炸脱水或非油炸脱水工艺，添加或不添加其他辅料制成的口感酥脆的水果、蔬菜干制品
68	绿色食品 蜜饯 NY/T 436—2009	糖渍类	原料经糖熬煮或浸渍、干燥（或不干燥）等工艺制成的带有湿润糖液或浸渍在浓糖液中的制品
		糖霜类	原料经加糖熬煮干燥等工艺制成的表面附有白色糖霜的制品
		果脯类	原料经糖渍、干燥等工艺制成的略有透明干，表面无糖析出的制品
		凉果类	原料经盐渍、糖渍、干燥等工艺制成的半干态制品
		话化类	原料经盐渍、糖渍（或不糖渍）、干燥（或干燥后磨碎制成各种形态的干态制品）等工艺制成的制品
		果糕类	原料加工成酱状，经加工成型、浓缩干燥等工艺制成的制品，分为糕类、条（果丹皮）类和片类
69	绿色食品 酱腌菜 NY/T 437—2012	酱渍菜	蔬菜咸坯经脱盐脱水后，再经甜酱、黄酱酱渍而成的制品。如扬州酱菜、镇江酱菜等
		糖醋渍菜	蔬菜咸坯经脱盐脱水后，再用糖渍、醋渍或糖醋渍制作而成的制品。如白糖蒜、蜂蜜蒜米、甜酸藠头、糖醋萝卜等
		酱油渍菜	蔬菜咸坯经脱盐脱水后，用酱油与调味料、香辛料混合浸渍而成的制品。如五香大头菜、榨菜萝卜、辣油萝卜丝、酱海带丝等
		虾油渍菜	新鲜蔬菜先经盐渍或不经盐渍，再用新鲜虾油浸渍而成的制品。如锦州虾油小菜、虾油小黄瓜等
		盐水渍菜	以新鲜蔬菜为原料，用盐水及香辛料混合腌制，经发酵或非发酵而成的制品。如泡菜、酸黄瓜、盐水笋等

（续）

序号	标准名称	适用产品名称	适用产品别名及说明
69	绿色食品 酱腌菜 NY/T 437—2012	盐渍菜	以新鲜蔬菜为原料，用食盐盐渍而成的湿态、半干态、干态制品。如咸大头菜、榨菜、萝卜干等
		糟渍菜	蔬菜咸坯用酒糟或醪糟糟渍而成的制品。如糟瓜等
		其他类	除以上分类以外，其他以蔬菜为原料制作而成的制品。如糖冰姜、藕脯、酸甘蓝、米糠萝卜等
70	绿色食品 食用植物油 NY/T 751—2011	菜籽油	
		低芥酸菜籽油	
		大豆油	
		花生油	
		棉籽油	
		芝麻油	
		亚麻籽油	胡麻油
		葵花籽油	
		玉米油	
		油茶籽油	
		米糠油	
		核桃油	
		红花籽油	
		葡萄籽油	
		橄榄油	
		棕榈油	
		食用调和油	
71	绿色食品 黄酒 NY/T 897—2004	传统型干黄酒	
		传统型半干黄酒	
		传统型半甜黄酒	
		传统型甜黄酒	
		清爽型干黄酒	感官、理化要求执行《黄酒》(GB/T 13662—2008)
		清爽型半干黄酒	感官、理化要求执行《黄酒》(GB/T 13662—2008)
		清爽型半甜黄酒	感官、理化要求执行《黄酒》(GB/T 13662—2008)
		清爽型甜黄酒	感官、理化要求执行《黄酒》(GB/T 13662—2008)
		特型黄酒	感官、理化要求执行《黄酒》(GB/T 13662—2008)

（续）

序号	标准名称	适用产品名称	适用产品别名及说明
72	绿色食品　含乳饮料 NY/T 898—2016	配制型含乳饮料	以乳或乳制品为原料，加入水，以及食糖和（或）甜味剂、酸味剂、果汁、茶、咖啡、植物提取液等的一种或几种调制而成的饮料
		发酵型含乳饮料	以乳或乳制品为原料，经乳酸菌等有益菌培养发酵制得的乳液中加入水，以及食糖和（或）甜味剂、酸味剂、果汁、茶、咖啡、植物提取液等的一种或几种调制而成的饮料。也可称为酸乳（奶）饮料，按杀菌方式分为杀菌型和非杀菌型
		乳酸菌饮料	以乳或乳制品为原料，经乳酸菌发酵制得的乳液中加入水、食用糖和（或）甜味剂、酸味剂、果汁、茶、咖啡、植物提取液等的一种或几种调制而成的饮料
73	绿色食品　冷冻饮品 NY/T 899—2016	冰淇淋	以饮用水、乳和（或）乳制品、蛋制品、水果制品、豆制品、食糖、食用植物油等的一种或多种为原辅料，添加或不添加食品添加剂和（或）食品营养强化剂，经混合、灭菌、均质、冷却、老化、冻结、硬化等工艺制成的体积膨胀的冷冻饮品
		雪泥	以饮用水、食糖、果汁等为主要原料，配以相关辅料，含或不含食品添加剂和食品营养强化剂，经混合、灭菌、凝冻或低温炒制等工艺制成的松软的冰雪状冷冻饮品
		雪糕	以饮用水、乳和（或）乳制品、蛋制品、果蔬制品、粮谷制品、豆制品、食糖、食用植物油等的一种或多种为原辅料，添加或不添加食品添加剂和（或）食品营养强化剂，经混合、灭菌、均质、冷却、成型、冻结等工艺制成的冷冻饮品
		冰棍	以饮用水、食糖和（或）甜味剂等为主要原料，配以豆类或果品等相关辅料（含或不含食品添加剂和食品营养强化剂），经混合、灭菌、冷却、注模、插或不插杆、冻结、脱模等工艺制成的带或不带棒的冷冻饮品
		甜味冰	以饮用水、食糖等为主要原料，添加或不添加食品添加剂，经混合、灭菌、罐装、硬化等工艺制成的冷冻饮品
		食用冰	以饮用水为原料，经灭菌、注模、冻结、脱模或不脱模等工艺制成的冷冻饮品
74	绿色食品　发酵调味品 NY/T 900—2016	酱油	包括高盐稀态发酵酱油和低盐固态发酵酱油
		食醋	包括固态发酵食醋和液态发酵食醋
		酿造酱	包括豆酱（油制型、非油制型）和面酱
		腐乳	包括红腐乳、白腐乳、青腐乳和酱腐乳
		豆豉	包括干豆豉、豆豉和水豆豉
		纳豆	
		纳豆粉	

（续）

序号	标准名称	适用产品名称	适用产品别名及说明
75	绿色食品　淀粉及淀粉制品　NY/T 1039—2014	米淀粉	包括糯米淀粉、粳米淀粉和籼米淀粉
		玉米淀粉	包括白玉米淀粉、黄玉米淀粉
		高粱淀粉	
		麦淀粉	包括小麦淀粉、大麦淀粉和黑麦淀粉
		绿豆淀粉	
		蚕豆淀粉	
		豌豆淀粉	
		豇豆淀粉	
		混合豆淀粉	
		菱角淀粉	
		荸荠淀粉	
		橡子淀粉	
		百合淀粉	
		慈姑淀粉	
		西米淀粉	
		木薯淀粉	
		甘薯淀粉	
		马铃薯淀粉	
		豆薯淀粉	
		竹芋淀粉	
		山药淀粉	
		蕉芋淀粉	
		葛淀粉	
		淀粉制成的粉丝、粉条、粉皮等产品	
76	绿色食品　食用盐　NY/T 1040—2012	精制盐	
		粉碎洗涤盐	
		日晒盐	
		低钠盐	包括天然低钠的食盐（如雪花盐等）和以食盐为主体，配比一定量钾盐的食盐
77	绿色食品　干果　NY/T 1041—2010	荔枝干	
		桂圆干（桂圆肉）	
		葡萄干	
		柿饼	
		干枣	

序号	标准名称	适用产品名称	适用产品别名及说明
77	绿色食品　干果 NY/T 1041—2010	杏干	包括包仁杏干
		香蕉片	
		无花果干	
		酸梅（乌梅）干	
		山楂干	
		苹果干	
		菠萝干	
		芒果干	
		梅干	
		桃干	
		猕猴桃干	
		草莓干	
78	绿色食品　藕及其制品 NY/T 1044—2007	鲜藕	
		藕粉	
79	绿色食品　脱水蔬菜 NY/T 1045—2014	脱水蔬菜	经洗刷、清洗、切型、漂烫或不漂烫等预处理，采用热风干燥或低温冷冻干燥等工艺制成的蔬菜制品
			注：本标准也适用干制蔬菜，不适用于干制食用菌、竹笋干和蔬菜粉
80	绿色食品　焙烤食品 NY/T 1046—2016	面包	以小麦粉、酵母和水为主要原料，添加或不添加辅料，经搅拌面团、发酵、整形、醒发、熟制等工艺制成的食品，以及在熟制前或熟制后在产品表面或内部添加奶油、蛋白、可可、果酱等的食品。包括软式面包、硬式面包、起酥面包、调理面包等
		饼干	以小麦粉（可添加糯米粉、淀粉等）为主要原料，加入（或不加入）糖、油脂及其他原料，经调粉（或调浆）、成型、烘烤（或煎烤）等工艺制成的口感酥松或松脆的食品。包括酥性饼干、韧性饼干、发酵饼干、压缩饼干、曲奇饼干、夹心饼干、威化饼干、蛋圆饼干、蛋卷、煎饼、装饰饼干、水泡饼干等
		烘烤类月饼	
		烘烤类糕点	
81	绿色食品　水果、蔬菜罐头 NY/T 1047—2014	清渍类蔬菜罐头	
		醋渍类蔬菜罐头	
		调味类蔬菜罐头	
		糖水类水果罐头	
		糖浆类水果罐头	
			注：本标准不适用于果酱类、果汁类、蔬菜汁（酱）类罐头和盐渍（酱渍）蔬菜罐头

（续）

序号	标准名称	适用产品名称	适用产品别名及说明
82	绿色食品 笋及笋制品 NY/T 1048—2012	鲜竹笋	
		保鲜竹笋	以新鲜竹笋为原料，经去壳、漂洗、煮制等初级加工处理后，再经包装、密封、杀菌制成的竹笋制品
		方便竹笋	以竹笋为主要原料经漂洗、切制、配料、发酵或不发酵、调味、包装等加工制作工艺，可直接食用或稍事烹调即可食用的除保鲜竹笋以外的竹笋制品
		竹笋干	以新鲜竹笋为原料，经预处理、盐腌发酵后干燥或非发酵直接干燥而成的竹笋干制品
83	绿色食品 豆制品 NY/T 1052—2014	熟制豆类	包括煮大豆、烘焙大豆
		豆腐	包括豆腐脑、内酯豆腐、南豆腐、北豆腐、冻豆腐、脱水豆腐、油炸豆腐和其他豆腐
		豆腐干	包括白豆腐干、豆腐皮、豆腐丝、蒸煮豆腐干、油炸豆腐干、炸卤豆腐干、卤制豆腐干、熏制豆腐干和其他豆腐干
		腐竹	从熟豆浆静止表面揭起的凝结厚膜折叠成条状，经干燥而成的产品
		腐皮	从熟豆浆静止表面揭起的凝结薄膜，经干燥而成的产品
		干燥豆制品	包括食用豆粕、大豆膳食纤维粉和其他干燥豆制品
		豆粉	包括速溶豆粉和其他豆粉
		大豆蛋白	包括大豆蛋白粉、大豆浓缩蛋白、大豆分离蛋白和大豆肽粉
84	绿色食品 味精 NY/T 1053—2006	味精	包括含谷氨酸钠99%、95%、90%、80%的味精
85	绿色食品 固体饮料 NY/T 1323—2007	果汁粉	
		茶粉	
		姜汁粉	
		果味型固体饮料	
		咖啡粉	不包括烧煮型
		杏仁露粉	
		固体汽水（泡腾片）	
		麦乳精	
		其他普通型固体饮料	以糖、果汁或经烘烤的咖啡、茶叶、菊花、茅根等植物抽提物为主要原料，添加或不添加其他辅料制成的、蛋白质含量低于7%的制品
		其他蛋白型固体饮料	以乳及乳制品、蛋及蛋制品、其他植物蛋白为主要原料，添加或不添加其他辅料制成的蛋白质含量大于或等于7%的制品

（续）

序号	标准名称	适用产品名称	适用产品别名及说明
86	绿色食品　鱼糜制品 NY/T 1327—2007	鱼丸	
		鱼糕	
		鱼饼	
		烤鱼卷	
		虾丸	
		虾饼	
		墨鱼丸	
		贝肉丸	
		模拟扇贝柱	
		模拟蟹肉	
		鱼肉香肠	
		其他鱼糜制品	
87	绿色食品　鱼罐头 NY/T 1328—2007	油浸（熏制）类鱼罐头	
		调味类鱼罐头	包括红烧、茄汁、葱烤、鲜炸、五香、豆豉、酱油等
		清蒸类鱼罐头	
88	绿色食品　方便主食品 NY/T 1330—2007	非油炸方便面	
		方便米线（粉）	
		方便米饭	
		方便粥	
		方便粉丝	
89	绿色食品　速冻蔬菜 NY/T 1406—2007	速冻蔬菜	
90	绿色食品　速冻水果 NY/T 2983—2016	速冻水果	
91	绿色食品　速冻预包装面米食品 NY/T 1407—2007	速冻饺子	
		速冻馄饨	
		速冻包子	
		速冻烧卖	
		速冻汤圆	
		速冻元宵	
		速冻馒头	
		速冻花卷	
		速冻粽子	
		速冻春卷	
		速冻南瓜饼	
		其他速冻预包装面米食品	

（续）

序号	标准名称	适用产品名称	适用产品别名及说明
92	绿色食品 果酒 NY/T 1508—2007	干型果酒 半干型果酒 半甜型果酒 甜型果酒	以新鲜水果或果汁为原料，经全部或部分发酵酿制成的、酒精度为7%～18%（体积分数）的发酵酒
93	绿色食品 芝麻及 其制品 NY/T 1509—2007	白芝麻 黑芝麻 其他纯色芝麻 其他杂色芝麻 脱皮芝麻 芝麻酱 芝麻糊（粉） 芝麻糖	
94	绿色食品 麦类制品 NY/T 1510—2016	即食麦类制品	以麦类为主要原料，经加工制成的冲泡后即可食用的食品，包括麦片和麦糊等
		发芽麦类制品	经发芽处理的大麦［含米大麦（青稞）］、燕麦（含莜麦）、小麦、荞麦（含苦荞麦）或以其为主要原料生产的制品，包括大麦麦芽、小麦麦芽、发芽麦粒等
		啤酒麦芽	以小麦及二棱、多棱大麦为原料，经浸麦、发芽、烘干、焙焦所制成的啤酒酿造用麦芽
			注：本标准不适用于麦茶和焙烤类麦类制品
95	绿色食品 膨化食品 NY/T 1511—2015	膨化食品	以谷类、薯类等为主要原料，也可配以各种辅料，采用直接挤压、焙烤、微波等方式膨化而制成的组织疏松或松脆的食品
			注：本标准不适用于油炸型膨化食品、膨化豆制品
96	绿色食品 生面食、 米粉制品 NY/T 1512—2014	生面食制品	以麦类、杂粮等为主要原料，通过和面、制条、制片等多道工序，经（或不经）干燥处理制成的制品，包括挂面、切面、线面、通心粉、饺子皮、馄饨皮等
		米粉制品	以大米为主要原料，加水浸泡、压条等加工工序制成的条状、丝状、块状、片状米粉制品（包括大米仅经粉碎的加工工序制成的米粉）
97	绿色食品 水产调味品 NY/T 1710—2009	蚝油 鱼露 虾酱 虾油	
		海鲜粉调味料	以海产鱼、虾、贝类酶解物或其浓缩抽提物为主原料，以味精、食用盐等为辅料，经加工而成具有海鲜味的复合调味料

（续）

序号	标准名称	适用产品名称	适用产品别名及说明
98	绿色食品 辣椒制品 NY/T 1711—2009	干辣椒制品	包括辣椒干、辣椒圈、辣椒粉、辣椒条等产品
		油辣椒	可供佐餐或复合调味的熟制食用油和辣椒的混合体
		发酵辣椒制品	以鲜辣椒或干辣椒为主要原料，可加或不加辅料，经破碎、发酵等特定工艺加工而制成的酱状或碎状产品，如豆瓣辣酱、辣椒酱等
		其他辣椒制品	以鲜辣椒或干辣椒为主要原料，经破碎或不破碎、非发酵等工艺加工而制成除去干辣椒和油辣椒的产品，如油炸辣椒，拌有佐料辣椒片、辣椒条等
99	绿色食品 干制水产品 NY/T 1712—2009	鱼类干制品	包括生干品（如鱼肚、鳗鲞、银鱼干等）、煮干品、盐干品（如大黄鱼鲞、鳕鱼干等）、调味干制品（如五香烤鱼、鱼松、烤鱼片、调味烤鳗等）
		虾类干制品	包括生干品（如虾干）、煮干品（如虾米、虾皮等）、盐干虾制品和调味干虾制品等
		贝类干制品	包括生干品、煮干品、盐干品和调味干制品，如干贝、鲍鱼干、贻贝干、海螺干、牡蛎干等
		其他类干制水产品	包括鱼翅、鱼肚、鱼唇、墨鱼干、鱿鱼干、章鱼干等（不包括海参和藻类干制品）
100	绿色食品 茶饮料 NY/T 1713—2009	红茶饮料	
		绿茶饮料	
		花茶饮料	
		乌龙茶饮料	
		其他茶饮料	
		奶茶饮料	
		奶味茶饮料	
		其他调味茶饮料	包括果汁茶饮料、果味茶饮料、碳酸茶饮料等
		复（混）合茶饮料	以茶叶和植（谷）物的水提取液或其干燥粉为原料，加工制成的具有茶与植（谷）物混合风味的液体饮料
101	绿色食品 即食谷粉 NY/T 1714—2015	即食谷粉	以一种或几种谷类（包括大米、小米、玉米、大麦、小麦、燕麦、黑麦、荞麦、高粱和薏仁等）为主要原料（谷物占干物质组成的25%以上），添加（或不添加）其他辅料和（或不添加）适量的营养强化剂，经加工制成的冲调后即可食用的粉状食品
102	绿色食品 果蔬粉 NY/T 1884—2010	原料型果蔬粉	以水果、蔬菜或坚果为单一原料，经筛选（去壳）、清洗、打浆、均质、杀菌、干燥等工艺生产，提供食品工业作为配料使用的粉状果蔬产品
		即食型果蔬粉	以一种或一种以上原料型果蔬粉为主要配料，添加或不添加食糖等辅料加工而成的可供直接食用的粉状冲调果蔬食品

（续）

序号	标准名称	适用产品名称	适用产品别名及说明
103	绿色食品　米酒 NY/T 1885—2010	糟米型米酒	所含的酒糟为米粒状糟米的米酒。包括普通米酒和无醇米酒
		均质型米酒	经胶磨和均质处理后，呈糊状均质的米酒。包括普通米酒和无醇米酒
		清汁型米酒	经过滤去除酒糟后的米酒。包括普通米酒和无醇米酒
		花色型米酒	糟米型米酒添加各种果粒或粮谷、薯类、食用菌、中药材等的一种或多种辅料制成的不同特色风味的米酒。包括普通米酒和无醇米酒
104	绿色食品　复合调味料 NY/T 1886—2010	固态复合调味料	以两种或两种以上调味品为主要原料，添加或不添加辅料，加工而成的呈固态的复合调味料。包括鸡精调味料、鸡粉调味料、牛肉粉调味料、排骨粉调味料、其他固态调味料，不包括海鲜粉调味料
		液态复合调味料	以两种或两种以上调味品为主要原料，添加或不添加辅料，加工而成的呈液态的复合调味料。包括鸡汁调味料等
		复合调味酱	以两种或两种以上的调味品为主要原料，添加或不添加其他辅料，加工而成的呈酱状的复合调味酱。包括风味酱（以肉类、鱼类、贝类、果蔬、植物油、香辛调味料、食品添加剂和其他辅料配合制成的具有某种风味的调味酱）、沙拉酱、蛋黄酱等
105	绿色食品　乳清制品 NY/T 1887—2010	乳清粉	包括脱盐乳清粉、非脱盐乳清粉
		乳清蛋白粉	包括乳清浓缩蛋白粉、乳清分离蛋白粉
106	绿色食品　软体动物 休闲食品 NY/T 1888—2010	头足类休闲食品	鱿鱼丝、墨鱼丝、鱿鱼片、即食小章鱼等，不适用于熏制产品
		贝类休闲食品	即食扇贝、多味贻贝、即食牡蛎等，不适用于熏制产品
107	绿色食品　烘炒食品 NY/T 1889—2010	烘炒食品	以果蔬籽、果仁、坚果等为主要原料，添加或不添加辅料，经烘烤或炒制而成的食品，不包括以花生和芝麻为主要原料的烘炒食品
108	绿色食品　蒸制类糕点 NY/T 1890—2010	蒸蛋糕类	以鸡蛋为主要原料，经打蛋、调糊、注模、蒸制而成的组织松软的制品
		印模糕类	以熟或生的原辅料，经拌和、印模成型、熟制或不熟制而成的口感松软的糕类制品
		韧糕类	以糯米粉、糖为主要原料，经蒸制、成形而成的韧性糕类制品
		发糕类	以小麦粉或米粉为主要原料调制成面团，经发酵、蒸制、成形而成的带有蜂窝状组织的松软糕类制品
		松糕类	以粳米粉、糯米粉为主要原料调制成面团，经成形、蒸制而成的口感松软的糕类制品
		其他蒸制类糕点	包括馒头、花卷产品

（续）

序号	标准名称	适用产品名称	适用产品别名及说明
109	绿色食品　配制酒 NY/T 2104—2011	植物类配制酒	利用植物的花、叶、根、茎、果为香源及营养源，经再加工制成的、具有明显植物香及有效成分的配制酒
		动物类配制酒	利用食用动物及其制品为香源及营养源，经再加工制成的、具有明显动物脂香及有效成分的配制酒
		动植物类配制酒	同时利用动物、植物有效成分制成的配制酒
		其他类配制酒	
110	绿色食品　汤类罐头 NY/T 2105—2011	汤类罐头	以符合要求的畜禽产品、水产品和蔬菜类等为原料，经加水烹调等加工后装罐而制成的罐头产品
111	绿色食品　谷物类罐头 NY/T 2106—2011	面食罐头	以谷物面粉为原料制成面条，经蒸煮或油炸、调配，配或不配蔬菜、肉类等配菜罐装制成的罐头产品。如茄汁肉沫面、鸡丝炒面、刀削面、面筋等罐头
		米饭罐头	以大米为原料经蒸煮成熟，配以蔬菜、肉类等配菜调配罐装成的罐头产品，以及经过处理后的谷物、干果及其他原料（桂圆、枸杞等）装罐制成的罐头产品。如米饭罐头、八宝饭罐头等
		粥类罐头	以谷物为主要原料配以豆类、干果、蔬菜、水果中的一种或几种原料经处理后装罐制成的内容物为粥状的罐头产品。如八宝粥罐头、水果粥罐头、蔬菜粥罐头等
112	绿色食品　食品馅料 NY/T 2107—2011	食品馅料	以植物的果实或块茎、肉与肉制品、蛋及蛋制品、水产制品、油等为原料，加糖或不加糖，添加或不添加其他辅料，经工业化生产用于食品行业的产品。包括焙烤食品用馅料、冷冻食品用馅料和速冻食品用馅料
113	绿色食品　熟粉及熟米制糕点 NY/T 2108—2011	熟粉糕点	将谷物粉或豆粉预先熟制，然后与其他原辅料混合而成的一类糕点
		熟米制糕点	将米预先熟制，添加（或不添加）适量辅料，加工（黏合）成型的一类糕点
114	绿色食品　鱼类休闲食品 NY/T 2109—2011	鱼类休闲食品	以鲜或冻鱼及鱼肉为主要原料直接或经过腌制、熟制、干制、调味等工艺加工制成的开袋即食产品。不适用于鱼类罐头制品、鱼类膨化食品、鱼骨制品

（续）

序号	标准名称	适用产品名称	适用产品别名及说明
115	绿色食品 冷藏、冷冻调制水产品 NY/T 2976—2016	裹面调制水产品	以水产品为主料，配以辅料调味加工，成型后覆以裹面材料（面粉、淀粉、脱脂奶粉或蛋等加水混合调制的裹面浆或面包屑），经油炸或不经油炸，冷藏或速冻贮存、运输和销售的预包装食品，如裹面鱼、裹面虾
		腌制调制水产品	以水产品为主料，配以辅料调味，经过盐、酒等腌制，冷藏或冷冻贮存、运输和销售的预包装食品，如腌制翘嘴红鲌等
		菜肴调制水产品	以水产品为主料，配以辅料调味加工，经烹调、冷藏或速冻贮存、运输和销售的预包装食品，如香辣凤尾鱼等
		烧烤（烟熏）调制水产品	以水产品为主料，配以辅料调味，经修割整形、腌渍、定型、油炸或不经油炸等加工处理，进行烧烤或蒸煮（烟熏），冷藏或速冻贮存、运输和销售的预包装食品，如烤鳗等
116	绿色食品 淀粉糖和糖浆 NY/T 2110—2011	食用葡萄糖	包括结晶葡萄糖
		低聚异麦芽糖	包括粉状和糖浆状
		麦芽糖	包括粉状和糖浆状
		果葡糖浆	
		麦芽糊精	适用于以玉米为原料生产的麦芽糊精产品
		葡萄糖浆	
117	绿色食品 调味油 NY/T 2111—2011	调味植物油	按照食用植物油加工工艺，经压榨或萃取植物果实或籽粒中的呈味成分的植物油。如花椒籽油等
		香辛料调味油	以食用植物油为主要原料，萃取或添加香料植物或籽粒中呈味成分于植物油中，制成的植物油。如蒜油、姜油、辣椒油、花椒油、藤椒油、芥末油、草果油、麻辣油等
118	绿色食品 啤酒花及其制品 NY/T 2973—2016	压缩啤酒花	将采摘的新鲜酒花球果经烘烤、回潮，垫以包装材料，打包成型制得的产品
		颗粒啤酒花	压缩啤酒花经粉碎、筛分、混合、压粒、包装后制得的颗粒产品
		二氧化碳啤酒花浸膏	压缩啤酒花或颗粒啤酒花经二氧化碳萃取酒花中有效成分后制得的浸膏产品
119	绿色食品 魔芋及其制品 NY/T 2981—2016	魔芋粉	包括普通魔芋粉和纯化魔芋粉
		魔芋膳食纤维	包括原味魔芋膳食纤维和复合魔芋膳食纤维
		魔芋凝胶食品	以水、魔芋或魔芋粉为主要原料，经磨浆去杂或加水润胀、加热糊化，添加凝固剂或其他食品添加剂，凝胶后模仿各种植物制成品或动物及其组织的特征特性加工制成的凝胶制品

（续）

序号	标准名称	适用产品名称	适用产品别名及说明
120	绿色食品 淀粉类 蔬菜粉 NY/T 2984—2016	马铃薯全粉	
		红薯全粉	
		木薯全粉	
		葛根全粉	
		山药全粉	
		马蹄粉	
			注：淀粉类蔬菜粉是指，含淀粉较高的蔬菜，如马铃薯、红薯等，经挑拣、去皮、清洗、粉碎或研磨、干燥等工艺加工而制成的疏松粉末状制品
121	绿色食品 低聚糖 NY/T 2985—2016	低聚葡萄糖	
		低聚果糖	
		低聚麦芽糖	
		大豆低聚糖	
		棉子低聚糖	
			注：包括上述产品的糖浆型和粉末型产品。本标准不适用于低聚异麦芽糖、麦芽糊精。
122	绿色食品 糖果 NY/T 2986—2016	硬质糖果	以食糖或糖浆或甜味剂为主要原料，经相关工艺加工制成的硬、脆固体糖果
		酥质糖果	以食糖或糖浆或甜味剂、果仁碎粒（或酱）等为主要原料制成的疏松酥脆的糖果
		焦香糖果	以食糖或糖浆或甜味剂、油脂和乳制品为主要原料，经相关工艺制成具有焦香味的糖果
		凝胶糖果	以食糖或糖浆或甜味剂、食用胶（或淀粉）等为主要原料，经相关工艺制成具有弹性和咀嚼性的糖果
		奶糖糖果	以食糖或糖浆或甜味剂、乳制品为主要原料制成具有乳香味的糖果
		充气糖果	以食糖或糖浆或甜味剂等为主要原料，经相关工艺制成内有分散细密气泡的糖果
		压片糖果	以食糖或糖浆（粉剂）或甜味剂等为主要原料，经混合、造粒、压制成型等相关工艺制成的固体糖果
123	绿色食品 果醋饮料 NY/T 2987—2016	果醋饮料	以水果、水果汁（浆）或浓缩水果汁（浆）为原料，经酒精发酵、醋酸发酵后制成果醋，再添加或不添加其他食品原辅料和（或）食品添加剂，经加工制成的液体饮料
124	绿色食品 湘式挤压糕点 NY/T 2988—2016	湘式挤压糕点	以粮食为主要原料，辅以食用植物油、食用盐、白砂糖、辣椒干等辅料，经挤压熟化、拌料、包装等工艺加工而成的糕点

（续）

序号	标准名称	适用产品名称	适用产品别名及说明
五、其他产品标准			
125	绿色食品　天然矿泉水 NY/T 2979—2016	天然矿泉水	不适用于 NY/T 2980—2016 所述的包装饮用水
126	绿色食品　包装饮用水 NY/T 2980—2016	包装饮用水	注：不适用于饮用天然矿泉水、饮用纯净水和添加食品添加剂的包装饮用水

有机产品认证目录

序号	产品名称	产品范围
生产		
植物类（含野生植物采集）		
谷物		
1	小麦	小麦
2	玉米	玉米；鲜食玉米；糯玉米
3	水稻	稻谷
4	谷子	谷子
5	高粱	高粱
6	大麦	大麦；酿酒大麦；饲料大麦；青稞
7	燕麦	莜麦；燕麦
8	杂粮	黍；粟；苡仁；荞麦；穈子；苦荞麦；花豆；泥豆；鹰嘴豆；饭豆；小扁豆；羽扇豆；瓜尔豆；利马豆；木豆；红豆；绿豆；青豆；黑豆；褐红豆；油莎豆；芸豆；藜麦；穇子；红稗
蔬菜		
9	薯芋类	马铃薯；木薯；甘薯；山药；葛类；芋；魔芋；菊芋
10	豆类蔬菜	蚕豆；菜用大豆；豌豆；菜豆；刀豆；扁豆；长豇豆；黎豆；四棱豆
11	瓜类蔬菜	黄瓜；冬瓜；丝瓜；西葫芦；节瓜；菜瓜；笋瓜；越瓜；瓠瓜；苦瓜；中国南瓜；佛手瓜；蛇瓜
12	白菜类蔬菜	白菜；菜薹
13	绿叶蔬菜	散叶莴苣；莴笋；苋菜；茼蒿；菠菜；芹菜；苦菜；菊苣；苦苣；芦蒿；蕹菜；苜蓿；紫背天葵；罗勒；荆芥；乌塌菜；荠菜；茴香；芸薹；叶荟菜；猪毛菜；寒菜；番杏；灰灰菜；榆钱菠菜；木耳菜；落葵；紫苏；莳萝；芫荽；水晶菜；菊花脑；珍珠菜；养心菜；帝王菜；芦荟；海篷子；碱蓬；冰菜；人参菜
14	新鲜根菜类蔬菜	芜菁；萝卜；牛蒡；芦笋；甜菜；胡萝卜；鱼腥草
15	新鲜甘蓝类蔬菜	芥蓝；甘蓝；花菜
16	新鲜芥菜类蔬菜	芥菜
17	新鲜茄果类蔬菜	辣椒；西红柿；秋葵；茄子；人参果
18	新鲜葱蒜类蔬菜	葱；韭菜；蒜；姜；圆葱；岩葱
19	新鲜多年生蔬菜	笋；鲜百合；金针菜；黄花菜；朝鲜蓟；香椿；辣木；沙葱；荨麻；椒蒿
20	新鲜水生类蔬菜	莲藕；茭白；荸荠；菱角；水芹；慈姑；豆瓣菜；莼菜；芡实；蒲菜；水芋；水雍菜；莲子

（续）

序号	产品名称	产品范围
21	新鲜芽苗类蔬菜	苗菜；芽菜
22	食用菌类	菇类；木耳；银耳；块菌类；北虫草

水果与坚果

序号	产品名称	产品范围
23	柑桔类	桔；橘；柑类
24	甜橙类	橙
25	柚类	柚
26	柠檬类	柠檬
27	葡萄类	鲜食葡萄；酿酒葡萄
28	瓜类	西瓜；甜瓜；厚皮甜瓜；木瓜
29	苹果	苹果；沙果；海棠果
30	梨	梨
31	桃	桃
32	枣	枣
33	杏	杏
34	其他水果	梅；杨梅；草莓；黑豆果；橄榄；樱桃；李子；猕猴桃；香蕉；椰子；菠萝；芒果；番石榴；荔枝；龙眼；杨桃；菠萝蜜；火龙果；红毛丹；西番莲；莲雾；面包果；榴莲；山竹；海枣；柿；枇杷；石榴；桑椹；酸浆；沙棘；山楂；无花果；蓝莓；黑莓；树莓；高钙果；越橘；黑加仑；雪莲果；诺尼果；黑果腺肋花楸；黑老虎（布福娜）、蓝靛果、神秘果、番荔枝
35	核桃	核桃
36	板栗	板栗
37	其他坚果	榛子；瓜籽；杏仁；咖啡；椰子；银杏果；芡实（米）；腰果；槟榔；开心果；巴旦木果；香榧；苦槠果；栝蒌；澳洲坚果；角豆；可可

豆类与其他油料作物

序号	产品名称	产品范围
38	大豆	大豆
39	其他油料作物	油菜籽；芝麻；花生；茶籽；葵花籽；红花籽；油棕果；亚麻籽；南瓜籽；月见草籽；大麻籽；玫瑰果；琉璃苣籽；莒蓿籽；紫苏籽；翅果油树；青刺果；线麻；南美油藤

花卉

序号	产品名称	产品范围
40	花卉	菊花；木槿花；芙蓉花；海棠花；百合花；茶花；茉莉花；玉兰花；白兰花；栀子花；桂花；丁香花；玫瑰花；月季花；桃花；米兰花；珠兰花；芦荟；牡丹；芍药；牵牛；麦冬；鸡冠花；凤仙花；百合；贝母；金银花；荷花；藿香蓟；水仙花；HHH腊梅；HH霸王花；紫藤花；金花葵

香辛料作物产品

序号	产品名称	产品范围
41	香辛料作物产品	花椒；青花椒；胡椒；月桂；肉桂；丁香；众香子；香荚兰豆；肉豆蔻；陈皮；百里香；迷迭香；八角茴香；球茎茴香；孜然；小茴香；甘草；薄荷；姜黄；红椒；藏红花；芝麻菜；山葵；辣根；草果；甘菊；神香草；猫薄荷；啤酒花

（续）

序号	产品名称	产品范围
制糖植物		
42	制糖植物	甘蔗；甜菜；甜叶菊
其他类植物		
43	青饲料植物	苜蓿；黑麦草；芜菁；青贮玉米；绿萍；红萍；羊草；篁竹草；甜象草；老芒麦；构树
44	纺织用的植物原料	棉；麻；桑；竹
45	调香的植物	香水莲；薰衣草；迷迭香；柠檬香茅；柠檬马鞭草；藿香；鼠尾草；小地榆；天竺葵；紫丁香；艾草；佛手柑
46	野生采集的植物	蕨菜；刺嫩芽；山芹；山核桃；松子等；沙棘；蓝莓等；羊肚菌；松茸；HHH 牛肝菌 HHH；鸡油菌等；板蓝根；月见草；蒲公英；红花；贝母；灰树花；当归；葛根；石耳等；榛蘑；草蘑；松蘑；栗蘑；红蘑；小麦草；塔花；水飞蓟；益母草；茯苓；高良姜；接骨木；蒺藜；天门冬；积雪草；蔓荆子；独活；葫芦巴；苦橙；缬草；车前草；远志；山葡萄；红树莓；雪菊；罗布麻；橡籽；刺五加；华西银腊梅；笋；刺梨；沙葱；荨麻；椒蒿；鹅绒委陵菜；山苦茶（鹧鸪茶）；青钱柳；毛建草（岩青兰）；地耳；鹿角菜；霞草（麻杂菜）；猕猴桃；黑果枸杞；毛豹皮樟（老鹰茶）；鸡血藤；龙胆草；夏枯草；香樟；滇重楼；白及；山刺玫（刺玫）；杜鹃；蹄盖蕨菜（猴腿菜）；荚果蕨（黄瓜香）；黄芩；金莲花；柳蒿；香青兰（山薄荷）；山菠菜；小根蒜；鸭舌草（鸭嘴菜）；马齿苋；苹（四叶菜）；花脸香菇（花脸蘑）；滑子菇（珍珠菇）；双孢菇；亚侧耳（元蘑）；黄花菜；木耳；荠菜；苋菜；榛子；白柳；决明子；芦苇；胖大海；砂仁；凉粉草（仙草）；栀子
47	茶	茶
种子与繁殖材料		
48	种子与繁殖材料	种子；繁殖材料。（仅限本目录列出的植物类种子及繁殖材料）
植物类中药		
49	植物类中药	三七；大黄；婆罗门参；人参；西洋参；土贝母；黄连；黄芩；菟丝子；牛蒡根；地黄；桔梗；槲寄生；钩藤；通草；土荆皮；白鲜皮；肉桂；杜仲；牡丹皮；五加皮；银杏叶；石韦；石南叶；枇杷叶；苦丁茶；柿子叶；罗布麻；枸骨叶；合欢花；红花；辛夷；鸡冠花；洋金花；藏红花；金银花；大草蔻；山楂；女贞子；山茱萸；五味子；巴豆；牛蒡子；红豆蔻；川楝子；沙棘；大蓟；广藿香；小蓟；马鞭草；龙葵；长春花；仙鹤草；白英；补骨脂；羊栖菜；海蒿子；冬虫夏草；茯苓；灵芝；石斛；除虫菊；甘草；罗汉果；巴戟天；黄荆；何首乌；川芎；天麻；厚朴；柴胡；莞香；苁蓉；锁阳；蝉花；玛咖；玉竹；连翘；金线莲；绞股蓝；当归；丹参；党参；黄芪；扯根菜；黄精；巴拉圭冬青；苦参；萝芙木；牛大力；黑果枸杞；枸杞*（试点）；猫尾草（石参）；平卧菊三七；牛皮消；红豆杉；大白矛（白茅根）；白芷；破布叶（布渣叶）；穿心莲；菘蓝（大青叶、板蓝根）；淡竹叶；秤星树（岗梅根）；鸡蛋花；橘红；决明子；莲（莲子心）；芦苇；胖大海；忍冬（忍冬藤）；砂仁；夏枯草；凉粉草（仙草）；栀子；鸡血藤；辽细辛；滇重楼；白及；淫羊藿（淫羊藿、巫山淫羊藿）；三叶崖爬藤（三叶青）；构树

（续）

序号	产品名称	产品范围
畜禽类		
活体动物		
50	肉牛（头）	肉牛
51	奶牛（头）	奶牛
52	乳肉兼用牛（头）	乳肉兼用牛
53	绵羊（头）	绵羊
54	山羊（头）	山羊
55	马（头）	马
56	驴（头）	驴
57	猪（头）	猪
58	鸡（只）	鸡
59	鸭（只）	鸭
60	鹅（只）	鹅
61	其他动物（头/只）	兔；羊驼；鹌鹑；火鸡；鹿；蚕；鹧鸪；骆驼；鸵鸟；黄粉虫
动物产品或副产品		
62	牛乳	牛乳
63	羊乳	羊乳
64	马乳	马乳
65	其他动物产品	驴奶；骆驼奶
66	鸡蛋（枚）	鸡蛋
67	鸭蛋（枚）	鸭蛋
68	其他禽蛋（枚）	鹌鹑蛋；鸵鸟蛋；鹅蛋
69	动物副产品	毛；绒；蚕蛹；蚕茧
水产类		
鲜活鱼		
70	海水鱼（尾）	文昌鱼；鳗；绯鱼；鲇鱼；鲑；鳕鱼；鲉；鲈；黄鱼；鲷；鳗鲡；鲷；鲀；鲈鱼；鲆；鲽鱼；鳟；军曹鱼
71	淡水鱼（尾）	青鱼；草鱼；鲢鱼；鳙鱼；鲤鱼；鳜鱼；鲟鱼；鲫鱼；鲶鱼；鲌鱼；黄鳝；鳊鱼；罗非鱼；鲂鱼；鲷鱼；乌鳢；鲳鱼；鳗鲡；鳜鱼；鲮；鲷鱼；鲄；鲇；梭鱼；餐条鱼；狗鱼；雅罗鱼；池沼公鱼；武昌鱼；黄颡鱼；泥鳅；亚东鱼（鲑）；银鱼；丁鱥；梭鲈；河鲈；江鳕；东方欧鳊；银鲫；欧鲇
甲壳与无脊椎动物		
72	虾类（吨）	虾
73	蟹类（只）	绒螯蟹；三疣梭子蟹；红螯相手蟹；锯缘青蟹

（续）

序号	产品名称	产品范围
74	无脊椎动物	牡蛎；鲍；螺；蛤类；蚶；河蚬；蛏；西施舌；蛤蜊；河蚌；海蜇；海参；卤虫；环刺螠；海胆；扇贝

其他水生脊椎动物

序号	产品名称	产品范围
75	两栖和爬行类动物	鳖；中华草龟；大鲵

水生植物

序号	产品名称	产品范围
76	藻类	海带；紫菜；裙带菜；麒麟菜；江蓠；羊栖菜；螺旋藻；蛋白小球藻

加工

肉制品及副产品加工

序号	产品名称	产品范围
77	冷鲜肉和冷冻肉	猪；牛；羊；鸭；鸡；鹅；鹿；驴；兔；鸵鸟；骆驼；羊驼；马；鹌鹑；鸸鹋；火鸡
78	加工肉制品和可食用屠宰副产品	肉制品（以 50~61 动物为原料加工的制品）、可食用屠宰副产品（50~61 中动物内脏；骨骼；血；皮；油脂及其制品）

水产品加工

序号	产品名称	产品范围
79	冷鲜鱼和冷冻鱼	文昌鱼；鳗；鲱鱼；鲇鱼；鲑；鳕鱼；鲉；鲈；黄鱼；鲷；鳗鲡；鲷；鲀；鲈鱼；鲆；鲽鱼；鳟）；淡水鱼（青鱼；草鱼；鲢鱼；鳙鱼；鲤鱼；鳜鱼；鲟鱼；鲫鱼；鲶鱼；鲌鱼；黄鳝；鳊鱼；罗非鱼；鲂鱼；鲷鱼；乌鳢；鲳鱼；鳗鲡；鳜鱼；鲮；鲫鱼；鲵；鲇；梭鱼；餐条鱼；狗鱼；雅罗鱼；池沼公鱼；武昌鱼；黄颡鱼；丁鱥；梭鲈；河鲈；江鳕；东方欧鳊；银鲫；欧鲇
80	加工鱼制品	加工鱼制品
81	其他水产加工制品	海参；海胆；扇贝；小龙虾；海带；紫菜；裙带菜；麒麟菜；江蓠；羊栖菜；海苔；螺旋藻（粉、片）鲍鱼；虾

加工或保藏的蔬菜

序号	产品名称	产品范围
82	冷冻蔬菜	速冻蔬菜
83	保藏蔬菜	保藏蔬菜
84	腌渍蔬菜	盐渍菜；糖渍菜；醋渍菜；酱渍菜；
85	脱水蔬菜	蔬菜干制品
86	蔬菜罐头	蔬菜罐头

饮料

序号	产品名称	产品范围
87	果蔬汁及其饮料	果汁；果浆；果蔬汁及其饮料
88	其他植物饮料	蔬菜汁；杏仁露；菊粉；核桃露（乳）；豆奶

加工和保藏的水果和坚果

序号	产品名称	产品范围
89	保藏的水果和坚果	保藏的水果和坚果（限于目录中生产—植物 23－37 为原料的）
90	冷冻水果	冷冻水果
91	冷冻坚果	冷冻板栗

（续）

序号	产品名称	产品范围
92	果酱	果酱（含果泥）
93	烘焙或炒的坚果	松籽；核桃（仁）；杏（仁）；葵花籽（仁）；五香瓜子；榛子（仁）；花生；澳洲坚果（仁）
94	其他方法加工及保藏的水果和坚果	坚果粉（粒；片）；水果干制品［限于以本目录"生产-植物类（23-34）"为原料加工的］
植物油加工		
95	食用植物油	食用植物油（限于以1-43，45-49中的产品或其植株的其他部分作为原料加工的）
植物油加工副产品		
96	植物油加工副产品	植物油加工副产品
经处理的液体乳或奶油		
97	经处理的液体乳和奶油	巴氏杀菌乳（含调制乳）；灭菌乳（含调制乳）；黄油；乳脂（奶油）（仅限于以目录62-65中的产品为原料加工的）；乳清液；含乳饮料
其他乳制品		
98	乳粉及其制品	乳粉；乳清粉；乳糖；乳清蛋白粉；含乳固态成型制品
99	发酵乳	发酵乳；干酪；再制干酪
谷物磨制		
100	小麦（粉）	小麦；小麦粉；麦麸
101	玉米（粉）	玉米；玉米粉
102	大米（粉）	大米；米粉；米糠
103	小米（粉）	小米；小米粉
104	其他谷物碾磨加工品和副产品	其他谷物去壳产品及副产品；其他谷物磨制粉；其他植物磨制粉；碾压的片；藜麦
淀粉与淀粉制品		
105	淀粉	淀粉
106	淀粉制品	粉丝；其他淀粉制品
107	豆制品	豆制品
加工饲料		
108	加工的植物性饲料	植物性饲料
109	加工的动物性饲料	动物性饲料
烘焙食品		
110	饼干、面包及其他烘焙产品	饼干；面包；月饼
面条等谷物粉制品		
111	米面制品	面制品；米制品

（续）

序号	产品名称	产品范围
112	方便食品	粮食制品（含糊类制品）
不另分类的食品		
113	茶	红茶；黑茶；绿茶；花茶；乌龙茶；白茶；黄茶；速溶茶；茶粉
114	代用茶	苦丁茶；杜仲茶；柿叶茶；桑叶茶；银杏叶茶；野菊花茶；野藤茶；菊花茶；薄荷；大麦茶；其他代用茶〔仅限以本目录"生产-植物类（1-49）"为原料加工〕
115	其他食品	咖啡；巧克力
116	保藏的禽蛋及其制品	禽蛋及其制品
117	调味品	糖；酱油；食醋；芝麻盐；酱；香辛料；低聚半乳糖；低聚果糖
118	植物类中草药加工制品（仅限于经切碎、烘干等物理工艺加工的产品）	三七；大黄；人参；西洋参；菟丝子；牛蒡根；地黄；桔梗；槲寄生；肉桂；杜仲；牡丹皮；五加皮；银杏叶；苦丁茶；罗布麻；红花；藏红花；金银花；山楂；女贞子；山茱萸；五味子；牛蒡子；沙棘；大蓟；广藿香；小蓟；补骨脂；冬虫夏草；茯苓；灵芝；松花粉
白酒		
119	白酒和配制酒	白酒；食用酒精；配制酒（限于以白酒为配基，以1-49中的植物为原料生产的）
葡萄酒和果酒等发酵酒		
120	葡萄酒	红葡萄酒；白葡萄酒；桃红葡萄酒
121	果酒	果酒；水果红酒/冰酒/干酒
122	黄酒	黄酒
123	米酒	米酒
124	其他发酵酒	红曲酒
啤酒		
125	啤酒	啤酒
纺纱用其他天然纤维		
126	纺纱用其他天然纤维	竹纤维；蚕丝；皮棉；麻
纺织品		
127	纺织制成品	纱及其制成品；线及其制成品；丝及其制成品

*限于"宁夏枸杞"（拉丁名：Lycium barbarum L.）种。

绿色食品标志许可审查程序

第一章 总 则

第一条 为规范绿色食品标志许可审查工作，根据《绿色食品标志管理办法》，制定本程序。

第二条 中国绿色食品发展中心（以下简称中心）负责绿色食品标志使用申请的审查、核准工作。

第三条 省级农业行政主管部门所属绿色食品工作机构（以下简称省级工作机构）负责本行政区域绿色食品标志使用申请的受理、初审、现场检查工作。地（市）、县级农业行政主管部门所属相关工作机构可受省级工作机构委托承担上述工作。

第四条 绿色食品检测机构（以下简称检测机构）负责绿色食品产地环境、产品检测和评价工作。

第二章 标志许可的申请

第五条 申请人应当具备下列资质条件：

（一）能够独立承担民事责任。如企业法人、农民专业合作社、个人独资企业、合伙企业、家庭农场等，国有农场、国有林场和兵团团场等生产单位；

（二）具有稳定的生产基地；

（三）具有绿色食品生产的环境条件和生产技术；

（四）具有完善的质量管理体系，并至少稳定运行一年；

（五）具有与生产规模相适应的生产技术人员和质量控制人员；

（六）申请前三年内无质量安全事故和不良诚信记录；

（七）与绿色食品工作机构或检测机构不存在利益关系。

第六条 申请使用绿色食品标志的产品，应当符合《中华人民共和国食品安全法》和《中华人民共和国农产品质量安全法》等法律法规规定，在国家工商总局商标局核定的范围内，并具备下列条件：

（一）产品或产品原料产地环境符合绿色食品产地环境质量标准；

（二）农药、肥料、饲料、兽药等投入品使用符合绿色食品投入品使用准则；

（三）产品质量符合绿色食品产品质量标准；

（四）包装贮运符合绿色食品包装贮运标准。

第七条 申请人至少在产品收获、屠宰或捕捞前三个月，向所在省级工作机构提出申请，完成网上在线申报并提交下列文件：

（一）《绿色食品标志使用申请书》及《调查表》；

（二）资质证明材料。如《营业执照》、《全国工业产品生产许可证》、《动物防疫条件合格证》、《商标注册证》等证明文件复印件；

（三）质量控制规范；

（四）生产技术规程；

（五）基地图、加工厂平面图、基地清单、农户清单等；

（六）合同、协议，购销发票，生产、加工记录；

（七）含有绿色食品标志的包装标签或设计样张（非预包装食品不必提供）；

（八）应提交的其他材料。

第三章 初次申请审查

第八条 省级工作机构应当自收到第七条规定的申请材料之日起十个工作日内完成材料审查。符合要求的，予以受理，向申请人发出《绿色食品申请受理通知书》，执行第九条；不符合要求的，不予受理，书面通知申请人本生产周期不再受理其申请，并告知理由。

第九条 省级工作机构应当根据申请产品类别，组织至少两名具有相应资质的检查员组成检查组，提前告知申请人并向其发出《绿色食品现场检查通知书》，明确现场检查计划。在产品及产品原料生产期内，完成现场检查。

第十条 现场检查要求

（一）申请人应当根据现场检查计划做好安排。检查期间，要求主要负责人、绿色食品生产负责人、内检员或生产管理人员、技术人员等在岗，开放场所设施设备，备好文件记录等资料。

（二）检查员在检查过程中应当收集好相关信息，作好文字、影像、图片等信息记录。

第十一条 现场检查程序

（一）召开首次会议：由检查组长主持，明确检查目的、内容和要求，申请人主要负责人、绿色食品生产负责人、技术人员和内检员等参加。

（二）实地检查：检查组应当对申请产品的生产环境、生产过程、包装贮运、环境保护等环节逐一进行实地检查。

（三）查阅文件、记录：核实申请人全程质量控制能力及有效性，如质量控制规范、生产技术规程、合同、协议、基地图、加工厂平面图、基地清单、记录等。

（四）随机访问：在查阅资料及实地检查过程中随机访问生产人员、技术人员及管理人员，收集第一手资料。

（五）召开总结会：检查组与申请人沟通现场检查情况并交换现场检查意见。

第十二条 现场检查完成后，检查组应当在十个工作日内向省级工作机构提交《绿色食品现场检查报告》。省级工作机构依据《绿色食品现场检查报告》向申请人发出《绿色食品现场检查意见通知书》，现场检查合格的，执行第十三条；不合格的，通知申请人本生产周期不再受理其申请，告知理由并退回申请。

第十三条 产地环境、产品检测和评价

（一）申请人按照《绿色食品现场检查意见通知书》的要求委托检测机构对产地环境、产品进行检测和评价。

（二）检测机构接受申请人委托后，应当分别依据《绿色食品 产地环境调查、监测与评价规范》（NY/T 1054）和《绿色食品 产品抽样准则》（NY/T 896）及时安排现场抽样，并自环境抽样之日起三十个工作日内、产品抽样之日起二十个工作日内完成检测工作，出具《环境质量监测报告》和《产品检验报告》，提交省级工作机构和申请人。

（三）申请人如能提供近一年内绿色食品检测机构或国家级、部级检测机构出具的《环境质量监测报告》，且符合绿色食品产地环境检测项目和质量要求的，可免做环境检测。

经检查组调查确认产地环境质量符合《绿色食品 产地环境质量》（NY/T 391）和《绿色食品 产地环境调查、监测与评价规范》（NY/T 1054）中免测条件的，省级工作机构可做出免做环境检测的决定。

第十四条 省级工作机构应当自收到《绿色食品现场检查报告》、《环境质量监测报告》和《产品检验报告》之日起二十个工作日内完成初审。初审合格的，将相关材料报送中心，同时完成网上报送；不合格的，通知申请人本生产周期不再受理其申请，并告知理由。

第十五条 中心应当自收到省级工作机构报送的完备申请材料之日起三十个工作日内完成书面审查，提出审查意见，并通过省级工作机构向申请人发出《绿色食品审查意见通知书》。

（一）需要补充材料的，申请人应在《绿色食品审查意见通知书》规定时限内补充相关材料，逾期视为自动放弃申请；

（二）需要现场核查的，由中心委派检查组再次进行检查核实；

（三）审查合格的，中心在二十个工作日内组织召开绿色食品专家评审会，并形成专家评审意见。

第十六条 中心根据专家评审意见，在五个工作日内做出是否颁证的决定，并通过省级工作机构通知申请人。同意颁证的，进入绿色食品标志使用证书（以下简称证书）颁发程序；不同意颁证的，告知理由。

第四章 续展申请审查

第十七条 绿色食品标志使用证书有效期三年。证书有效期满，需要继续使用绿色食品标志的，标志使用人应当在有效期满三个月前向省级工作机构提出续展申请，同时完成网上在线申报。

第十八条 标志使用人逾期未提出续展申请，或者续展未通过的，不得继续使用绿色食品标志。

第十九条 标志使用人应当向所在省级工作机构提交下列文件：

（一）第七条第（一）、（二）、（五）、（六）、（七）款规定的材料；

（二）上一用标周期绿色食品原料使用凭证；

（三）上一用标周期绿色食品证书复印件；

（四）《产品检验报告》（标志使用人如能提供上一用标周期第三年的有效年度抽检报告，经确认符合相关要求的，省级工作机构可做出该产品免做产品检测的决定）；

（五）《环境质量监测报告》（产地环境未发生改变的，省级工作机构可视具体情况做出是否做环境检测和评价的决定）。

第二十条 省级工作机构收到第十九条规定的申请材料后，应当在四十个工作日内完成材料审查、现场检查和续展初审，初审合格的，应当在证书有效期满二十五个工作日前将续展申请材料报送中心，同时完成网上报送。逾期未能报送中心的，不予续展。

第二十一条 中心收到省级工作机构报送的完备的续展申请材料之日起十个工作日内完成书面审查。审查合格的，准予续展，同意颁证；不合格的，不予续展，并告知理由。

第二十二条 省级工作机构承担续展书面审查工作的，按《省级绿色食品工作机构续展审核工作实施办法》执行。

第二十三条 因不可抗力不能在有效期内进行续展检查的，省级工作机构应在证书有效期内向中心提出书面申请，说明原因。经中心确认，续展检查应在有效期后三个月内实施。

第五章　境外申请审查

第二十四条 注册地址在境外的申请人，应直接向中心提出申请。

第二十五条 注册地址在境内，其原料基地和加工场所在境外的申请人，可向所在行政区域的省级工作机构提出申请，亦可直接向中心提出申请。

第二十六条 申请材料符合要求的，中心与申请人签订《绿色食品境外检查合同》，直接委派检查员进行现场检查，组织环境调查和产品抽样。

环境由国际认可的检测机构进行检测或提供背景值，产品由检测机构进行检测。

第二十七条 初审及后续工作由中心负责。

第六章　申诉处理

第二十八条 申请人如对受理、现场检查、初审、审查等意见结果或颁证决定有异议，应于收到书面通知后十个工作日内向中心提出书面申诉并提交相关证据。

第二十九条 申诉的受理、调查和处置

（一）中心成立申诉处理工作组，负责申诉的受理；

（二）申诉处理工作组负责对申诉进行调查、取证及核实。调查方式可包括召集会议、听取双方陈述、现场调查、调取书面文件等；

（三）申诉处理工作组在调查、取证、核实后，提出处理意见，并通知申诉方。

申诉方如对处理意见有异议，可向上级主管部门申诉或投诉。

第七章 附 则

第三十条 本程序由中心负责解释。

第三十一条 本程序自 2014 年 6 月 1 日起施行。原《绿色食品 认证程序（试行)》、原《绿色食品 续展认证程序》、原《绿色食品 境外认证程序》同时废止。

绿色食品标志许可审查工作规范

第一章　总　　则

第一条　为规范绿色食品标志使用许可申请审查工作，保证审查工作的科学性、公正性和有效性，根据《绿色食品标志管理办法》、绿色食品标准和其他相关规定，制定本规范。

第二条　本规范所称审查是指经中国绿色食品发展中心（以下简称"中心"）核准注册且具有相应专业资质的绿色食品检查员，对申请人材料、环境和产品质量证明材料、绿色食品现场检查报告、省级绿色食品工作机构（以下简称"省级工作机构"）相关材料等实施审核的过程。

第三条　省级工作机构负责对申请人材料、环境和产品质量证明材料、绿色食品现场检查报告的初审，中心负责对省级工作机构初审结果及其提交相关材料的综合审查，并对审查工作统一管理。

第四条　审查工作应当客观、公正，实行签字负责制。

第二章　申请材料构成

第五条　申请材料由申请人材料、环境和产品质量证明材料、绿色食品现场检查报告和省级工作机构相关材料构成。

第六条　申请人材料

（一）申请人按《绿色食品标志许可审查程序》第七条和第十九条要求提交，其中上一用标周期绿色食品证书需加盖年检章。

（二）有平行生产的，应提供绿色食品区别管理制度，包括生产、储运、文件记录、人员培训等；有委托加工的，还应提供有效的委托加工合同（协议）和被委托方的相关资质证明材料。

（三）中心要求提交的其他材料。

第七条　环境和产品质量证明材料

（一）环境质量监测报告；

（二）产品检验报告；

（三）产品抽样单；

其中（一）和（二）应提供原件，环境免测依据的监测报告可提供复印件。

第八条　省级工作机构相关材料

（一）《绿色食品申请受理通知书》；

（二）《绿色食品现场检查通知书》；

（三）《绿色食品现场检查意见通知书》；

（四）《绿色食品现场检查报告》、检查照片和《会议签到表》；

（五）《现场检查发现问题汇总表》；

（六）《绿色食品省级工作机构初审报告》；

（七）中心要求提交的其他材料。

第九条 申请材料应齐全完整、统一规范，并按第六条、第七条和第八条的顺序编制成册。

第三章 申请人材料审查

第十条 资质审查

（一）申请人应为在国家工商行政管理部门登记取得营业执照的企业法人、农民专业合作社、个人独资企业、合伙企业、家庭农场等，国有农场、国有林场和兵团团场等生产单位；

（二）具有稳定的生产基地；

（三）具有绿色食品生产的环境条件和生产技术；

（四）具有完善的质量管理体系，并至少稳定运行一年；

（五）具有与生产规模相适应的生产技术人员和质量控制人员；

（六）申请前三年内无质量安全事故和不良诚信记录；

（七）与绿色食品工作机构或检测机构不存在利益关系；

（八）"集团公司＋分公司"可作为申请人，分公司不可独立作为申请人；

（九）全军农副业生产基地申请绿色食品应按中心相关规定执行；

（十）申请产品应为现行《绿色食品产品标准适用目录》范围内产品，但产品本身或产品配料成分属于卫生部发布的"可用于保健食品的物品名单"中的产品（其中已获卫生部批复可作为普通食品管理的产品除外），需取得国家相关保健食品或新食品原料的审批许可后方可进行申报；

（十一）其他要求

1. 续展申请人应完全履行《绿色食品标志商标使用许可合同》责任和义务；

2. 无稳定原料生产基地（不包括购买全国绿色食品原料标准化生产基地原料或绿色食品及其副产品的申请人），且实行委托加工的，不得作为申请人。

第十一条 资质证明材料审查

（一）营业执照复印件

1. 申请人应与企业名称一致；

2. 经营范围应涵盖申请产品类别。

（二）商标注册证

1. 申请人应与商标注册人或其法人代表一致，若不一致，应提供申请人使用权证明材料（商标变更证明、商标使用许可证明、商标转让协议等）；

2. 核定商品使用类别应涵盖申请产品；

3. 应在有效期内；

4. 应提供正式商标注册证，在受理期、公告期的按无商标处理；

5. 未注册商标的无需提供相关注册材料。

（三）全国工业产品生产许可证（QS证）

1. 在QS证取证目录范围内产品，应提供生产许可证及其副页；

2. 申请人应与被许可人或其申请产品生产方一致；

3. 许可生产产品范围应涵盖申请产品；

4. 应在有效期内。

（四）动物防疫条件合格证

1. 按照农业部《动物防疫条件审查办法》应取得动物防疫条件合格证的，应提供该证书；

2. 申请人应与证书中单位名称或申请人养殖场所名称一致；

3. 经营范围应涵盖申请产品。

（五）屠宰许可证

1. 需提供屠宰许可证的产品，应提供该证书；

2. 申请人应与证书中企业名称或其申请产品屠宰加工方一致；

3. 应在有效期内。

（六）采矿（取水）许可证

1. 矿泉水、矿盐等矿产资源产品申请人应提供该证书；

2. 申请人应与采矿权人或其采矿单位一致；

3. 生产规模应能满足产品申请产量需要；

4. 应在有效期内。

（七）其他资质证明材料

1. 食盐定点生产企业证书：申请人应与证书中单位名称一致，生产品种应涵盖申请产品，证书应在有效期内。

2. 野生动物驯养（繁育）许可证：属野生动物养殖产品的，应提供该证书且应在有效期内。

3. 特种水产养殖许可证：属特种水产养殖产品的，应提供该证书且应在有效期内。

4. 野生采集证明材料：属野生采集产品的，应提供证明材料。

5. 其他需提供的资质证明材料，应符合国家相关要求。

第十二条 《绿色食品标志使用申请书》（以下简称申请书）审查

（一）应符合其填写说明要求；

（二）封面应明确初次申请和续展申请；

（三）保证声明应有法定代表人签字和申请人盖章，并填写日期；已有中心注册内检员的申请人，应有内检员签字；

（四）表一是否准确填写相关信息，并明确龙头企业级别；

（五）续展申请人应填写首次获证时间；

（六）申请人简介应包括申请人注册时间、注册资本、生产规模、员工组成、发展状况及经营产品等情况；

（七）产品名称应符合国家现行标准或规章要求；

（八）商标应与商标注册证一致。若有图形、英文或拼音等，应按"文字＋拼音＋图形"或"文字＋英文"等形式填写；若一个产品同一包装标签中使用多个商标，商标之间应用顿号隔开；

（九）年产量单位应为吨；

（十）是否有包装，包装规格应符合实际预包装情况；

（十一）续展产品名称、商标、产量等发生变化的，应在表二备注栏说明；

（十二）申请产品原料来源于绿色食品或全国绿色食品原料标准化生产基地的，应如实填写表三，否则杠划；

（十三）表四内容应按申请产品分别填写；绿色食品包装印刷数量应按包装规格如实填写。

第十三条 《种植产品调查表》审查

（一）应符合其填表说明要求；

（二）该表用于不添加任何配料和添加剂，只进行清洁、脱粒、干燥、分选等简单物理处理过程的产品（或原料）。如原粮、新鲜果蔬、饲料原料等。来源于全国绿色食品原料标准化生产基地的产品，无需填写该表。

（三）种植产品基本情况审查

1. 名称应填写种植产品或产品原料、饲料原料作物名称；

2. 面积、年产量应按不同作物分别填写，且符合实际；

3. 基地位置应具体到乡（镇）、村，5 个以上的可另附基地清单。

（四）产地环境基本情况

1. 对于产地分散、环境差异较大的，应分别描述；

2. 需描述的，应做具体文字说明；

3. 审查填写内容是否符合 NY/T 391 和 NY/T 1054 标准要求。

（五）栽培措施及土壤处理

1. 措施及处理方式不同的，应分别填写；

2. 涉及土壤消毒的，应填写消毒剂名称、使用方法、用量及使用时间等；涉及土壤改良的，应描述具体措施，如深翻、晒土、使用土壤改良剂等；

3. 土壤培肥处理应填写肥料原料名称、年用量，并详细描述来源及处理方式；

4. 审查是否符合 NY/T 393 和 NY/T 394 标准要求。

（六）种子（种苗）处理

1. 种子（种苗）来源应详细填写来源方式及单位；

2. 种子（种苗）处理应填写具体措施，涉及药剂使用的应说明药剂名称和用量；

3. 播种（育苗）时间应根据实际情况填写，有多茬次的应分别填写；

4. 审查是否符合 NY/T 393 标准要求。

（七）病虫草害农业防治措施

1. 应详细描述防治措施；

2. 有间、套作的，应同时填写其病虫草害农业防治措施。

（八）肥料使用情况

1. 产品名称应填写作物名称，使用情况应按作物分别填写；

2. 氮磷钾不涉及项可杠划；

3. 当地同种作物习惯施用无机氮种类及用量应符合实际情况；

4. 审查是否符合 NY/T 394 标准要求。

（九）病虫草害防治农药使用情况

1. 产品名称应填写作物名称，使用情况应按作物分别填写；

2. 农药名称应填写"商品名（通用名）"，例如一遍净（吡虫啉）；混配农药应明确每种成分的名称，如克露（代森锰锌·霜脲氰）；

3. 登记证号应为农药包装标签上的农药登记证号，且应与中国农药信息网上查询结果一致；

4. 剂型规格应按相应农药的包装标签填写，如50％乳油、10％可湿性粉剂、200 克/升水剂、3.6％颗粒剂、8 000 IU/毫克（BT）等；

5. 防治对象应填写具体病虫草害名称；

6. 使用方法应按农药实际使用情况填写，如喷雾、拌种、土壤处理、熏蒸、涂抹、种子包衣等；

7. 每次用量应符合农药包装标签标识的制剂用药量；

8. 使用时间应符合农药包装标签标识的安全间隔期要求；

9. 有间作或套作的，应同时填写其病虫草害农药使用情况；

10. 审查填写内容是否符合 NY/T 393 标准要求。

（十）灌溉情况

1. 属天然降水的在是否灌溉栏标注；

2. 其他灌溉方式应按实际情况填写。

（十一）收获后处理

1. 收获时间应具体到日期，有多茬次或多批次采收的，应按茬口或批次填写收获时间；

2. 收获后清洁、挑选、干燥、保鲜等预处理措施应简要描述处理方法，包括工艺流程图，器具、清洁剂、保鲜剂等使用情况等；

3. 包装材料应描述包装材料具体材质，包装方式应填写袋装、罐装、瓶装等；

4. 防虫、防鼠、防潮应填写具体措施，有药剂使用的，应说明具体成分；

5. 如何防止绿色食品食品与非绿色食品混淆栏应填写具体措施；

6. 审查填写内容是否符合 NY/T 658 和 NY/T 393 标准要求。

（十二）废弃物处理及环境保护措施

应按实际情况填写，包括投入品包装袋、残次品处理情况，基地周边环境保护情况等，应符合国家相关标准要求。

第十四条 《畜禽产品调查表》审查

（一）应按填表说明填写；

（二）本表适用于畜禽养殖、生鲜乳及禽蛋收集等；

（三）应按不同畜禽名称分别填写；

（四）养殖场基本情况

1. 养殖面积应按实际情况填写；

2. 基地位置应填写养殖场或牧场位置，具体到乡（镇）、村，5个以上的可另附基地清单；

3. 对于养殖场分散、环境差异较大的，应分别描述；

4. 审查填写内容是否符合 NY/T 473 和 NY/T 1892 标准要求；

5. 对于养殖场不在无规定疫病区的，审查是否有针对当地易发的流行性疾病制定相关防疫和扑灭净化制度。

（五）养殖场基础设施

1. 应按实际情况填写，需描述内容做具体文字说明；

2. 审查填写内容是否符合 NY/T 473 和 NY/T 1892 标准要求。

（六）养殖场管理措施

1. 应按实际情况填写，需描述内容做具体文字说明；

2. 养殖场消毒应填写具体措施，有药剂使用的，应说明使用药剂名称及使用时间；

3. 审查填写内容是否符合 NY/T 472 标准要求。

（七）畜禽饲料及饲料添加剂使用情况

1. 应按畜禽名称分别填写；

2. 养殖规模应填写存栏量，并说明单位，如头、只、羽等；

3. 品种名称应具体到种，如长白猪、荷斯坦奶牛、乌骨鸡等；

4. 种畜禽来源应填写种苗来源，如自繁或外购来源单位；

5. 年出栏量及产量应填写畜禽年出栏量（头/只/羽），蛋禽、奶牛等应填写蛋、奶的产量（吨）；

6. 养殖周期应填写畜禽从入栏到出栏（或淘汰）的时间；

7. 饲料及饲料添加剂应填写所有成分，如豆粕、青贮玉米、预混料或微量元素（如矿物质、维生素）等；

8. 用量及比例应符合动物不同生长阶段营养需求；

9. 来源应填写饲料生产单位或基地名称或自给；

10. 审查饲料使用情况是否符合 NY/T 471 标准要求。

（八）畜禽疫苗及兽药使用情况

1. 应按畜禽名称分别填写；

2. 兽药名称栏应填写商品名（通用名）；

3. 用途应填写具体防治的疾病名称；

4. 使用方法应填写肌注、口服等；

5. 审查填写内容是否符合 NY/T 472 标准要求。

（九）饲料加工及存贮情况

1. 防虫、防鼠、防潮应填写具体措施，有药剂使用的，应说明使用药剂名称；

2. 如何防止绿色食品食品与非绿色食品混淆栏应填写具体措施；

3. 审查填写内容是否符合 NY/T 393 标准要求。

（十）畜禽、禽蛋、生鲜乳收集

1. 清洗、消毒应具体填写方法，涉及药剂使用的，应说明使用药剂名称、用量等；

2. 存在平行生产的，应说明区分管理措施；

3. 审查填写内容是否符合 NY/T 472 标准要求。

（十一）资源综合利用和废弃物处理

应按实际情况填写，并符合国家相关标准要求。

第十五条 《加工产品调查表》审查

（一）应符合其填表说明要求；

（二）该表用于以植物、动物、食用菌、矿物资源、微生物等为原料，进行加工、包装、贮藏和运输的产品，如米面及其制品、食用植物油、肉食加工品、乳制品、酒类、畜禽配合饲料和预混料等。

（三）加工产品基本情况

1. 产品名称应与申请书一致，饲料加工也应填写该表；

2. 商标、年产量应与申请书一致；

3. 包装规格栏应填写所有拟使用绿色食品标志的包装；

4. 续展涉及产品名称、商标、产量变化的，应在备注栏说明。

（四）加工厂环境基本情况

1. 对于有多处加工场所的，应分别描述；

2. 需描述内容应做具体文字说明；

3. 审查填写内容是否符合 NY/T 391 和 NY/T 1054 标准要求。

（五）加工产品配料情况

1. 应按申请产品名称分别填写，产品名称、年产量应与申请书一致；

2. 主辅料使用情况表应填写产品加工过程中所有投入原料使用情况；

3. 添加剂使用情况中名称应填写具体成分名称，如柠檬酸、山梨酸钾等，不得以"防腐剂"等名称代替，应明确添加剂用途；

4. 原料及添加剂比例总计应为 100%；

5. 有加工助剂的，应填写加工助剂的有效成分、年用量和用途；

6. 来源应填写原料生产单位或基地名称；

7. 加工水使用情况和主辅料预处理情况应根据生产情况如实填写；

8. 加工产品配料应符合食品级要求；

9. 符合绿色食品要求的原料（包括绿色食品、绿色食品加工产品的副产品、产地环境质量符合 NY/T 391 标准要求，按照绿色食品标准生产和管理而获得的原料、绿色食品原料标准化生产基地生产的原料及绿色食品生产资料）应不少于 90%，其他原料且比例在 2%～10% 的，应有固定来源和省级或省级以上检测机构出具的产品检验报告（产品检验应依据《绿色食品标准适用目录》执行，如产品标准不在目录范围内，应按照国家标准、行业标准和地方标准的顺序依次选用）；原料比例<2% 的，年用量 1 吨（含）以上

的，应提供原料订购合同和购买凭证；年用量 1 吨以下的，应提供原料购买凭证；

10. 使用食盐的，使用比例＜5％的，应提供合同、协议或发票等购买凭证；≥5％的，还应提供具有法定资质机构出具的符合 NY/T 1040 标准要求的产品检验报告；

11. 同一种原料不应同时来自获得绿色食品标志的产品和未获得标志的产品；

12. 对于标注酒龄黄酒，还应符合以下要求：

（1）产品名称相同，标注酒龄不同的，应按酒龄分别申请；

（2）标注酒龄相同，产品名称不同的，应按产品名称分别申请；

（3）标注酒龄基酒的比例不得低于 70％，且该基酒应为绿色食品。

13. 审查填写内容是否符合 NY/T 392 和 NY/T 471 标准要求。

（六）加工产品配料统计表

1. 合计年用量应包括所有配料，不同产品的相同配料合计填写；

2. 应对添加剂级别进行勾选。

（七）产品加工情况

1. 加工工艺不同的产品应分别填写加工工艺流程；

2. 处理方法、提取工艺使用溶剂和浓缩方法应同时反映所有加工产品的使用情况。

（八）包装、贮藏、运输

1. 应根据实际情况填写；

2. 审查是否符合 NY/T 658 和 NY/T 1056 标准要求。

（九）平行加工

1. 应按实际情况填写；

2. 对避免交叉污染的措施进行勾选或描述。

（十）设备清洗、维护及有害生物防治

1. 应按实际情况填写；

2. 涉及药剂使用的，应说明具体成分；

3. 审查填写内容是否符合 NY/T 393 标准要求。

（十一）污水、废弃物处理情况及环境保护措施

应按实际情况填写，且符合国家相关标准要求。

第十六条 《水产品调查表》审查

（一）应按填表说明填写；

（二）该表适用于鲜活水产品及捕捞、收获后未添加任何配料的冷冻、干燥等简单物理加工的水产品。加工过程中，使用了其他配料或加工工艺复杂的腌熏、罐头、鱼糜等产品，需填写《加工产品调查表》。

（三）水产品基本情况

应按不同养殖方式填写相关内容。

（四）产地环境基本情况

1. 对于产地分散、环境差异较大的，应分别描述；

2. 需描述内容应做具体文字说明；

3. 审查填写内容是否符合 NY/T 391 和 NY/T 1054 标准要求。

（五）苗种情况

1. 品种名称应填写鲤鱼、鳙鱼等产品名称；

2. 苗种来源应对外购和自育进行勾选，并说明来源单位；

3. 消毒应填写具体方法，涉及药剂使用的，应说明药剂名称；

4. 审查填写内容是否符合 NY/T 755 标准要求。

（六）饵料（肥料）使用情况

1. 饵料配方不同的应分别填写；

2. 应按生产实际选填相关内容；

3. 审查饵料构成是否符合 NY/2112 标准要求；

4. 海带、螺旋藻等藻类养殖应填写肥料使用情况；

5. 审查肥料使用是否符合 NY/T 394 标准要求。

（七）常见疾病防治

1. 应按产品名称分别填写；

2. 审查药物使用是否符合 NY/T 755 标准要求。

（八）水质改良情况

1. 涉及水质改良的应填写该表；

2. 审查药物使用是否符合 NY/T 755 标准要求。

（九）捕捞、运输

1. 养殖周期应填写投苗到捕捞的时间；

2. 如何保证存活率应填写具体措施，涉及药物使用的，应说明药物名称；

3. 审查药物使用是否符合 NY/T 755 标准要求。

（十）初加工、包装、贮藏

1. 应按实际情况填写；

2. 审查填写内容是否符合 NY/T 755 和 NY/T 658 标准要求。

（十一）废弃物处理及环境保护措施

应按实际情况填写，并符合国家相关标准要求。

第十七条 《食用菌调查表》审查

（一）应按填表说明填写；

（二）该表适用食用菌鲜品和干品。压缩食用菌、食用菌罐头等产品还需填写《加工产品调查表》；

（三）产品基本情况

1. 产品名称应填写原料种类，如金针菇、香菇等；

2. 基地位置应具体乡（镇）、村，5 个以上的，可另附基地清单。

（四）产地环境基本情况

1. 对于产地分散、环境差异较大的，应分别描述；

2. 需描述内容应做具体文字说明；

3. 审查填写内容是否符合 NY/T 391 和 NY/T 1054 标准要求。

（五）基质组成情况

1. 应按产品名称分别填写，不涉及基质的不填写该表；

2. 成分组成应符合生产实际，来源应填写原料供应单位。

（六）菌种处理

1. 应按产品名称分别填写；

2. 接种时间应填写本年度每批次接种时间；

3. 菌种如"自繁"应详细描述菌种逐级扩大培养的方法和步骤。

（七）污染控制管理

1. 基质消毒、菇房消毒应填写具体措施，有药剂使用的，应描述使用药剂名称及使用时间等；

2. 栽培用水来源应按实际生产情况填写；

3. 其他潜在污染源及污染物处理方法应对食用菌生产及产品无害，如感染菌袋、废弃菌袋等；

4. 审查填写内容是否符合 NY/T 393 标准要求。

（八）病虫害防治措施

1. 产品名称应填写原料种类，农药防治应按产品名称分别填写；

2. 农药防治情况审查要求同《种植产品调查表》。

（九）用水情况

应按实际情况填写。

（十）采后处理

1. 收获后清洁、挑选、干燥、保鲜等预处理措施应简要描述处理方法，包括工艺流程图，器具、清洁剂、保鲜剂等使用情况等；

2. 包装材料应描述包装材料具体材质，包装方式应填写袋装、罐装、瓶装等；

3. 审查填写内容是否符合 NY/T 658 和 NY/T 393 标准要求。

（十一）食用菌初加工

1. 加工工艺不同的产品应分别填写工艺流程；

2. 成品名应与申请书一致；

3. 原料量、出成率、成品量应符合实际生产情况；

4. 审查生产过程中是否使用漂白剂、增白剂、荧光剂等非法添加物质。

（十二）废弃物处理及环境保护措施

应按实际情况填写，并符合国家相关标准要求。

第十八条 《蜂产品调查表》审查

（一）应按填表说明填写；

（二）该表适用于涉及蜜蜂养殖的相关产品，加工环节需填写《加工产品调查表》；

（三）蜂产品基本情况

1. 名称应填写花粉、蜂王浆、蜂蜜等；

2. 基地位置应填写蜜源地名称，5 个以上的可另附基地清单。

（四）产地环境基本情况

1. 对于蜜源地分散、环境差异较大的，应分别描述；

2. 需描述的，应做具体文字说明；

3. 审查填写内容是否符合 NY/T 391 和 NY/T 1054 标准要求。

（五）蜜源植物

1. 应按蜜源植物分别填写；

2. 病虫草害防治应填写防治方法，涉及农药使用的，应填写使用的农药通用名、用量、使用时间、防治对象和安全间隔期等内容；

3. 审查填写内容是否符合 NY/T 393 标准要求。

（六）蜂场

1. 应按申请产品对生产产品种类进行勾选；

2. 蜜源地规模应填写蜜源地总面积；

3. 巢础来源及材质应按实际情况填写；

4. 蜂箱及设备如何消毒应填写消毒方法、消毒剂名称、用量、消毒时间等；

5. 蜜蜂饮用水来源应填写露水、江河水、生活饮用水等；

6. 涉及转场饲养的，应描述具体的转场时间、转场方法等；

7. 审查填写内容是否符合 NY/T 393 和 NY/T 472 标准要求。

（七）饲喂

1. 饲料名称应填写所有饲料及饲料添加剂使用情况；

2. 来源应填写自留或饲料生产单位名称；

3. 审查饲料使用是否符合 NY/T 471 标准要求。

（八）蜜蜂常见疾病防治

1. 应按实际情况填写；

2. 审查填写内容是否符合 NY/T 472 标准要求。

（九）蜂场消毒

1. 应按实际情况填写；

2. 审查填写内容是否符合 NY/T 472 标准要求。

（十）采收情况

1. 有多次采收的，应填写所有采收时间；

2. 有平行生产的，应具体描述区分管理措施。

（十一）储存及运输情况

应按实际情况填写。

（十二）废弃物处理及环境保护措施

应按实际情况填写，符合国家相关标准要求。

第十九条　生产技术规程审查

生产技术规程包括种植规程（涵盖食用菌种植规程）、养殖规程（包括畜禽、水产品和蜜蜂等养殖规程）和加工规程。各项规程应依据绿色食品相关标准准则、结合当地实际情况制定，并具有科学性、可操作性和实用性的特点。技术规程应由申请人负责人签发或加盖申请人公章。

（一）种植规程

1. 应包括立地条件、品种与茬口（包括耕作方式）、育苗与移栽、种植密度、田间肥水管理、病虫草鼠害的发生及防治、收获（包括亩产量）、原粮存储（包括防虫、防潮和防鼠措施）、收后预处理、平行生产及废弃物处理等内容；

2. 肥料使用情况应包括施用肥料名称、类别、使用方法、每次用量、全年用量等；涉及食用菌基质的，应说明基质组成情况、基质消毒情况等；

3. 病虫草鼠害发生及防治应说明当地常见病虫草鼠害发生情况、具体措施（包括农业措施、物理、化学和生物防治措施）。涉及化学防治的，应说明使用农药名称、防治对象、使用方法和使用时间。

4. 审查农药、肥料等投入品使用是否符合 NY/T 393 和 NY/T 394 标准要求。

（二）养殖规程

1. 主要包括养殖环境，品种选择、繁育，不同生长阶段饲养管理（包括饲料及饲料添加剂使用、防疫及疾病防治等）；

2. 饲料及饲料添加剂使用应包括不同生长阶段饲料及饲料添加剂组成情况、用量；

3. 药物使用应说明使用药物名称、用量、用途、用法、使用时间及停药期等；

4. 审查投入品使用是否符合 NY/T 471、NY/T 472、NY/T 473、NY/T 755、NY/T 1892、NY/T 2112。

（三）加工规程

1. 应描述主辅料来源、验收、储存及预处理方法等；

2. 应明确主辅料组成及比例，食品添加剂品种、来源、用途、使用量、使用方式等；

3. 应描述加工工艺及主要技术参数，如温度、湿度、时间、浓度、用量、杀菌方法、添加剂使用情况等；主要设备及清洗方法；产品包装、仓储及成品检验制度；

4. 涉及仓储产品或原料应说明其防虫、防鼠、防潮等措施；

5. 审查投入品使用是否符合 GB 2760、NY/T 392、NY/T 393 标准要求。

第二十条 原料订购凭证

（一）合同（协议）的总体要求

1. 应真实、有效，不得涂改或伪造；

2. 应清晰、完整并确保双方（或多方）签字、盖章清晰；

3. 应包括绿色食品相关技术要求、法律责任等内容。

4. 原料及其生产规模（产量或面积）应满足申请产品生产需要；

5. 应确保至少三年的有效期。

（二）原料供应为"自有基地"的

1. 应提供自有基地证明材料，如土地流转（承包）合同、产权证、林权证、滩涂证、国有农场所有权证书等；

2. 若土地承包合同中发包方为非产权人，应提供产权人土地来源证明；

3. 发包方为合作社的，应提供社员清单，包括姓名、面积、品种、产量等内容。

（三）原料供应为"公司＋基地＋农户"形式的

1. 应提供公司与农场、村或农户等签订的合同（协议）样本（样本数以签订的合同数开平方计）；

2. 应提供基地清单和农户（社员）清单

（1）基地清单应包括乡（镇）、村数、农户数、品种、面积（或规模）、预计产量等信息；

（2）农户清单应包括农户姓名、面积（或规模）、品种、预计产量等；对于农户数50户（含50户）以下的申请人要求提供全部农户清单；对于50户以上的，要求申请人建立内控组织（内控组织不超过20个），即基地内部分块管理，并提供所有内控组织负责人的姓名及其负责地块的品种、农户数、面积（或规模）及预计产量。

（四）原料供应为"外购绿色食品或其副产品"的

1. 应提供申请人与绿色食品生产企业签订的合同（协议）以及一年内的原料购销发票复印件2张：

（1）合同（协议）、购销发票中产品应与绿色食品证书中批准产品相符；

（2）购销发票中收付款双方应与合同（协议）中一致。

2. 若申请人与经销商签订合同（协议），还应提供经销商销售绿色食品原料的证明材料，包括合同（协议）、发票或绿色食品生产企业提供的销售证明等；

3. 提供真实有效的绿色食品证书复印件；

4. 审查绿色食品原料是否供给其他单位，现有原料产量能否满足申请产品的生产需要。

（五）原料供应为"外购全国绿色食品原料标准化生产基地"原料的

1. 应提供真实有效的基地证书复印件；

2. 提供申请人与基地范围内产业化经营单位或合作社等生产主体签订的原料供应合同及相应票据；

3. 基地办应提供相应材料，证明购买原料来自全国绿色食品原料标准化生产基地，确认签订的原料供应合同真实有效；

4. 申请人无需提供《种植产品调查表》、种植规程、基地管理制度、基地图等材料。

第二十一条 基地图

（一）基地图应清晰反映基地所在行政区划（具体到县级）、基地位置（具体到乡镇村）和地块分布；

（二）加工产品还应提供加工厂平面图，养殖产品还应提供养殖场所平面图。

第二十二条 质量控制规范

（一）应由申请人负责人签发或加盖申请人公章；

（二）非加工产品应提供加盖申请人公章的基地管理制度，内容包括基地组织机构设置、人员分工；投入品供应、管理；种植（养殖）过程管理；产品收后管理；仓储运输管理等相关内容。

（三）加工产品应提供《质量管理手册》，内容应包括：

1. 绿色食品生产、加工、经营者的简介；

2. 绿色食品生产、加工、经营者的管理方针和目标；

3. 管理组织机构图及其相关岗位的责任和权限；

4. 可追溯体系、内部检查体系、文件和记录管理体系。

第二十三条 预包装食品标签或设计样

（一）应符合《食品标识管理规定》、《食品安全国家标准　预包装食品标签通则》(GB 7718)、《食品安全国家标准　预包装食品营养标签通则》(GB 28050) 等标准要求；

（二）标签上生产商名称、产品名称、商标、产品配方等内容应与申请材料一致；

（三）标签上绿色食品标志设计样应符合《中国绿色食品商标标志设计使用规范手册》要求，且应标示企业信息码；

（四）申请人可在标签上标示产品执行的绿色食品标准，也可标示其执行的其他标准；

（五）非预包装食品不需提供产品包装标签。

第二十四条　环境质量证明材料审查

（一）《环境质量监测报告》的检测项目应与《绿色食品现场检查意见通知书》一致；

（二）若申请人提供了近 1 年内（以省级工作机构受理时间为准）绿色食品检测机构或国家级、部级检测机构出具的《环境质量监测报告》原件或复印件，且符合绿色食品产地环境检测项目和质量要求的，可免做环境抽样检测；

（三）涉及牛羊草原放牧的，其草原土壤免做环境抽样检测；

（四）《环境质量监测报告》应符合以下要求：

1. 报告封面应有监测单位盖章、CMA 专用章，并加盖骑缝章；

2. 报告第一页检测结论应表述为 "＊＊＊＊＊（申请人名称）申请的 ＊＊ 区域（基地位置）＊＊ 万亩（基地面积）＊＊＊（产品名称）产地环境质量符合（不符合）NY/T 391 标准要求，适宜（不适宜）发展绿色食品"，并加盖检测专用章，且有批准、审查、制表人员签名；

3. 报告内容至少应包括采样地点名称（明确到行政村）、标准要求、检测结果、单项判定（Pi）和综合评价（P综）；

4. 土壤监测结果应明确采样深度（cm），土壤肥力检测结果要进行级别划分，但不作为判定产地环境质量合格与否的依据；

（五）审查检测项目和结果是否符合 NY/T 391 标准要求。

第二十五条　产品质量证明材料审查

（一）产品抽样应符合 NY/T 896 标准要求；

（二）《产品抽样单》应填写完整，不涉及项目应杠划，并有抽样单位（绿色食品检测机构）与被抽样单位（申请人）签字、盖章；

（三）《产品检验报告》应符合以下要求：

1. 报告封面受检产品、受检单位应与申请产品、申请人一致，有产品检测机构盖章、CMA 专用章，并加盖骑缝章；

2. 报告第 1 页检验相关信息应与申请产品一致，检测依据应符合产品执行的绿色食品标准，应有检测机构盖章，并有批准、审查、制表人员签名；

3. 检测项目应在备案认可范围内；

4. 检测结论应符合《农业部产品质量监督检验测试机构审查认可评审细则》条文释义第八十一条规定，备注栏不得填写"仅对来样负责"等描述；

5. 分包检测应符合国家相关规定；

6. 报告至少应包括序号、检验项目、计量单位、标准要求、检出限、检测结果、单项判定、检验结论；

（四）续展申请人提供上一用标周期第三年度的全项抽检报告，可作为其同类系列产品的质量证明材料；非全项抽检报告，可作为该产品的质量证明材料。

（五）审查检测项目和结果是否符合相关绿色食品产品标准。

第四章　省级工作机构材料和现场检查报告审查

第二十六条　省级工作机构材料审查

（一）《绿色食品申请受理通知书》

1. 应明确材料审查意见；

2. 审查意见不合格的或需要补充的应用"不符合……""未规定……""未提供……"等方式表达，不应用"请提供……""请补充……""应……"等方式表达；

3. 应有省级工作机构盖章。

（二）《绿色食品现场检查通知书》

1. 应明确初次申请或续展申请；

2. 应明确检查依据和检查内容等相关信息；

3. 填写内容、签字、盖章应完整。

（三）《绿色食品现场检查意见通知书》

1. 应明确现场检查意见；

2. 现场检查合格的，应说明环境检测项目，如灌溉水、土壤等；不合格的，应说明原因；

3. 填写内容、签字、盖章应完整。

（四）《绿色食品现场检查报告》

1. 报告内容应详实；

2. 检查日期应在产品生产季节；

3. 检查应由至少2名具有相关专业的检查员实施；

4. 填写内容、签字、盖章应完整；

5. 审查填写内容是否符合绿色食品相关标准要求。

（五）《现场检查发现问题汇总表》

1. 发现问题描述应客观说明检查中存在的问题；

2. 依据应明确具体标准条款，如 NY/T 393 中第 5.5 款，使用了附录 A 以外的农药；

3. 涉及整改的，申请人应附整改报告，检查组应就其整改落实情况填写意见；

4. 填写内容、签字、盖章应完整。

（六）会议签到表

1. 应根据参会情况对首次会议和总结会进行勾选；

2. 检查员、签到日期应与《绿色食品现场检查报告》一致；

3. 填写内容、签字应完整。

（七）现场检查照片

1. 应反映检查员工作，体现申请人名称，标注检查地点和内容，且检查员应与检查报告一致；

2. 应清晰反映首次会议、实地检查、随机访问、查阅文件（记录）、总结会，并覆盖申请产品生产、加工、仓储等关键环节；

3. 应提供 5 寸照片，并在 A4 纸上按检查顺序打印或粘贴。

（八）《绿色食品省级工作机构初审报告》

1. 初审报告应由省级工作机构主要负责人授权的检查员完成并签字，现场检查人员不能参与同一申请的初审；

2. 应明确初次申请或续展申请；

3. 续展申请人、产品名称、商标和产量发生变化的应填写表一备注栏；

4. 申请书、调查表和现场检查报告产量不一致的，以最小产量为准；

5. 表二应对相关内容的"有/无/不涉及"进行说明，对其"符合性"进行判断，并对需说明的加以备注；

6. 应由省级工作机构主要负责人或分管领导签字，并加盖机构公章；

7. 检查员意见应表述为：经审查，＊＊＊＊（申请人）申请的＊＊＊＊（申请产品）等产品，其产地环境、生产过程、产品质量符合绿色食品相关标准要求，申报材料完备有效；

8. 省级工作机构初审意见应表述为：初审合格，同意报送中心或同意续展。

第二十七条 补充材料审查

1. 应针对审查意见，在规定的时限内逐条书面答复，逾期未提交的，视为自动放弃申请；因客观原因不能按期提交续展补充材料的，应在有效期后 3 个月内完成；

2. 应有申请人或相关部门盖章；

3. 应由省级工作机构审核，并签字确认。

第二十八条 省级工作机构承担续展书面审查工作的，中心每月随机抽取 10％的综合审核材料进行监督抽查。

第五章 评 判

第二十九条 不通过情况

有下列情况之一的，审查不予通过：

（一）申请材料任一部分造假的，如伪造合同、发票、证书、现场检查报告及照片等；

（二）产地环境质量不符合标准要求的：

1. 环境质量监测报告检测数据不符合 NY/T 391 标准要求或检测结论不合格；

2. 产地环境发生变化的，不符合绿色食品产地环境质量要求的。

（三）投入品使用不符合标准要求的：

1. 使用转基因技术及其产物的；

2. 食品添加剂使用不符合标准要求的：

（1）使用非法添加物质；

(2) 使用量、使用范围不符合 GB 2760 标准要求；

(3) 添加 NY/T 392 中不应使用的食品添加剂。

3. 农药使用不符合标准要求的：

(1) 使用不符合国家相关法律法规的，并未获得国家农药登记许可；

(2) 使用 NY/T 393 附录以外的农药；

(3) 使用量超过农药登记用量的；

(4) 安全间隔期不符合要求的。

4. 肥料使用不符合标准要求的：

(1) 使用添加有稀土元素的肥料；

(2) 使用成分不明确、含有安全隐患成分的肥料；

(3) 使用未经发酵腐熟的人畜粪尿；

(4) 使用生活垃圾、污泥和含有害物质的工业垃圾；

(5) 使用的无机氮素用量超过当地同种作物习惯施用量一半；

(6) 使用的肥料不符合国家法律法规要求。

5. 畜禽饲料及饲料添加剂使用不符合标准要求的：

(1) 饲料原料不全是通过认定的绿色食品，或来源于绿色食品标准化生产基地的产品，或经绿色食品工作机构认定或按照绿色食品生产方式生产、达到绿色食品标准的自建基地生产的产品；

(2) 使用以哺乳类动物为原料的动物性饲料产品（不包括乳及乳制品）饲喂反刍动物；

(3) 使用同源动物源性饲料的原则；

(4) 使用工业合成的油脂；

(5) 使用畜禽粪便；

(6) 使用任何药物饲料添加剂；

(7) 饲料添加剂品种不是《饲料添加剂品种目录》中所列的饲料添加剂和允许进口的饲料添加剂品种，或不是农业部公布批准使用的饲料添加剂品种；

(8) 使用 NY/T 471 附录 A 中所列的饲料添加剂品种。

(9) 饲料贮存中使用化学合成药物毒害虫鼠。

6. 兽药使用不符合标准要求的：

(1) 使用国家规定的其他禁止在畜禽养殖过程中使用的药物；

(2) 使用 NY/T 472 附录 A 中的药物，产蛋期和泌乳期使用附录 B 中的兽药；

(3) 使用药物饲料添加剂；

(4) 使用酚类消毒剂，产蛋期使用酚类和醛类消毒剂；

(5) 使用抗菌药物、抗寄生虫药、激素或其他生长促进剂促进畜禽生长；

(6) 使用剂量超过登记用量。

7. 渔药使用不符合标准要求的：

(1) 使用中华人民共和国农业部公告第 176 号、193 号、235 号、560 号和 1519 号公告中规定的渔药；

（2）使用药物饲料添加剂；

（3）使用抗菌药物、激素或其他生长促进剂促进水产动物生长。

（4）预防用药使用 NY/T 755 附录 A 以外的药物；

（5）治疗用药使用 NY/T 755 附录 B 以外的药物；

（6）使用剂量超过登记用量。

8. 渔业饲料及饲料添加剂使用不符合标准要求的：

（1）饲料原料不全是通过认定的绿色食品，或全国绿色食品原料标准化生产基地的产品，或经中国绿色食品发展中心认定、按照绿色食品生产方式生产、达到绿色食品标准的自建基地生产的产品；

（2）使用工业合成的油脂和回收油；

（3）使用畜禽粪便；

（4）使用制药工业副产品；

（5）饲料如经发酵处理，所使用的微生物制剂不是《饲料添加剂品种目录》中所规定的品种或不是农业部公布批准使用的新饲料添加剂品种；

（6）饲料添加剂品种不是《饲料添加剂品种目录》中所列的饲料添加剂和允许进口的饲料添加剂品种，或不是农业部公布批准使用的饲料添加剂品种；

（7）使用 NY/T 2112 附录 A 中所列的饲料添加剂品种；

（8）使用药物饲料添加剂；

（9）使用激素；

（10）饲料贮存过程使用化学合成药物毒害虫鼠。

（四）产品质量不符合标准要求的：

产品检验报告检测数据不符合产品标准要求或检测结论不合格。

（五）其他不符合国家法律法规标准等相关要求的情况。

第三十条 需要补充材料的

有下列情况之一的，需进一步补充材料：

（一）申报材料不齐全、填写内容不完整；

（二）申报材料不符合逻辑

1. 产品名称、申请人名称前后不符；

2. 合同（协议）、发票上相关内容前后不符；

3. 产品或原料的产量不符合生产实际；

4. 加工工艺与申请产品标称工艺不符；

5. 绿色食品原料购买量超过证书批准产量；

6. 现场检查时间与照片中反映时间不符。

（三）资质证明、合同（协议）等超过有效期限。

（四）环境质量监测报告、产品检验报告不符合要求的。

（五）其他需要补充材料的情况。

第三十一条 需要现场核查的

投入品使用情况不明确、生产经营组织模式不满足绿色食品生产管理需要。

第三十二条 审查合格的

无不合格项，材料完备。

第六章 附 则

第三十三条 本规范由中心负责解释。

第三十四条 本规范自 2015 年 1 月 1 日起施行。相关规范规定同时废止。

绿色食品现场检查工作规范

第一章 总 则

第一条 为规范绿色食品现场检查工作，提高现场检查质量和效率，依据《绿色食品标志管理办法》和绿色食品相关法律法规要求，制定本规范。

第二条 本规范所称现场检查是指经中国绿色食品发展中心（以下简称中心）核准注册且具有相应专业资质的绿色食品检查员（以下简称检查员）依据绿色食品技术标准和有关法规对绿色食品申请人提交的申请材料、产地环境质量、产品质量等实施核实、检查、调查、风险分析和评估并撰写检查报告的过程。

第三条 本规范适用于检查员开展境内外绿色食品现场检查工作。

第二章 现场检查程序

第四条 检查前的准备

（一）委派检查员。省级绿色食品工作机构（以下简称省级工作机构）根据申请产品类别，委派至少 2 名具有相应资质的检查员组成检查组，必要时可配备相应领域的技术专家。境外现场检查由中心直接委派检查员。

（二）确定现场检查时间。检查时间应安排在申请产品的生产、加工期间（如从种子萌发到产品收获的时间段，从母体妊娠到屠宰加工的时间段，从原料到产品包装的时间段）的高风险时段进行，不在生产、加工期间的现场检查为无效检查。现场检查应覆盖所有申请产品，因生产季等原因未能覆盖的，应在未覆盖产品的生产季节内实施补充检查。

（三）确定现场检查计划。检查组审阅申请人的申请材料，根据省级工作机构派发的《绿色食品现场检查通知书》确定检查的要点，检查组长对检查工作内容进行分配。

（四）通知申请人。在现场检查日期 3 个工作日前将《绿色食品现场检查通知书》发送给申请人，请申请人做好各项准备，配合现场检查工作，并签字确认。

（五）备齐资料和物品。包括相关绿色食品标准规定、国家有关法律法规等文件，检查报告、签到表、现场检查发现意见汇总表、相机等。

第五条 工作程序

现场检查包括首次会议、实地检查（包括环境调查）、查阅文件（记录）、随机访问和总结会等 5 个环节，其中查阅文件（记录）、随机访问两个环节贯穿现场检查的始终。

（一）**首次会议**

首次会议由检查组长主持，申请人主要负责人、绿色食品生产负责人、各生产管理部门负责人、技术人员和内检员参加。检查组向申请人明确检查目的、依据、内容、检查场所及时间安排等，并就检查计划与申请人进一步沟通，参会人员填写会议签到表，并且向申请人作出保密承诺。

1. 对于初次申请人，请申请人确定作为向导和见证作用的陪同人员，确认检查所需要的资源。检查组需听取申请人关于申请产品及其产地环境、生产管理等有关情况的介绍，检查员对疑点问题与申请人进行沟通。

2. 对于续展申请人，检查组还应核实前次现场检查或年度检查中发现问题的整改落实情况。

（二）实地检查

在申请人生产现场对照检查依据调查并评估产地环境状况，调查绿色食品生产、收获、加工、包装、仓储和运输等全过程及其场所和产品情况，核实保证绿色食品生产过程的技术措施和管理措施，收集相关技术文件和管理体系文件；核查投入物的使用情况，收集相关证据和资料，进行风险评估。

1. 产地环境调查

省级绿色食品工作机构应依据《绿色食品　产地环境调查、监测与评价规范》（NY/T 1054）标准要求，采用资料核查、座谈会、问卷调查、实地考察等多种形式，组织实施环境质量现状调查。检查员可结合现场检查对申请人的产地环境进行调查并作出书面评价。调查内容应包括：

（1）产地是否生态环境良好、无污染的地区，远离工矿区和公路铁路干线，避开污染源。

（2）在绿色食品和常规生产区域之间是否设置有效的缓冲带或物理屏障，以防止绿色食品生产基地受到污染。

（3）是否建立生物栖息地，保护基因多样性、物种多样性和生态系统多样性，以维持生态平衡。

（4）调查产品产地所在区域的自然环境概况；土壤类型（包括农田、牧场、食用菌基质、渔业养殖底泥）；植被及生物多样性；自然灾害；农业生产方式；农业投入品使用情况（特别是产地是否施用过垃圾多元肥、稀土肥料、重金属制剂、污泥等，是否大量引用外来有机肥）；产地客土情况；水源的水质和水量、灌溉条件；周边道路及隔离设施；工矿业污染分布和污染物排放；生态环境保护措施包括废弃物处理、农业自然资源合理利用；生态农业、循环农业、清洁生产、节能减排等情况。

根据调查及掌握的资料情况，分析产地环境质量现状、发展趋势及区域污染控制措施，兼顾产地自然环境、社会经济及工农业生产对产地环境质量的影响，作出关于绿色食品发展适宜性的评价。

2. 申报材料核查：提供给检查组的材料是否完整、真实；生产规模、产品产量；种植、养殖、加工的场所及其位置、面积；作物种植、动物养殖、绿色食品加工的工艺和方法是否与申报材料相一致；管理体系文件是否能有效运行并保持最新版本；是否符合相关法律法规。

3. 检查范围：农田、养殖场、生产车间、库房等场所；边界和可能的污染物，生产地的生态环境及周边环境情况；作物病、虫、草害防治管理和动物疾病治疗及预防管理；投入品的使用情况（包括品种、用量、方法、使用时间等）和贮藏地点；产品的生产、收获、加工、包装、贮藏、运输和销售方式。根据需要检查的基地数（以村为单位）、地块数（以自然分布的区域划分）和农户数，采用 $\sqrt{n}$ 取整的方法（n 代表样本数）确定抽样数量，随机进行检查和调查。

（三）**随机访问**

通过对农户、生产人员、技术人员等进行访问，核实申请人生产过程中绿色食品相关技术标准的落实情况及申请材料与生产实际的符合性。

（四）**查阅文件、记录**

通过查阅文件了解申请人全程质量控制措施及确保绿色食品产品质量的能力；通过查阅记录，核实申请人生产和管理的执行情况及控制的有效性。

1. 查阅文件：基地（农户）管理制度、合同（协议）、生产管理制度、生产操作规程、质量管理手册、土地所有权证明、基地图、申请人资质证明、国家强制要求办理的相关证书等。

2. 查阅记录：生产及其管理记录、生产资料购买及使用记录、出入库记录、运输记录、销售记录、卫生管理记录、有害生物防治记录、内部监督检查记录、培训记录等。

3. 查阅其他资料：生产资料及投入品标签和购买发票、产品预包装（如涉及）、绿色食品原料标准化生产基地证明材料、绿色食品证书复印件等。

（五）**风险性评估**

有以下因素之一，需要进行风险评估：

1. 有禁用物质使用迹象的，检查可能使用的禁用物质的来源，遗留包装物，记录，随机访谈了解到的相关情况；

2. 产地周边有污染源的，根据绿色食品生产区域所处位置，确认是否受到周边污染源的影响；

3. 存在平行生产的，查看区别管理制度的建立和运行情况，检查农田、养殖场、生产车间、库房等场所的相关记录。

（六）**总结会**

检查组通过内部沟通形成现场检查意见后，组织召开总结会，参会人员填写会议签到表。检查组长向申请人通报现场检查意见及事实依据。申请人可对现场检查意见进行解释和说明，对有争议的，双方可进一步核实。检查组填写《现场检查发现问题汇总表》，并由申请人确认。

（七）检查组对上述每个环节进行拍照（影像资料），将照片、会议签到表和《现场检查发现问题汇总表》附于《绿色食品现场检查报告》中。

第六条 工作要求

（一）申请人要根据现场检查计划做好人员安排，现场检查期间，主要负责人、绿色食品生产负责人、技术人员、内检员、库管人员要在岗，各相关记录、档案随时备查阅。

（二）检查员在现场检查工作中应保持严谨、科学、谦逊的态度，仔细倾听申请人的讲述，与申请人平等交流。

（三）检查员要在检查中收集信息，做好记录和必要资料的收集，记录要有现场检查双方的签字确认，并进行拍照、复印和实物取证，照片应体现申请人名称，标明检查日期，检查组成员在现场。

（四）对于现场检查中发现的问题，申请人应在规定的期限内予以整改，由于客观原因（如农时、季节、生产设备改造等）在短期内不能完成整改的，申请人应对整改完成的时限作出承诺，检查组在申请人承诺时限内对整改落实情况进行验证，并将验证结果附于现场检查材料中。

第七条　现场检查报告

现场检查完成后，检查组应当在 10 个工作日内向省级工作机构提交《绿色食品现场检查报告》（以下简称"报告"），报告应公正、客观和全面，真实反映现场检查情况。会议签到表、现场检查照片、现场检查发现问题汇总表、现场检查过程中收集的其他材料一并提交。

第三章　现场检查要点

第八条　种植产品现场检查

（一）产地环境质量调查

1. 检查种植区（大田、蔬菜露地、设施、野生采集）是否位于生态环境良好，无污染的地区；是否远离城区、工矿区和公路铁路干线，避开工业污染源、生活垃圾场、医院、工厂等污染源。

2. 检查绿色食品和常规种植区域之间是否设置了有效的缓冲带或物理屏障，缓冲带内作物的种植情况。

3. 申请人是否采取了有效防止污染的措施。

4. 种植区是否具有可持续生产能力，生产废弃物是否对环境或周边其他生物产生污染。

5. 调查种植区的土地利用情况、耕作方式（旱田/水田/果园/水旱轮作）、农业种植结构、生物多样性，了解当地自然灾害种类，生态环境保护措施等。

6. 检查灌溉用水（如涉及）来源，是否存在污染源或潜在污染源。

（二）种子、种苗来源与处理

1. 核查种子、种苗品种、来源，查看外购种子、种苗是否有正规的购买发票或收据，是否有非转基因证明。

2. 核查种子、种苗的预处理方法，使用物质是否符合《绿色食品　农药使用准则》（NY/T 393）标准。

3. 多年生作物嫁接用的砧木、实生苗、扦插苗（无性苗）是否有明确的来源，预处理方法和使用物质是否符合《绿色食品　农药使用准则》（NY/T 393）标准要求。

（三）作物栽培

1. 查看种植区内作物的长势情况。

2. 检查轮作、间作、套作计划是否符合实际生产情况。

3. 了解轮作计划是否保持作物多样性；是否在维持或改善土壤有机质、肥力、氮素含量、生物活性及土壤结构、健康的同时，能减少土壤养分的损失；是否考虑各轮作作物间病、虫、草害的相互影响。

（四）土壤管理和培肥

1. 了解土壤肥力恢复的方式（秸秆还田、种植绿肥和农家肥的使用等）。

2. 核查肥料的种类、来源、无机氮使用量等是否符合《绿色食品　肥料使用准则》（NY/T 394）标准要求。

（1）检查商品有机肥、商品微生物肥料来源、成分、使用方法、施用量和施用时间，是否有正规的购买发票或收据等凭证。

（2）检查有机—无机复混肥、无机肥料、土壤调理剂等的来源、成分、使用方法、施用量和施用时间，是否有正规的购买发票或收据等凭证。

（3）确认当地同种作物习惯施用无机氮肥种类及用量，核实作物当季的无机氮素使用量。

3. 检查农家肥料原料（有机质）的处理、贮藏及使用是否给地表和地下水造成污染。

（五）病虫草害防治

1. 调查当地常见病虫草害的发生规律、危害程度及防治方法。

2. 核查病虫草害防治的方式、方法和措施是否符合《绿色食品　农药使用准则》（NY/T 393）标准要求。

（1）检查申请种植产品当季发生病虫草害的农业、物理、生物防治措施及效果。

（2）检查种植区地块及周边、生资库房、记录档案，核查使用农药的种类、使用方法、用量、使用时间、安全间隔期等。

（六）收获及采后处理

1. 了解收获的方法、工具。

2. 检查绿色食品在收获时采取何种措施防止污染。

3. 了解采后产品质量检验方法及检测指标。

4. 涉及投入品使用的，核查使用投入品是否应符合《绿色食品　食品添加剂使用准则》（NY/T 392）、《绿色食品　农药使用准则》（NY/T 393）及《食品安全国家标准　食品添加剂使用标准》（GB 2760）标准要求。

5. 涉及清洗的，了解加工用水来源。

（七）包装、标识与贮藏运输

1. 核查包装及标识是否符合《绿色食品　包装通用准则》（NY/T 658）标准要求。

（1）核查使用的包装材料是否可重复使用或回收利用，包装废弃物是否可降解。

（2）检查包装标识是否符合 GB 7718、NY/T 658、绿色食品标志是否符合《中国绿色食品商标标志设计使用规范手册》的要求。

（3）对于续展申请人，还应检查绿色食品标志使用情况。

2. 核查贮藏运输是否符合《绿色食品　贮藏运输准则》（NY/T 1056）标准要求。

（1）检查绿色食品是否设置专用库房或存放区并保持洁净卫生；是否根据种植产品特点、贮存原则及要求，选用合适的贮存技术和方法；贮存方法是否引起污染。

（2）检查贮藏场所内是否存在有害生物、有害物质的残留。

（3）检查贮藏设施是否具有防虫、防鼠、防鸟的功能，或采取何种措施防虫、防鼠、防潮、防鸟。涉及药剂使用的，是否符合《绿色食品　农药使用准则》NY/T 393 标准要求。

（4）核查绿色食品可降解食品包装与非降解食品包装是否分开贮存与运输；不应与农药、化肥及其他化学制品等一起运输。

（5）检查运输绿色食品的工具，并了解运输管理情况。

（八）质量控制体系

1. 是否有绿色食品生产负责人和企业内检员。

2. 查看企业质量控制规范、种植技术规程、产品质量保障措施等技术性文件的制定与执行情况。

3. 检查相关标准和技术规范是否上墙，产地是否有明显的绿色食品标识。

4. 检查申请人是否有统一规范的、内容全面的生产记录，是否建立了全程可追溯系统。

5. 检查记录是否有专人保管并保存 3 年以上。

6. 存在平行生产的，是否建立区分管理全程质量控制系统。包括防止绿色食品与常规食品在生产、收获、贮藏、运输等环节混淆的措施或制度；绿色食品与常规食品的各环节记录等。

（九）风险性评估

1. 评估各生产环节是否建立有效合理的生产技术规程，操作人员是否了解规程并准确执行。

2. 评估整体质量控制情况，是否存在平行生产，质量管理体系是否稳定。

3. 评估农药、肥料等投入品使用是否符合绿色食品标准要求。

4. 评估作物生产全过程是否会对周边环境造成污染。

（十）其他

1. 核对申请产品信息

（1）核对申报材料上的申请人名称、产品名称与包装上的是否一致。

（2）核对预包装标签上的商标与商标注册证上的是否一致。

（3）核实生产规模是否能满足产品申请需要。

2. 对于续展申请人，还应核查其上一用标周期绿色食品投入品合同是否有效执行。

第九条　畜禽产品现场检查

（一）产地环境

1. 核查基地（放牧基地、养殖场所）是否位于生态环境良好，无污染的地区；是否远离医院、工矿区和公路铁路干线。

2. 核查养殖基地/畜舍位置、基地分布情况、基地面积、养殖规模等与申报材料是否一致。

3. 核查放牧基地载畜（禽）量是否超过基地植被承受力（或是否过度放牧）；放养基地是否具有可持续生产能力（是否需要休牧，休牧期长短）；是否对周边生态环境有不可逆的影响。

4. 核查畜禽圈舍使用的建筑材料和生产设备是否对人或畜禽有害；

5. 核查畜禽圈舍内是否有绿色食品禁用物质。

（二）畜禽来源（含种用及商品畜禽）

1. 外购畜禽

（1）核查畜禽来源；查看供应方资质证明，购买发票或收据。

（2）外购畜禽如作为种用畜禽，应了解其引入日龄，引入前疾病防治、饲料使用等情况。

（3）核查是否外购畜禽短期育肥。

2. 自繁自育

（1）采取自然繁殖方式的。查看系谱档案；如为杂交，了解杂交品种来源及杂交方式。

（2）采用同期发情、超数排卵的。核查是否使用禁用激素类物质保证整齐度。

（3）采取人工或辅助性繁殖方式的。了解冷冻精液、移植胚胎来源，操作人员资质等。

（三）饲养管理

1. 饲料管理（包括原料及添加剂）

（1）全部使用外购饲料的

① 核查各饲料原料及饲料添加剂的来源、比例、年用量，核实其是否100％为绿色食品。

② 查看购买协议期限是否涵盖一个用标周期、购买量是否能够满足生产需求量。

③ 查看绿色食品证书、绿色生资证书、绿色食品原料标准化基地证书（原件）。

④ 查看饲料包装标签：名称、主要成分、生产企业等信息。

（2）自制饲料（含外购及自制皆有）的

① 自种的绿色食品原料，核查其农药与肥料使用是否符合绿色食品标准要求、其种植量能否满足需求量。

② 查看购买协议，协议期限是否涵盖一个用标周期。核实购买量是否能够满足生产需求量。

③ 查看绿色食品证书、绿色生资证书、绿色食品原料标准化基地证书（原件）。

④ 查看饲料包装标签：名称、主要成分、生产企业等信息。

⑤ 核查是否使用同源动物源性饲料、畜禽粪便等作为饲料原料。

⑥ 核查饲料添加剂成分是否含有绿色食品禁用添加剂。

⑦ 核查饲料及饲料添加剂成分中是否含有激素、药物饲料添加剂或其他生长促进剂。

⑧ 若预混料配方中含有肉质改善剂、蛋白增加剂等成分，应进一步核实其是否含有绿色食品禁用物质。

⑨ 核查饲料加工工艺、饲料配方、设施设备等是否能够满足饲料生产需要。

⑩ 核查自制饲料总量是否能够满足生产需求量。

（3）核查畜禽饮用水中是否添加激素、药物饲料添加剂或其他生长促进剂。

（4）核查饲料存储仓库中是否有绿色食品禁用物质；仓库是否有防潮、防鼠、防虫设施；是否使用化学合成药物；药物的名称、用法与用量。

（5）查看饲料原料及添加剂购买发票、出入库记录，饲料加工记录等。

（6）采取纯天然放牧方式进行养殖的畜禽。应核查其饲草面积，放牧期，饲草产量能否满足生产需求量；是否存在补饲，补饲所用饲料及饲料添加剂是否符合《绿色食品　畜禽饲料及饲料添加剂使用准则》(NY/T 471)的要求。

（7）核查申报畜禽在一个生长（或生产）周期内，其各养殖阶段所用饲料是否均为绿色食品。

2. 日常饲养管理

（1）核查绿色食品养殖和常规养殖之间是否具有效的隔离措施；或严格的区分管理措施。

（2）了解畜（禽）圈舍是否配备采光通风、防寒保暖、防暑降温、粪尿沟槽、废物收集、清洁消毒等设备或措施。

（3）了解是否根据不同性别、不同养殖阶段进行分舍饲养；是否提供足够的活动及休息场所；幼畜是否能够吃到初乳。

（4）核查幼畜断奶前是否进行补饲训练；补饲所用饲料是否符合《绿色食品　畜禽饲料及饲料添加剂使用准则》(NY/T 471)的要求。

（5）核查是否有病死畜禽、畜禽粪尿、养殖污水等废弃物处理措施，是否进行无害化处理；养殖基地污染物排放是否会造成环境污染，是否符合《畜禽养殖业污染物排放标准》(GB 18596)的规定。

（6）核查是否具有专门的绿色食品饲养管理规范；是否具有饲养管理相关记录；饲养管理人员是否经过绿色食品生产管理培训。

（7）询问一线饲养管理人员在实际生产操作中使用的饲料、饮水、兽药、消毒剂等物质，核实其是否用过绿色食品禁用物质。

（8）核查畜禽饮用水是否符合《绿色食品　产地环境质量》(NY/T 391)的要求。

（四）疾病防治

1. 疫病防控

（1）了解当地常见疫病种类及发生规律。

（2）核查是否具有染疫畜禽隔离措施。

（3）核查病死畜禽处理是否符合《绿色食品　动物卫生准则》(NY/T 473)、《绿色食品　畜禽饲养防疫准则》(NY/T 1892)的要求。

（4）核查疫病防控使用的疫苗、消毒剂等是否符合《绿色食品　兽药使用准则》(NY/T 472)、《绿色食品　动物卫生准则》(NY/T 473)、《绿色食品　畜禽饲养防疫准则》(NY/T 1892)的要求。

2. 疾病处理

（1）查看兽医处方笺及兽药使用记录。包括畜禽编号、疾病名称、防治对象、发病时间及症状、治疗用药物名称及其有效成分、用药日期、用药方式、用药量、停药期、用药人、技术负责人等。

（2）核查疾病防治措施及所使用的药物是否符合《绿色食品　兽药使用准则》(NY/T 472)、《绿色食品　动物卫生准则》(NY/T 473)、《绿色食品　畜禽饲养防疫准则》(NY/T

1892）的要求。

（3）核查停药期是否符合《兽药停药期规定》（中华人民共和国农业部公告第 278 号）。

（4）核查兽药存储仓库中的兽药、消毒剂等是否有绿色食品禁用物质。

（五）动物福利

1. 了解是否供给畜禽足够的阳光、食物、饮用水、活动空间等。

2. 了解是否采取完全圈养、舍饲、拴养、笼养等饲养方式。

3. 了解是否进行过非治疗性手术（断尾、断喙、烙翅、断牙等）。

4. 了解是否存在强迫喂食现象。

（六）畜禽出栏及产品收集

1. 查看畜禽产品出栏（产品收集）标准、时间、数量、活重等相关记录。

2. 查看畜禽出栏检疫记录，不合格产品处理方法及记录。

3. 了解收集的禽蛋是否进行清洗、消毒等处理；消毒所用物质是否对禽蛋品质有影响。

4. 核查处于疾病治疗期与停药期内收集的蛋、奶如何处理。

5. 核查挤奶方式、挤奶设施、存奶器皿是否严格清洗消毒，是否符合食品要求。了解挤奶前是否进行消毒处理；"头三把"奶如何处理。

（七）活体畜禽装卸及运输

1. 查看运输记录。包括运输时间、运输方式、运输数量、目的地等。

2. 核查是否具有与常规畜禽进行区分隔离的相关措施及标识。

3. 了解装卸及运输过程是否会对动物产生过度应激。核查运输过程是否使用镇静剂或其他调节神经系统的制剂。

（八）屠宰加工（如有涉及）

1. 核查加工厂所在位置、面积、周围环境与申报材料是否一致。

2. 核查厂区卫生管理制度及实施情况。

3. 了解待宰圈设置是否能够有效减少对畜禽的应激。

4. 核查屠宰前后的检疫记录，不合格产品处理方法及记录。

5. 了解屠宰加工流程。

6. 核查加工设施与设备的清洗与消毒情况。

7. 核查加工设备是否同时用于绿色和非绿色产品；如何避免混杂和污染。

8. 核查加工用水是否符合《绿色食品　产地环境质量》（NY/T 391）标准要求。

9. 核查屠宰加工过程中污水排放是否符合《肉类加工工业水污染物排放标准》（GB 13457）的要求。

（九）贮藏、包装与运输

1. 贮藏

（1）生产资料库房。核查是否有专门的绿色食品生产资料存放仓库；是否有明显的标识；是否有绿色食品禁用物质。

（2）产品库房。核查是否有专门的绿色食品产品贮藏场所；其卫生状况是否符合食品贮藏条件；库房硬件设施是否齐备；若与同类非绿色食品产品一起贮藏如何防混、防污；

贮藏场所是否具有防虫、防鼠、防潮措施，是否使用化学合成药物，药物的名称、用法与用量。

（3）查看生产资料、产品出入库记录。

2. 预包装标签

（1）核查产品是否包装；核实产品预包装送审样。

（2）核查包装标识是否符合《预包装食品标签通则》（GB 7718）、《绿色食品　包装通用准则》（NY/T 658）标准要求；绿色食品标志是否符合《中国绿色食品商标标志设计使用规范手册》的要求。

（3）核查使用的包装材料是否可重复使用或回收利用；包装废弃物是否可降解。

3. 运输

（1）核查是否单独运输；若与非绿色食品一同运输，是否有明显的区别标识。

（2）核查运输过程是否需要控温等措施。

（3）核查运输工具的清洁消毒处理情况。

（4）核查运输工具是否满足产品运输的基本要求；运输工具和运输过程管理是否符合《绿色食品　贮藏运输准则》（NY/T 1056）的要求。

（5）核查运输记录是否完整；是否能够保证产品可追溯。

（十）质量控制体系

1. 了解申请人机构设置是否专门设置基地负责人和企业内检员。

2. 了解基地位置及组成情况。查看土地流转合同，或有效期 3 年以上的委托养殖合同或协议，基地清单，农户清单等。

3. 查看申请单位的资质性文件：企业营业执照、商标注册证、养殖许可证等其他合法性文件等资质证明原件。

4. 核查企业质量控制规范、养殖技术规程、屠宰加工规程和产品质量保障措施等技术性文件的制定与执行情况。

5. 核查绿色食品相关标准和技术规范是否上墙或在醒目的地方公示；产地是否有绿色食品的明显标识。

6. 核查是否建立可追溯的全程质量安全监管记录；查看近两年的生产记录、生产资料的采购与使用记录；核实生产过程记录的真实性、完整性和符合性。

（十一）风险性评估

1. 评估各生产环节是否建立有效合理的生产技术规程，操作人员是否了解规程并准确执行。

2. 评估整体质量控制情况，是否存在平行生产，质量管理体系是否稳定。

3. 评估使用的兽药、消毒剂等是否符合绿色食品标准要求。

4. 评估是否存在使用常规饲料及饲料添加剂的风险。

5. 评估绿色食品养殖过程是否会对周边环境造成污染。

（十二）其他

1. 核对申请产品信息

（1）核对申报材料上的申请人名称、产品名称与包装上的是否一致。

（2）核对预包装标签上的商标与商标注册证上的是否一致。

（3）核实生产规模是否能满足产品申请需要。

2. 对于续展申请人，还应核查其上一用标周期绿色食品投入品合同是否有效执行。

3. 对于人工种植饲料原料的申请人，还应参照种植产品的现场检查规范。

4. 对于涉及肉类及乳制品加工、饲料加工的申请人，还应参照加工产品现场检查规范。

第十条　加工产品现场检查

（一）基本情况

1. 了解申请人基本情况，核查资质证明材料是否有效、申报材料中内容是否与实际一致。

2. 核查厂区地址、加工厂区平面图与实际情况是否一致。

3. 了解加工厂区生产情况（含平行生产、委托加工、非申报产品生产情况）。

4. 了解生产运营、管理体系（如 ISO、HACCP 等）、产品质量情况（如是否稳定运营、有无质量投诉等）。

（二）厂区环境质量

1. 核查厂区周边环境是否良好，是否远离工矿区和公路铁路干线。

2. 核查厂区周边、厂内是否有污染源或潜在污染源。

3. 核查厂房是否齐备，是否合理且能满足生产需要。

4. 核查加工厂及生产车间设施是否齐备，卫生状况是否良好，是否能满足《食品企业通用卫生规范》(GB 14881) 的基本要求。

5. 核查物流及人员流动状况是否合理，应避免交叉污染且生产前、中、后卫生状况良好。

（三）生产加工

1. 核查生产工艺应与申请材料是否相一致，是否能满足产品生产需要。

2. 核查生产工艺中是否有潜在质量风险。

3. 核查生产工艺是否设置了必要的监控参数，配备了恰当的监控措施和设备，以保证和监控生产正常运行。监控措施和设备应有效运行。

4. 核查生产设备是否能满足生产工艺需求，且布局合理，正常运转；生产设备是否对加工生产造成污染（如排放废气、废水、扬尘等）。

5. 核查各个生产环节是否有行之有效的操作规程，应包含非正常生产时，不合格品的处置、召回等纠正措施。

6. 核查生产操作规程是否符合绿色食品标准要求，有无违禁投入品和违禁工艺。

7. 核查所有生产操作规程是否保持最新有效版本，并在需要时方便取得。

8. 核查操作人员是否具有相应的资质且熟悉本岗位要求。

9. 核查操作人员是否掌握绿色食品生产技术标准。

（四）主辅料和食品添加剂

1. 核查主辅料来源、组成、配比和年用量是否与申请材料一致，且符合工艺要求和生产实际。

2. 核查主辅料、添加剂的组成、配比和用量是否符合国家食品安全要求和绿色食品标准要求。如《食品安全国家标准 食品添加剂使用准则》(GB 2760)、《食品营养强化剂使用标准》(GB 14880)、《绿色食品 食品添加剂使用准则》(NY/T 392)等。

3. 核查主辅料的组成、配比和用量是否符合绿色食品加工产品原料的规定。

4. 核查主辅料采购量是否满足生产需求，产出率合理。

5. 了解主辅料、添加剂入厂前是否经过检验，检验结果是否合格。

6. 核查主辅料等投入品的购买合同、协议、领用、投料生产记录是否真实有效。

7. 核查主辅料等投入品是否符合《绿色食品 贮藏运输准则》(NY/T 1056)标准要求。

8. 了解是否使用加工水及加工水来源。

9. 了解加工水是否经过二次净化，确认净化的流程和设备。

10. 了解加工水是否定期进行检测，确认检测方法和结果。

（五）包装和贮运

1. 核查产品是否包装，检查预包装送审样。

2. 核查包装标识是否符合《食品安全国家标准 预包装食品标签通则》(GB7718)、《绿色食品 包装通用准则》(NY/T 658)、绿色食品标志是否符合《中国绿色食品商标标志设计使用规范手册》的要求。

3. 核查使用的包装材料是否可重复使用或回收利用，包装废弃物是否可降解。

4. 核查绿色食品可降解食品包装与非降解食品包装是否分开贮存与运输；不应与农药、化肥及其他化学制品等一起运输。

5. 核查运输绿色食品的工具和管理是否符合《绿色食品 贮藏运输准则》(NY/T 1056)标准要求。

6. 核查绿色食品是否设置专用库房或存放区并保持洁净卫生；是否根据产品特点、贮存原则及要求，选用合适的贮存技术和方法；贮存方法是否引入污染。

7. 核查贮藏场所内是否存在有害生物、有害物质的残留。贮藏设施应具有防虫、防鼠、防鸟的功能。确认防虫、防鼠、防潮的具体措施，涉及药剂使用的，是否符合《绿色食品 农药使用准则》(NY/T 393)和《绿色食品 兽药使用准则》(NY/T 472)标准要求。

8. 核查运输工具是否满足产品运输的基本要求。

9. 核查运输记录是否完整、齐全且保证产品可追溯。

（六）质量管理体系

1. 了解申请人是否设置了绿色食品生产负责人和企业内检员。

2. 查看企业质量控制规范、种加工技术规程、产品质量保障措施等技术性文件的制定与执行情况。

3. 查看相关标准和技术规范是否上墙。产地是否有绿色食品的明显标识。

4. 核查是否对生产各个环节有详细记录。是否有固定的记录格式；是否通过全程记录建立追溯系统以及可跟踪的生产批次号系统；是否有专人保管和保管地。记录是否能保存3年以上。

5. 存在平行生产的，核查是否建立区分管理的全程质量控制系统。（包括防止绿色食品与常规食品在生产、收获、贮藏、运输等环节混淆的措施或制度）绿色食品与常规食品的各环节记录是否能够区分且完整。

6. 核查废弃物（下脚料、废水、废弃排放等）是制定了处理方案，是否妥善处理。

（七）风险性评估

1. 评估各生产环节是否建立有效合理的操作规程，操作人员是否了解规程并准确执行。

2. 评估各投入品来源是否稳定，质量是否合格，是否达到绿色食品标准要求。

3. 评估各中间产物、废弃物、废品和次品如何处理、是否会对生产过程和产品造成污染。

4. 评估整体质量控制情况如何，是否存在潜在风险，质量管理体系是否稳定。

5. 平行生产的，评估原料加工、成品贮藏及运输、设备清洗等各环节如何进行区分，避免混淆及污染。

（八）其他

1. 核对申请产品信息

（1）核对申报材料上的申请人名称、产品名称与包装上的是否一致。

（2）核对预包装标签上的商标与商标注册证上的是否一致。

（3）核实生产规模是否能满足产品申请需要。

2. 对于续展申请人，还应核查其上一用标周期绿色食品投入品合同是否有效执行。

第十一条　水产品现场检查

（一）产地环境

1. 核查基地是否位于生态环境良好，无污染的地区；是否远离工矿区和公路铁路干线。

2. 核查养殖基地位置、水域分布方位、面积与申报材料是否一致。

3. 核查养殖水域水质情况，水体是否明显受到污染或有异色、异臭、异味。

4. 核查开放水体绿色食品养殖区域和常规养殖区域、农业或工业污染源之间是否保持一定的距离。

5. 核查开放水体养殖区域是否具有可持续的生产能力；是否会对周边水体产生污染；是否会破坏该水域生物多样性。

6. 核查封闭水体绿色食品养殖区域和常规养殖区域之间是否有有效的天然隔离或设置物理屏障。

7. 核查同一养殖区域中是否同时含有绿色与非绿色养殖产品。如何区分管理？

8. 核查养殖区域使用的建筑材料和生产设备是否明显有害。

9. 核查封闭水体养殖用水来源；是否有可能引起养殖用水受污染的污染物，污染物来源及处理措施；绿色食品养殖区和常规养殖区域之间的进排水系统是否有有效的隔离措施。

10. 核查开放水体周边水域是否存在污染源，是否会对绿色食品养殖区域产生影响。

（二）苗种来源

1. 外购苗种。查看苗种供应方相应的资质证明、购买协议、发票或收据，了解外购苗种在运输过程中疾病发生和防治情况。

2. 自繁自育苗种。了解其繁殖方式，是否使用激素类物质控制性别比率。

（三）饲养管理

1. 水质管理

（1）了解水质更换频率及更换方法。

（2）核查消毒剂和渔用环境改良剂的使用是否符合《绿色食品　渔药使用准则》（NY/T 755）标准要求。

（3）了解是否向养殖水域中投放粪便以提高水体总氮、总磷浓度。

（4）查养殖区域水质是否符合《绿色食品　产地环境质量》(NY/T 391)标准要求。

2. 苗种培育

（1）核查育苗场水质是否符合《绿色食品　产地环境质量》(NY/T 391)标准要求；育苗场所消毒及苗种消毒是否符合《绿色食品　渔药使用准则》(NY/T 755)标准要求。

（2）核查苗种培育周期；苗种投放量是否满足申报量；苗种投放规格。

（3）核查苗种培育阶段所用的饲料是否为绿色食品。

（4）核查苗种培育阶段疾病发生及防治情况，是否使用绿色食品禁用渔药。

3. 饲料管理（包括原料及添加剂）

（1）全部使用外购饲料的

① 核查各饲料原料及饲料添加剂的来源、比例、年用量，是否100%为绿色食品。

② 查看购买协议，协议期限是否涵盖一个用标周期。核查购买量是否能够满足生产需求量。

③ 查看绿色食品证书、绿色生资证书、绿色食品原料标准化基地证书（原件）。

④ 查看饲料包装标签：名称、主要成分、生产企业等信息。

（2）自制饲料（含外购及自制皆有）的

① 自种的绿色食品原料，核查其农药与肥料使用是否符合绿色食品的要求；其种植量能否满足需求量。

② 查看购买协议，协议期限是否涵盖一个用标周期。核查购买量是否能够满足生产需求量。

③ 查看绿色食品证书、绿色生资证书、绿色食品原料标准化基地证书（原件）。

④ 查看饲料包装标签：名称、主要成分、生产企业等信息。

⑤ 核查饲料添加剂成分是否含有绿色食品禁用添加剂。

⑥ 核查饲料及饲料添加剂成分中是否含有激素、药物饲料添加剂或其他生长促进剂。

⑦ 核查饲料加工工艺、饲料配方、设施设备等是否能够满足饲料生产需要。

⑧ 核查自制饲料总量是否能够满足生产需求量。

⑨ 全部使用水域中野生天然饵料的，应核查饵料品种、生长情况及能否满足生产需求量。

⑩ 人工培养天然饵料的，应核查饵料来源、养殖情况、养殖过程是否使用绿色食品禁用物质。

（3）核查养殖用水中是否添加激素、药物饲料添加剂或其他生长促进剂。

（4）核查饲料存储仓库中是否有绿色食品禁用物质；仓库是否有防潮、防鼠、防虫设施；是否使用化学合成药物；药物的名称、用法与用量。

（5）查看饲料原料及添加剂购买发票、出入库记录，饲料加工记录等。

（6）藻类等水产品，应核查肥料使用情况。

① 肥料类别、商品名称。

② 氮的类型、每亩使用量、使用时间、使用方法。

③ 所用肥料是否符合《绿色食品　肥料使用准则》(NY/T 394)标准要求。

4. 日常饲养管理

（1）了解养殖模式（单养、混养），单养品种，混养品种及投放比例。

（2）核查养殖密度是否超过水域负载量。

（3）核查各品种养殖周期、上市规格、产量。

（4）核查是否具有专门的绿色食品饲养管理规范；是否具有饲养管理相关记录；饲养管理人员是否经过绿色食品生产管理培训。

（5）核查是否有病死产品、养殖污水等废弃物处理措施；污染物排放是否会造成环境污染，是否符合国家相关标准。

（6）询问一线养殖人员在实际生产操作中使用的饲料、渔药、消毒剂和渔用环境改良剂等物质，核实其是否用过绿色食品禁用物质。

（四）疾病防治

1. 了解当地常见疾病及其流行程度。对于上述疾病，采取何种措施进行预防？本年度发生过何种疾病？危害程度如何？

2. 核查疫苗使用情况，包括疫苗名称、使用时间、使用方法，所用疫苗是否符合《绿色食品　渔药使用准则》(NY/T 755)标准要求。

3. 查看药品存储仓库中的渔药、消毒剂等是否有不在《绿色食品　渔药使用准则》(NY/T 755)渔药准用列表中的物质。

4. 查看渔药使用记录，包括疾病名称、防治对象、治疗用药物名称及其有效成分、用药日期、用药方式、用药量、停药期、用药人、技术负责人等。核实生产中所用渔药及消毒剂是否符合《绿色食品　渔药使用准则》(NY/T 755)标准要求。

（五）捕捞与运输

1. 捕捞

（1）了解捕捞措施。核查措施和工具是否符合国家相关规定。

（2）了解开放性水域采取何种措施保证生态系统的可持续生产能力，避免掠夺性捕捞？

（3）核查疾病治疗期、停药期内是否进行捕捞。捕捞所得产品如何处理？

（4）了解捕捞过程是否采取措施尽可能减少对水生生物的应激。

2. 运输

（1）了解鲜活水产品如何运输？运输过程中采取何种措施提高存活率？核查运输过程中是否使用化学试剂。若用，为何种物质？

（2）核查鲜活水产品运输用水的水质是否符合《绿色食品　产地环境质量》(NY/T

391）标准要求。

（3）核查运输设备和材料是否有潜在的毒性影响。

（4）核查是否具有与常规产品进行区分隔离的相关措施及标识。

（5）核查运输过程是否需要控温等措施。

（6）核查运输工具的清洁消毒处理情况。

（7）核查运输工具是否满足产品运输的基本要求；运输工具和运输过程管理是否符合《绿色食品　贮藏运输准则》（NY/T 1056）标准要求。

（8）核查运输记录是否完整；是否能够保证产品可追溯。

3. 对于海洋捕捞的水产品，核查其捕捞与运输过程是否符合《绿色食品　海洋捕捞水产品生产管理规范》（NY/T 1891）标准要求。

（六）初级加工（适用于鲜活水产品捕捞、收获后未添加任何配料的冷冻、干燥等简单物理加工的水产品）

1. 核查加工厂所在位置、面积、周围环境与申报材料是否一致。

2. 核查厂区卫生管理制度及实施情况。

3. 了解加工规程制定与实施情况。

4. 核查检疫记录，不合格产品处理方法及记录。

5. 核查加工设施与设备的清洗与消毒情况。

6. 核查加工设备是否同时用于绿色和非绿色产品；如何避免混杂和污染？

7. 核查加工用水是否符合《绿色食品　产地环境质量》（NY/T 391）的要求。

8. 核查加工污水排放是否符合国家相关标准。

（七）贮藏与包装

1. 贮藏

（1）生产资料库房。核查是否有专门的绿色食品生产资料存放仓库；是否有明显的标识；是否有绿色食品禁用物质。

（2）产品库房。核查是否有专门的绿色食品产品贮藏场所；其卫生状况是否符合食品贮藏条件；库房硬件设施是否齐备；若与同类非绿色食品产品一起贮藏如何防混、防污；贮藏场所是否具有防虫、防鼠、防潮措施，是否使用化学合成药物，药物的名称、用法与用量。

（3）查看生产资料、产品出入库记录。

（4）了解鲜活水产品出售前是否暂养。核查暂养过程中是否使用绿色食品禁用物质；暂养用水是否符合《绿色食品　产地环境质量》（NY/T 391）标准要求。

2. 预包装标签

（1）核查产品是否包装；核实产品预包装送审样。

（2）核查包装标识是否符合《预包装食品标签通则》（GB 7718）、《绿色食品　包装通用准则》（NY/T 658）的要求；绿色食品标志是否符合《中国绿色食品商标标志设计使用规范手册》的要求。

（3）核查使用的包装材料是否可重复使用或回收利用；包装废弃物是否可降解。

（八）质量控制体系

1. 了解企业机构设置，是否专门设置基地负责人和企业内检员。

2. 了解基地位置及组成情况。查看水域滩涂使用证明，或有效期 3 年以上的委托养殖合同或协议、基地清单、农户清单等。核查基地位置和养殖场水域分布与申报材料的符合性。

3. 查看申请单位的资质性文件：企业营业执照、商标注册证、养殖许可证等其他合法性文件等资质证明原件。

4. 核查企业质量控制规范、养殖技术规程、加工规程和产品质量保障措施等技术性文件的制定与执行情况。

5. 核查绿色食品相关标准和技术规范是否上墙或在醒目的地方公示；产地是否有绿色食品的明显标识。

6. 核查是否建立可追溯的全程质量安全监管记录；查看近两年的生产记录、生产资料的采购与使用记录；核实生产过程记录的真实性、完整性和符合性。

（九）风险性评估

1. 评估各生产环节是否建立有效合理的生产技术规程，操作人员是否了解规程并准确执行。

2. 评估整体质量控制情况，是否存在平行生产，质量管理体系是否稳定。

3. 评估使用的渔药、消毒剂等是否符合绿色食品标准要求。

4. 评估是否存在使用常规饲料及饲料添加剂的风险。

5. 评估绿色食品养殖水域的水质控制措施是否有效；是否存在与常规水域的水质窜排窜灌的风险，是否会对周边环境造成污染。

（十）其他

1. 核对申请产品信息

（1）核对申报材料上的申请人名称、产品名称与包装上的是否一致。

（2）核对预包装标签上的商标与商标注册证上的是否一致。

（3）核实生产规模是否能满足产品申请需要。

2. 对于续展申请人，还应核查其上一用标周期绿色食品投入品合同是否有效执行。

3. 对于人工种植饲料原料的申请人，还应参照种植产品的现场检查规范。

4. 对于涉及水产品深加工（即加工过程中，使用了其他配料或加工工艺复杂的腌熏、罐头、鱼糜等产品）的申请人，还应参照加工产品现场检查规范。

第十二条 食用菌现场检查

（一）产地环境质量调查

1. 检查栽培区（露地、设施、野生采集）是否位于生态环境良好，无污染的地区，是否远离城区、工矿区和公路铁路干线，避开工业污染源、生活垃圾场、医院、工厂等污染源。

2. 绿色食品和常规栽培区域之间是否设置有效的缓冲带或物理屏障，缓冲带内作物的栽培情况。

3. 申请人是否采取了有效防止污染的措施；

4. 栽培区是否具有可持续生产能力，生产废弃物是否对环境或周边其他生物产生污染。

5. 调查栽培区所在地农业栽培结构、植被及生物资源，了解当地自然灾害种类，生物环境保护措施等。

6. 检查栽培基质质量、加工用水质量，是否符合《绿色食品　产地环境质量》(NY/T 391) 标准要求。

（二）菌种来源与处理

1. 核查菌种品种、来源，查看外购菌种类型（母种、原种、栽培种）是否有正规的购买发票、品种证明；

2. 核查自制菌种的培养和保存方法，应明确培养基的成分、来源。

3. 检查制作菌种的设备和用品，包括灭菌锅（高压、常压蒸汽灭菌锅）、接种设施、装袋机、灭菌消毒药品等。

（三）食用菌栽培

1. 检查栽培设施、场地应与位置图、基地分布图的方位、面积一致。核实基地名称、场地编号、生产面积。

2. 核查栽培基质原料的堆放场所是否符合《绿色食品　贮藏运输准则》(NY/T 1056) 标准要求。

3. 检查栽培基质原料名称、比例（％），主要原料来源及年用量。原料是否有转基因品种（产品）及其副产品。

4. 检查栽培基质的拌料室、装袋室、灭菌设施室、菌袋冷却室以及接种室、培养菌室，出耳（菇）地（发菌室）清洁消毒措施，使用的物质是否符合《绿色食品　农药使用准则》(NY/T 393) 标准要求。

5. 检查栽培基质灭菌方法，栽培品种，栽培场地，栽培设施。

（四）病虫害防治

1. 调查当地同种食用菌类常见病虫害的发生规律、危害程度及防治方法。

2. 核查病虫害防治的方式、方法和措施应符合《绿色食品　农药使用准则》(NY/T 393) 标准要求。

（1）检查申请栽培的食用菌当季发生病虫害防治措施及效果。

（2）检查栽培区及周边、生资库房、记录档案，核查使用农药的种类、使用方式、使用量、使用时间、安全间隔期等是否符合《绿色食品　农药使用准则》(NY/T 393) 标准要求。

（五）收获及采后处理

1. 了解收获的方法、工具。

2. 检查绿色食品在收获时采取何种措施防止污染。

3. 了解采后产品质量检验方法及检测指标。

4. 了解采后处理方式（晾晒、烘干等初加工），涉及投入品使用的，核查使用投入品是否符合《绿色食品　食品添加剂使用准则》(NY/T 392)、《绿色食品　农药使用准则》(NY/T 393) 及《食品安全国家标准　食品添加剂使用标准》(GB 2760) 标准要求。

5. 涉及清洗的，了解加工用水来源。

（六）包装、贮藏运输与标识

1. 核查包装及标识是否符合《绿色食品　包装通用准则》(NY/T 658) 标准要求。

（1）核查使用的包装材料是否可重复使用或回收利用，包装废弃物是否可降解。

（2）检查包装标识是否符合 GB7718、NY/T 658、绿色食品标志是否符合《中国绿色食品商标标志设计使用规范手册》的要求。

（3）对于续展申请人，还应检查绿色食品标志使用情况。

2.核查贮藏运输是否符合《绿色食品　贮藏运输准则》（NY/T 1056）标准要求。

（1）检查绿色食品是否设置专用库房或存放区并保持洁净卫生；是否根据种植产品特点、贮存原则及要求，选用合适的贮存技术和方法；贮存方法是否引起污染。

（2）检查贮藏场所内是否存在有害生物、有害物质的残留。

（3）检查贮藏设施是否具有防虫、防鼠、防鸟的功能，或采取何种措施防虫、防鼠、防潮、防鸟。涉及药剂使用的，是否符合《绿色食品　农药使用准则》NY/T 393 标准要求。

（4）核查绿色食品可降解食品包装与非降解食品包装是否分开贮存与运输；不应与农药、化肥及其他化学制品等一起运输。

（5）检查运输绿色食品的工具，并了解运输管理情况。

（七）质量控制体系

1.是否有绿色食品生产负责人和企业内检员。

2.查看企业质量控制规范、种植技术规程、产品质量保障措施等技术性文件的制定与执行情况。

3.检查相关标准和技术规范是否上墙，产地是否有明显的绿色食品标识。

4.检查申请人是否有统一规范的、内容全面的生产记录，是否建立了全程可追溯系统。

5.检查记录是否有专人保管并保存 3 年以上。

6.存在平行生产的，是否建立区分管理全程质量控制系统。包括防止绿色食品与常规食品在生产、收获、贮藏、运输等环节混淆的措施或制度；绿色食品与常规食品的各环节记录等。

（八）风险性评估

1.评估各生产环节是否建立有效合理的生产技术规程，操作人员是否了解规程并准确执行。

2.评估整体质量控制情况，是否存在平行生产，质量管理体系是否稳定。

3.评估农药、肥料等投入品使用是否符合绿色食品标准要求。

4.评估食用菌生产全过程是否会对周边环境造成污染。

（九）其他

1.核对申请产品信息

（1）核对申报材料上的申请人名称、产品名称与包装上的是否一致。

（2）核对预包装标签上的商标与商标注册证上的是否一致。

（3）核实生产规模是否能满足产品申请需要。

2.对于续展申请人，还应核查其上一用标周期绿色食品投入品合同是否有效执行。

第十三条　蜂产品现场检查

(一) 产地环境

1. 蜂场

(1) 核查蜂场周围是否有工矿区、公路铁路干线、垃圾场、化工厂、农药厂。

(2) 核查蜂场周围是否有大型蜂场和以蜜、糖为生产原料的食品厂。

(3) 核查蜂场周围是否具有能满足蜂群繁殖和蜜蜂产品生产的蜜源植物;是否具有清洁的水源。

(4) 核查蜂场周围半径 5 km 范围内是否存在有毒蜜源植物;在有毒蜜源植物开花期是否放蜂。如何隔离?

(5) 核查蜂场周围半径 5 km 范围内是否有常规农作物;针对常规农作物所用的农药是否对蜂群有影响。

(6) 核查流蜜期内蜂场周围半径 5 km 范围内是否有处于花期的常规农作物。如何区别管理?

2. 蜜源植物

(1) 核查蜜源植物为野生还是人工种植?

(2) 核查蜜源地位置、蜜源植物品种、分布情况;核实蜜源地规模与申报材料是否一致。

(3) 人工种植的蜜源植物,核查其农药使用情况是否符合《绿色食品 农药使用准则》(NY/T 393) 标准要求,其肥料使用情况是否符合《绿色食品 肥料使用准则》(NY/T 394) 标准要求。

(4) 核查在野生蜜源植物地放蜂时,是否会对当地蜜蜂种群以及其他依靠同种蜜源植物生存的昆虫造成严重影响。

(5) 核查申报产品的蜜源植物花期的长短;申报产量是否与一个花期的产量相符。

(6) 蜂群如转场,转场蜜源植物的生产管理应符合绿色食品相关标准要求。

3. 养蜂机具

(1) 核查蜂箱和巢框用材是否无毒、无味、性能稳定、牢固;蜂箱是否定期消毒、换洗;消毒所用制剂是否符合《绿色食品 兽药使用准则》(NY/T 472) 标准要求。

(2) 核查养蜂机具及采收机具(包括隔王栅、饲喂器、起刮刀、脱粉器、集胶器、摇蜜机和台基条等)、产品存放器具所用材料是否无毒、无味。

(3) 核查巢础的材质及更换频率。

4. 蜜蜂来源

(1) 了解引入种群品系、来源、数量,查看供应商资质、检疫证明等。

(2) 蜂王为自育或外购? 若为外购蜂王或卵虫育王,应了解其来源,查看供应商资质、检疫证明。

(3) 查看进出场日期和运输等记录。

5. 饲养管理

饲料管理(含自留蜜、自留花粉等)

① 核查各饲料品种、来源、比例、使用时间、年用量,核实是否 100% 为绿色食品。

② 查看购买协议,协议期限是否涵盖一个用标周期。核查购买量是否能够满足生产

需求量。

③ 查看绿色食品证书、绿色生资证书、绿色食品原料标准化基地证书（原件）。

④ 查看饲料包装标签：名称、主要成分、生产企业等信息。

⑤ 了解是否使用红糖作为蜜蜂饲料。

⑥ 了解转场和越冬饲料是否使用自留蜜、自留花粉；使用量、所占比例。

⑦ 核查蜜蜂饮用水中是否添加绿色食品禁用物质；饮水器材是否安全无毒。

⑧ 核查饲料存储仓库中是否有绿色食品禁用物质；仓库是否有防潮、防鼠、防虫设施；是否使用化学合成药物；药物的名称、用法与用量。

⑨ 核查蜂场内是否有绿色食品禁用物质。

⑩ 查看购买发票、出入库记录等。

6. 转场管理

（1）查看转场饲养的转地路线、转运方式、日期和蜜源植物花期、长势、流蜜状况等信息的材料及记录。

（2）了解转场前是否调整群势；运输过程中是否备足饲料及饮水。

（3）核查是否用装运过农药、有毒化学品的运输设备装运蜂群。

（4）了解是否采取有效措施防止蜂群在运输途中的伤亡。

（5）核查运输途中是否放蜂；是否经过污染源；途中采集的产品是否作为绿色食品或蜜蜂饲料。

（6）查看运输记录，包括时间、天气、起运地、途经地、到达地、运载工具、承运人、押运人、蜂群途中表现等情况。

（7）转场蜂场的生产管理应符合绿色食品相关标准要求。

7. 日常饲养管理

（1）了解蜂群是否有专门的背风向阳，干燥安静的越冬场所；是否布置越冬蜂巢；蜂箱是否具有配备专门的保温措施。核查越冬期饲料是否充足；饲料是否为绿色食品。

（2）核查春繁扩群期饲料配比是否符合蜜蜂生理需要；饲料是否为绿色食品。

（3）核查蜜源缺乏期是否供给足够饲料；饲料是否为绿色食品。

（4）了解蜂场废弃物如何处理？核查蜜蜂尸体、蜜蜂排泄物、杂草等废弃物处理是否国家相关规定。

（5）核查是否配备饮水器和充足的清洁水；水中是否添加盐类等矿物质；添加的物质是否为绿色食品。

（6）了解蜂箱是否具有调节光照、通风和温、湿度等条件的措施。

（7）核查蜂场卫生状况，是否具有相关管理制度、消毒程序。核查养蜂机具和采收器具是否经常清洗消毒，消毒剂的使用是否符合《绿色食品 兽药使用准则》（NY/T 472）标准要求。查看清洗、消毒记录。

（8）核查是否具有专门的绿色食品饲养管理规范；是否具有饲养管理相关记录；饲养管理人员是否经过绿色食品生产管理培训。

（9）询问一线蜜蜂养殖人员在实际生产操作中使用的饲料、饮水、蜂药、消毒剂等物质，核实其是否用过绿色食品禁用物质。

(10) 核查继箱、更换蜂王过程中是否使用诱导剂；是否为绿色食品禁用物质。

（二）疾病防治

1. 了解当地蜜蜂常见疾病、有害生物种类及发生规律。核查疾病防治所用蜂药、消毒剂等是否符合《绿色食品　兽药使用准则》（NY/T 472）、《绿色食品　动物卫生准则》（NY/T 473）、《绿色食品　畜禽饲养防疫准则》（NY/T 1892）标准要求。

2. 核查所用蜂药是否有停药期的规定；停药期是否符合该规定。

3. 解是否采取综合措施培养强群，提高蜂群自身的抗病能力。

4. 查看用药记录（包括蜂场编号、蜂群编号、蜂群数、蜂病名称、防治对象、发病时间及症状、治疗用药物名称及其有效成分、用药日期、用药方式、用药量、停药期、用药人、技术负责人等）。

（三）产品采收

1. 核查产品采收时间、标准、产量。

2. 了解是否存在掠夺式采收的现象（采收频率过高、经常采光蜂巢内蜂蜜等）。

3. 了解成熟蜜、巢蜜的采收间隔期是否根据蜜源种类、水分、天气等情况适当延长。

4. 核查蜂产品采收期间，生产群是否使用蜂药；蜂群在停药期内是否从事蜜蜂产品采收，所得产品如何处理？

5. 核查蜜源植物施药期间（含药物安全间隔期）是否进行蜂产品采收，所得产品如何处理？

6. 核查采收机具和产品存放器具是否严格清洗消毒；是否符合国家相关要求。

7. 查看蜜源植物施药情况（使用时间、使用量）及蜂产品采收记录（采收日期、产品种类、数量、采收人员、采收机具等）。

8. 了解蜂蜜采收之前，是否取出生产群中的饲料蜜。

9. 蜂王浆的采集过程中，移虫、采浆作业需在对空气消毒过的室内或者帐篷内进行，核查消毒剂的使用是否符合《绿色食品　兽药使用准则》（NY/T 472）标准要求。

（四）蜂产品加工（如有涉及）

1. 核查加工厂所在位置、面积、周围环境与申报材料是否一致。

2. 核查厂区卫生管理制度及实施情况。

3. 了解成熟蜜、浓缩蜜的加工流程。

4. 核查加工设施的清洗与消毒情况。

5. 核查加工设备是否同时用于绿色和非绿色产品。如何避免混杂和污染？

6. 核查加工用水是否符合《绿色食品　产地环境质量》（NY/T 391）的要求。

7. 查看不合格产品处理记录。

（五）贮藏、包装与运输

1. 贮藏

（1）生产资料库房。核查是否有专门的绿色食品生产资料存放仓库；是否有明显的标识；是否有绿色食品禁用物质。

（2）产品库房。核查是否有专门的绿色食品产品贮藏场所；其卫生状况是否符合食品贮藏条件；库房硬件设施是否齐备；若与同类非绿色食品产品一起贮藏如何防混、防污；

贮藏场所是否具有防虫、防鼠、防潮措施，是否使用化学合成药物，药物的名称、用法与用量。

（3）查看生产资料、产品出入库记录。

2. 预包装标签

（1）核查产品是否包装；核实产品预包装送审样。

（2）核查包装标识是否符合《预包装食品标签通则》(GB 7718)、《绿色食品　包装通用准则》(NY/T 658) 的要求；绿色食品标志是否符合《中国绿色食品商标标志设计使用规范手册》的要求。

（3）核查使用的包装材料是否可重复使用或回收利用；包装废弃物是否可降解。

3. 运输

（1）核查是否单独运输；若与非绿色食品一同运输，是否有明显的区别标识。

（2）核查运输过程是否需要控温等措施。

（3）核查运输工具的清洁消毒处理情况。

（4）核查运输工具是否满足产品运输的基本要求；运输工具和运输过程管理是否符合《绿色食品　贮藏运输准则》(NY/T 1056) 标准要求。

（5）核查运输记录是否完整；是否能够保证产品可追溯。

（六）质量控制体系

1. 了解申请人机构设置，是否专门设置基地负责人和内检员。

2. 了解蜂场所在地情况（固定蜂场及转场蜂场）。核查蜂场分布与申报材料是否一致。

3. 核实蜜源地位置，查看土地流转合同，或有效期 3 年以上的委托养殖合同或协议，基地清单、农户清单等。

4. 查看申请单位的资质性文件：企业营业执照、商标注册证、养殖许可证等其他合法性文件等资质证明原件。

5. 核查企业质量控制规范、养殖技术规程、加工规程和产品质量保障措施等技术性文件的制定与执行情况。

6. 核查绿色食品相关标准和技术规范是否上墙或在醒目的地方公示；产地是否有绿色食品的明显标识。

7. 核查是否建立可追溯的全程质量安全监管记录；查看近两年的生产记录、生产资料的采购与使用记录；核实生产过程记录的真实性、完整性和符合性。

（七）风险性评估

1. 评估各生产环节是否建立有效合理的生产技术规程，操作人员是否了解规程并准确执行。

2. 评估整体质量控制情况，是否存在平行生产，质量管理体系是否稳定。

（1）转场过程中是否放蜂；是否经过污染源；途中采集的产品是否作为绿色食品或蜜蜂饲料。

（2）采蜜范围内是否有与申报产品同花期的常规植物。

3. 评估使用蜂药、消毒剂等是否符合绿色食品标准要求。

4. 评估是否存在使用常规饲料及饲料添加剂的风险。

5. 评估绿色食品养殖过程是否会对周边环境造成污染。

(八) 其他

1. 核对申请产品信息

(1) 核对申报材料上的申请人名称、产品名称与包装上的是否一致。

(2) 核对预包装标签上的商标与商标注册证上的是否一致。

(3) 核实生产规模是否能满足产品申请需要。

2. 对于续展申请人,还应核查其上一用标周期绿色食品投入品合同是否有效执行。

3. 对于人工种植蜜源植物的申请人,还应参照种植产品的现场检查规范。

4. 对于蜂产品采集后再进行净化、浓缩等加工处理的申请人,还应参照加工产品现场检查规范。

第四章 现场检查结论

第十四条 现场检查不合格

有下列情况之一的,现场检查结论为不合格:

(一) 产地环境质量现状调查

1. 产地周围 5 km 内有污染源的,如工矿区、造纸厂、化工厂、垃圾填埋场、医院、排污设施等;

2. 有废水流经生产区域的。

(二) 投入品使用不符合标准要求

1. 使用转基因技术及其产物的(包括种苗、投入品及生产技术等);

2. 食品添加剂使用不符合标准要求的

(1) 使用非法添加物质;

(2) 使用量、使用范围不符合 GB 2760 标准要求;

(3) 添加 NY/T 392 中不应使用的食品添加剂。

3. 农药使用不符合标准要求的

(1) 使用不符合国家相关法律法规的,并未获得国家农药登记许可;

(2) 使用 NY/T 393 附录以外的农药;

(3) 使用量超过农药登记用量的;

(4) 安全间隔期不符合要求的。

4. 肥料使用不符合标准要求的:

(1) 使用添加有稀土元素的肥料;

(2) 使用成分不明确、含有安全隐患成分的肥料;

(3) 使用未经发酵腐熟的人畜粪尿;

(4) 使用生活垃圾、污泥和含有害物质的工业垃圾;

(5) 使用的无机氮素用量超过当地同种作物习惯施用量一半;

(6) 使用的肥料不符合国家法律法规要求。

5. 畜禽饲料及饲料添加剂使用不符合标准要求的

(1) 饲料原料（如玉米、豆粕）不全是通过认定的绿色食品，或来源于绿色食品标准化生产基地的产品，或经绿色食品工作机构认定或按照绿色食品生产方式生产、达到绿色食品标准的自建基地生产的产品；

(2) 使用以哺乳类动物为原料的动物性饲料产品（不包括乳及乳制品）饲喂反刍动物；

(3) 使用同源动物源性饲料的原则；

(4) 使用工业合成的油脂；

(5) 使用畜禽粪便；

(6) 使用任何药物饲料添加剂；

(7) 饲料添加剂品种不是《饲料添加剂品种目录》中所列的饲料添加剂和允许进口的饲料添加剂品种，或不是农业部公布批准使用的饲料添加剂品种；

(8) 使用附录 A 中所列的饲料添加剂品种。

6. 兽药使用不符合标准要求的

(1) 使用国家规定的其他禁止在畜禽养殖过程中使用的药物；

(2) 使用 NY/T 472 附录 A 中的药物，产蛋期和泌乳期使用附录 B 中的兽药；

(3) 使用药物饲料添加剂；

(4) 使用酚类消毒剂，产蛋期使用酚类和醛类消毒剂；

(5) 使用抗菌药物、抗寄生虫药、激素或其他生长促进剂促进畜禽生长；

(6) 使用剂量超过登记用量。

7. 渔药使用不符合标准要求的

(1) 使用中华人民共和国农业部公告第 176 号、193 号、235 号、560 号和 1519 号公告中规定的渔药；

(2) 使用药物饲料添加剂；

(3) 使用抗菌药物、激素或其他生长促进剂促进水产动物生长；

(4) 预防用药使用 NY/T 755 附录 A 以外的药物；

(5) 治疗用药使用 NY/T 755 附录 B 以外的药物；

(6) 使用剂量超过登记用量。

8. 渔业饲料及饲料添加剂使用不符合标准要求的

(1) 饲料原料不全是通过认定的绿色食品，或全国绿色食品原料标准化生产基地的产品，或经中心认定、按照绿色食品生产方式生产、达到绿色食品标准的自建基地生产的产品；

(2) 使用工业合成的油脂和回收油；

(3) 使用畜禽粪便；

(4) 使用制药工业副产品；

(5) 饲料如经发酵处理，所使用的微生物制剂不是《饲料添加剂品种目录》中所规定的品种或不是农业部公布批准使用的新饲料添加剂品种；

(6) 饲料添加剂品种不是《饲料添加剂品种目录》中所列的饲料添加剂和允许进口的

饲料添加剂品种，或不是农业部公布批准使用的饲料添加剂品种；

(7) 使用 NY/T 2112 附录 A 中所列的饲料添加剂品种；

(8) 使用药物饲料添加剂；

(9) 使用激素。

(三) 质量管理体系检查

1. 伪造资质证明文件；

2. 生产技术规程与生产实际不符；

3. 编造生产记录、购销凭证；

4. 合同（协议）造假或未落实。

第十五条　现场检查需整改的

(一) 产地环境质量

未在绿色食品和常规生产区之间设置有效的缓冲带或物理屏障。

(二) 质量管理体系

1. 未建立切实可行的基地管理制度或制度未落实；

2. 有平行生产或委托加工的，未建立区分管理制度或制度未落实；

3. 无生产记录或生产记录未反映生产过程及投入品使用情况；

4. 未建立产品质量追溯体系或未有效实施；

5. 参与绿色食品生产或管理的人员或农户不熟悉绿色食品标准要求。

(三) 收获、包装、储运

1. 收获环节不能有效区分绿色食品与非绿色食品；

2. 包装材料及设计不符合 NY/T 658 标准要求；

3. 仓储环节未有效区分绿色食品与非绿色食品；

4. 防虫、防鼠、防潮、防鸟措施不完备。

(四) 环境保护

1. 未建立生物栖息地，保护基因多样性、物种多样性和生态系统多样性，以维持生态平衡；

2. 污水、废弃物等处理措施欠缺，可能对环境或周边其他生物产生污染。

第十六条　现场检查合格的

不存在不合格项，且按期完成整改的，现场检查合格。

第五章　现场检查报告的撰写

第十七条　撰写要求

（一）应按中心规定的格式填写，字迹整洁、术语规范。

（二）应由检查组成员完成，不可由他人代填，并经申请人的法定代表人（负责人）和检查组成员双方签字确认。

（三）应包括检查组对申请人的生产、加工活动的客观描述与绿色食品标准要求符合性的判断，对其管理体系运行有效性的评价，对检查过程中发现的风险因素进行评估，对其产品质量安全状况的判定等内容，对于续展申请人还应确认其绿色食品标志使用的情况。

（四）检查员应依据标准和判定规则，对报告所规定的项目内容进行逐项检查并评定，对检查各环节关键控制点进行客观描述，做到准确且不缺项。

（五）现场检查综合评价应重点填写申请人执行绿色食品标准的总体情况、存在问题等内容，但不应对是否通过绿色食品标志许可作出结论。如果没有足够的信息作出评判，须指出需要补充的信息和材料，以及是否需要再次检查。

（六）现场检查意见分为合格、限期整改、不合格，应在相应项目栏内勾选。

（七）检查组应对于现场检查中发现的问题，汇总并填入《现场检查发现问题汇总表》。

第十八条 其他要求

检查组应将在现场检查中收集到的各种证据和材料进行有序整理，以支持报告中叙述地检查发现、观点和结论等。

第六章 附 则

第十九条 本规范由中心负责解释。

第二十条 本规范自 2015 年 1 月 1 日起施行。

绿色食品　产地环境质量

（NY/T 391—2013）

1　范围

本标准规定了绿色食品产地的术语和定义、生态环境要求、空气质量要求、水质要求、土壤质量要求。

本标准适用于绿色食品生产。

2　规范性引用文件

下列文件对于本文件的应用是必不可少的。凡是注日期的引用文件，仅所注日期的版本适用于本文件。凡是不注日期的引用文件，其最新版本（包括所有的修改单）适用于本文件。

GB/T 5750.4 生活饮用水标准检验方法　感官性状和物理指标

GB/T 5750.5 生活饮用水标准检验方法　无机非金属指标

GB/T 5750.6 生活饮用水标准检验方法　金属指标

GB/T 5750.12 生活饮用水标准检验方法　微生物指标

GB/T 6920 水质　pH 值的测定　玻璃电极法

GB/T 7467 水质　六价铬的测定　二苯碳酰二肼分光光度法

GB/T 7475 水质　铜、锌、铅、镉的测定　原子吸收分光光度法

GB/T 7484 水质　氟化物的测定　离子选择电极法

GB/T 7485 水质　总砷的测定　二乙基二硫代氨基甲酸银分光光度法

GB/T 7489 水质　溶解氧的测定　碘量法

GB 11914 水质　化学需氧量的测定　重铬酸盐法

GB/T 12763.4 海洋调查规范　第 4 部分：海水化学要素调查

GB/T 15432 环境空气　总悬浮颗粒物的测定　重量法

GB/T 17138 土壤质量　铜、锌的测定　火焰原子吸收分光光度法

GB/T 17141 土壤质量　铅、镉的测定　石墨炉原子吸收分光光度法

GB/T 22105.1 土壤质量　总汞、总砷、总铅的测定　原子荧光法　第 1 部分：土壤中总汞的测定

GB/T 22105.2 土壤质量　总汞、总砷、总铅的测定　原子荧光法　第 2 部分：土壤中总砷的测定

HJ 479 环境空气　氮氧化物（一氧化氮和二氧化氮）的测定　盐酸萘乙二胺分光光度法

HJ 480 环境空气　氟化物的测定　滤膜采样氟离子选择电极法

HJ 482 环境空气　二氧化硫的测定　甲醛吸收-副玫瑰苯胺分光光度法

HJ 491 土壤　总铬的测定　火焰原子吸收分光光度法

HJ 503 水质　挥发酚的测定　4-氨基安替比林分光光度法

HJ 505 水质　五日生化需氧量（BOD$_5$）的测定　稀释与接种法

HJ 597 水质　总汞的测定　冷原子吸收分光光度法

HJ 637 水质　石油类和动植物油类的测定　红外分光光度法

LY/T 1233 森林土壤有效磷的测定

LY/T 1236 森林土壤速效钾的测定

LY/T 1243 森林土壤阳离子交换量的测定

NY/T 53　土壤全氮测定法（半微量开氏法）

NY/T 1121.6 土壤检测　第6部分：土壤有机质的测定

NY/T 1377 土壤 pH 的测定

SL 355 水质　粪大肠菌群的测定——多管发酵法

3　术语和定义

下列术语和定义适用于本文件。

3.1　环境空气标准状态 ambient air standard state

指温度为 273 K，压力为 101.325 KPa 时的环境空气状态。

4　生态环境要求

绿色食品生产应选择生态环境良好、无污染的地区，远离工矿区和公路铁路干线，避开污染源。

应在绿色食品和常规生产区域之间设置有效的缓冲带或物理屏障，以防止绿色食品生产基地受到污染。

建立生物栖息地，保护基因多样性、物种多样性和生态系统多样性，以维持生态平衡。

应保证基地具有可持续生产能力，不对环境或周边其他生物产生污染。

5　空气质量要求

应符合表1要求。

表 1　空气质量要求（标准状态）

项目	指标		检测方法
	日平均[a]	1小时[b]	
总悬浮颗粒物，mg/m³	≤0.30	—	GB/T 15432
二氧化硫，mg/m³	≤0.15	≤0.50	HJ 482
二氧化氮，mg/m³	≤0.08	≤0.20	HJ 479
氟化物，μg/m³	≤7	≤20	HJ 480

[a] 日平均指任何一日的平均指标。

[b] 1小时指任何一小时的指标。

6 水质要求

6.1 农田灌溉水质要求

农田灌溉用水，包括水培蔬菜和水生植物，应符合表2要求。

表2 农田灌溉水质要求

项 目	指 标	检测方法
pH	5.5~8.5	GB/T 6920
总汞，mg/L	≤0.001	HJ 597
总镉，mg/L	≤0.005	GB/T 7475
总砷，mg/L	≤0.05	GB/T 7485
总铅，mg/L	≤0.1	GB/T 7475
六价铬，mg/L	≤0.1	GB/T 7467
氟化物，mg/L	≤2.0	GB/T 7484
化学需氧量（CODcr），mg/L	≤60	GB 11914
石油类，mg/L	≤1.0	HJ 637
粪大肠菌群[a]，个/L	≤10 000	SL 355

[a] 灌溉蔬菜、瓜类和草本水果的地表水需测粪大肠菌群，其他情况不测粪大肠菌群。

6.2 渔业水质要求

应符合表3要求。

表3 渔业水质要求

项 目	指 标		检测方法
	淡水	海水	
色、臭、味	不应有异色、异臭、异味		GB/T 5750.4
pH	6.5~9.0		GB/T 6920
溶解氧，mg/L	>5		GB/T 7489
生化需氧量（BOD5），mg/L	≤5	≤3	HJ 505
总大肠菌群，MPN/100 mL	≤500（贝类50）		GB/T 5750.12
总汞，mg/L	≤0.000 5	≤0.000 2	HJ 597
总镉，mg/L	≤0.005		GB/T 7475
总铅，mg/L	≤0.05	≤0.005	GB/T 7475
总铜，mg/L	≤0.01		GB/T 7475
总砷，mg/L	≤0.05	≤0.03	GB/T 7485
六价铬，mg/L	≤0.1	≤0.01	GB/T 7467
挥发酚，mg/L	≤0.005		HJ 503
石油类，mg/L	≤0.05		HJ 637
活性磷酸盐（以P计），mg/L	—	≤0.03	GB/T 12763.4

水中漂浮物质需要满足水面不应出现油膜或浮沫要求。

6.3 畜禽养殖用水要求

畜禽养殖用水，包括养蜂用水，应符合表 4 要求。

表 4 畜禽养殖用水要求

项 目	指 标	检测方法
色度[a]	≤15，并不应呈现其他异色	GB/T 5750.4
浑浊度[a]（散射浑浊度单位），NTU	≤3	GB/T 5750.4
臭和味	不应有异臭、异味	GB/T 5750.4
肉眼可见物[a]	不应含有	GB/T 5750.4
pH	6.5～8.5	GB/T 5750.4
氟化物，mg/L	≤1.0	GB/T 5750.5
氰化物，mg/L	≤0.05	GB/T 5750.5
总砷，mg/L	≤0.05	GB/T 5750.6
总汞，mg/L	≤0.001	GB/T 5750.6
总镉，mg/L	≤0.01	GB/T 5750.6
六价铬，mg/L	≤0.05	GB/T 5750.6
总铅，mg/L	≤0.05	GB/T 5750.6
菌落总数[a]，CFU/mL	≤100	GB/T 5750.12
总大肠菌群，MPN/100 mL	不得检出	GB/T 5750.12

[a] 散养模式免测该指标。

6.4 加工用水要求

加工用水包括食用菌生产用水、食用盐生产用水等，应符合表 5 要求。

表 5 加工用水要求

项 目	指 标	检测方法
pH	6.5～8.5	GB/T 5750.4
总汞，mg/L	≤0.001	GB/T 5750.6
总砷，mg/L	≤0.01	GB/T 5750.6
总镉，mg/L	≤0.005	GB/T 5750.6
总铅，mg/L	≤0.01	GB/T 5750.6
六价铬，mg/L	≤0.05	GB/T 5750.6
氰化物，mg/L	≤0.05	GB/T 5750.5
氟化物，mg/L	≤1.0	GB/T 5750.5
菌落总数，CFU/mL	≤100	GB/T 5750.12
总大肠菌群，MPN/100 mL	不得检出	GB/T 5750.12

6.5 食用盐原料水质要求

食用盐原料水包括海水、湖盐或井矿盐天然卤水，应符合表 6 要求。

表6 食用盐原料水质要求

项　目	指　标	检测方法
总汞，mg/L	≤0.001	GB/T 5750.6
总砷，mg/L	≤0.03	GB/T 5750.6
总镉，mg/L	≤0.005	GB/T 5750.6
总铅，mg/L	≤0.01	GB/T 5750.6

7 土壤质量要求

7.1 土壤环境质量要求

按土壤耕作方式的不同分为旱田和水田两大类，每类又根据土壤 pH 的高低分为三种情况，即 pH<6.5，6.5≤pH≤7.5，pH>7.5。应符合表7要求。

表7 土壤质量要求

项　目	旱　田			水　田			检测方法
	pH<6.5	6.5≤pH≤7.5	pH>7.5	pH<6.5	6.5≤pH≤7.5	pH>7.5	NY/T 1377
总镉，mg/kg	≤0.30	≤0.30	≤0.40	≤0.30	≤0.30	≤0.40	GB/T 17141
总汞，mg/kg	≤0.25	≤0.30	≤0.35	≤0.30	≤0.40	≤0.40	GB/T 22105.1
总砷，mg/kg	≤25	≤20	≤20	≤20	≤20	≤15	GB/T 22105.2
总铅，mg/kg	≤50	≤50	≤50	≤50	≤50	≤50	GB/T 17141
总铬，mg/kg	≤120	≤120	≤120	≤120	≤120	≤120	HJ 491
总铜，mg/kg	≤50	≤60	≤60	≤50	≤60	≤60	GB/T 17138

注1：果园土壤中铜限量值为旱田中铜限量值的2倍。

注2：水旱轮作的标准值取严不取宽。

注3：底泥按照水田标准值执行。

7.2 土壤肥力要求

土壤肥力按照表8划分。

表8 土壤肥力分级指标

项　目	级　别	旱　地	水　田	菜　地	园　地	牧　地	检测方法
有机质，g/kg	I	>15	>25	>30	>20	>20	NY/T 1121.6
	II	10~15	20~25	20~30	15~20	15~20	
	III	<10	<20	<20	<15	<15	
全氮，g/kg	I	>1.0	>1.2	>1.2	>1.0	—	NY/T 53
	II	0.8~1.0	1.0~1.2	1.0~1.2	0.8~1.0	—	
	III	<0.8	<1.0	<1.0	<0.8	—	
有效磷，mg/kg	I	>10	>15	>40	>10	>10	LY/T 1233
	II	5~10	10~15	20~40	5~10	5~10	
	III	<5	<10	<20	<5	<5	

（续）

项 目	级 别	旱 地	水 田	菜 地	园 地	牧 地	检测方法
速效钾， mg/kg	Ⅰ Ⅱ Ⅲ	＞120 80～120 ＜80	＞100 50～100 ＜50	＞150 100～150 ＜100	＞100 50～100 ＜50	— — —	LY/T 1236
阳离子交换量， cmol（＋）/kg	Ⅰ Ⅱ Ⅲ	＞20 15～20 ＜15	＞20 15～20 ＜15	＞20 15～20 ＜15	＞20 15～20 ＜15	— 	LY/T 1243

注：底泥、食用菌栽培基质不做土壤肥力检测。

7.3 食用菌栽培基质质量要求

土培食用菌栽培基质按 7.1 执行，其他栽培基质应符合表 9 要求。

表 9 食用菌栽培基质要求

项 目	指 标	检测方法
总汞，mg/kg	≤0.1	GB/T 22105.1
总砷，mg/kg	≤0.8	GB/T 22105.2
总镉，mg/kg	≤0.3	GB/T 17141
总铅，mg/kg	≤35	GB/T 17141

绿色食品 产地环境调查、监测与评价规范

（NY/T 1054—2013）

1 范围

本标准规定了绿色食品产地环境调查、产地环境质量监测和产地环境质量评价的要求。

本标准适用于绿色食品产地环境。

2 规范性引用文件

下列文件对于本文件的应用是必不可少的。凡是注日期的引用文件，仅注日期的版本适用于本文件。凡是不注日期的引用文件，其最新版本（包括所有的修改单）适用于本文件。

NY/T 391 绿色食品 产地环境质量

NY/T 395 农田土壤环境质量监测技术规范

NY/T 396 农用水源环境质量监测技术规范

NY/T 397 农区环境空气质量监测技术规范

3 产地环境调查

3.1 调查目的和原则

产地环境质量调查的目的是科学、准确地了解产地环境质量现状，为优化监测布点提供科学依据。根据绿色食品产地环境特点，兼顾重要性、典型性、代表性，重点调查产地环境质量现状、发展趋势及区域污染控制措施，兼顾产地自然环境、社会经济及工农业生产对产地环境质量的影响。

3.2 调查方法

省级绿色食品工作机构负责组织对申报绿色食品产品的产地环境进行现状调查，并确定布点采样方案。现状调查应采用现场调查方法，可以采取资料核查、座谈会、问卷调查等多种形式。

3.3 调查内容

3.3.1 自然地理：地理位置、地形地貌。

3.3.2 气候与气象：该区域的主要气候特性，年平均风速和主导风向，年平均气温、极端气温与月平均气温，年平均相对湿度，年平均降水量，降水天数，降水量极值，日照时数。

3.3.3 水文状况：该区域地表水、水系、流域面积、水文特征、地下水资源总量及开发利用情况等。

3.3.4 土地资源：土壤类型、土壤肥力、土壤背景值、土壤利用情况。

3.3.5 植被及生物资源：林木植被覆盖率、植物资源、动物资源、鱼类资源等。

3.3.6 自然灾害：旱、涝、风灾、冰雹、低温、病虫草鼠害等。

3.3.7 社会经济概况：行政区划、人口状况、工业布局、农田水利和农村能源结构情况。

3.3.8 农业生产方式：农业种植结构、生态养殖模式。

3.3.9 工农业污染：包括污染源分布、污染物排放、农业投入品使用情况。

3.3.10 生态环境保护措施：包括废弃物处理、农业自然资源合理利用；生态农业、循环农业、清洁生产、节能减排等情况。

3.4 产地环境调查报告内容

根据调查、了解、掌握的资料情况，对申报产品及其原料生产基地的环境质量状况进行初步分析，出具调查分析报告，报告包括如下内容：

——产地基本情况、地理位置及分布图；

——产地灌溉用水环境质量分析；

——产地环境空气质量分析；

——产地土壤环境质量分析；

——农业生产方式、工农业污染、生态环境保护措施等；

——综合分析产地环境质量现状，确定优化布点监测方案；

——调查单位及调查时间。

4 产地环境质量监测

4.1 空气监测

4.1.1 布点原则

依据产地环境调查分析结论和产品工艺特点，确定是否进行空气质量监测。进行产地环境空气质量监测的地区，可根据当地生物生长期内的主导风向，重点监测可能对产地环境造成污染的污染源的下风向。

4.1.2 样点数量

样点布设点数应充分考虑产地布局、工矿污染源情况和生产工艺等特点，按表1规定执行；同时还应根据空气质量稳定性以及污染物对原料生长的影响程度适当增减，有些类型产地可以减免布设点数，具体要求详见表2。

表 1 不同产地类型空气点数布设表

产地类型	布设点数
布局相对集中，面积较小，无工矿污染源	1～3 个
布局较为分散，面积较大，无工矿污染源	3～4 个

表 2 减免布设空气点数的区域情况表

产地类型	减免情况
产地周围 5 km，主导风向的上风向 20 km 内无工矿污染源的种植业区	免测
设施种植业区	只测温室大棚外空气
养殖业区	只测养殖原料生产区域的空气
矿泉水等水源地和食用盐原料产区	免测

4.1.3 采样方法

空气监测点应选择在远离树木、城市建筑及公路、铁路的开阔地带，若为地势平坦区域，沿主导风向 45°～90°夹角内布点；若为山谷地貌区域，应沿山谷走向布点。各监测点之间的设置条件相对一致，间距一般不超过 5 km，保证各监测点所获数据具有可比性。

采样时间应选择在空气污染对生产质量影响较大的时期进行，采样频率为每天 4 次，上下午各 2 次，连采 2 天。采样时间分别为：晨起、午前、午后和黄昏，每次采样量不得低于 10 m³。遇雨雪等降水天气停采，时间顺延。取 4 次平均值，作为日均值。

其他要求按 NY/T 397 规定执行。

4.1.4 监测项目和分析方法

按 NY/T 391 规定执行。

4.2 水质监测

4.2.1 布点原则

水质监测点的布设要坚持样点的代表性、准确性和科学性的原则。

坚持从水污染对产地环境质量的影响和危害出发，突出重点，照顾一般的原则。即优先布点监测代表性强，最有可能对产地环境造成污染的方位、水源（系）或产品生产过程中对其质量有直接影响的水源。

4.2.2 样点数量

对于水资源丰富，水质相对稳定的同一水源（系），样点布设 1～3 个，若不同水源（系）则依次叠加，具体布设点数按表 3 规定执行。水资源相对贫乏、水质稳定性较差的水源及对水质要求较高的作物产地，则根据实际情况适当增设采样点数；对水质要求较低的粮油作物、禾本植物等，采样点数可适当减少，有些情况可以免测水质，详见表 4。

表 3 不同产地类型水质点数布设表

产地类型		布设点数（以每个水源或水系计）
种植业（包括水培蔬菜和水生植物）		1 个
近海（包括滩涂）渔业		1～3 个
养殖业	集中养殖	1～3 个
	分散养殖	1 个
食用盐原料用水		1～3 个
加工用水		1～3 个

表 4 免测水质的产地类型情况表

产地类型	布设点数（以每个水源或水系计）
灌溉水系天然降雨的作物	免测
深海渔业	免测
矿泉水水源	免测

4.2.3 采样方法

a) 采样时间和频率：种植业用水在农作物生长过程中灌溉用水的主要灌期采样 1 次；水产养殖业用水，在其生长期采样 1 次；畜禽养殖业用水，宜与原料产地灌溉用水同步采集饮用水水样 1 次；加工用水每个水源采集水样 1 次。

b) 其他要求按 NY/T 396 规定执行。

4.2.4 监测项目和分析方法

按 NY/T 391 规定执行。

4.3 土壤监测

4.3.1 布点原则

绿色食品产地土壤监测点布设，以能代表整个产地监测区域为原则；不同的功能区采取不同的布点原则；宜选择代表性强、可能造成污染的最不利的方位、地块。

4.3.2 样点数量

4.3.2.1 大田种植区

按照表 5 规定执行，种植区相对分散，适当增加采样点数。

表 5 大田种植区土壤样点数量布设表

产地面积	布设点数
2 000 hm² 以内	3～5 个
2 000 hm² 以上	每增加 1 000 hm²，增加 1 个

4.3.2.2 蔬菜露地种植区

按照表 6 规定执行。

表 6 蔬菜露地种植区土壤样点数量布设表

产地面积	布设点数
200 hm² 以内	3～5 个
200 hm² 以上	每增加 100 hm²，增加 1 个

注：莲藕、荸荠等水生植物采集底泥。

4.3.2.3 设施种植业区

按照表 7 规定执行，栽培品种较多、管理措施和水平差异较大，应适当增加采样点数。

表 7 设施种植业区土壤样点数量布设表

产地面积	布设点数
100 hm² 以内	3 个
100～300 hm²	5 个
300 hm² 以上	每增加 100 hm²，增加 1 个

4.3.2.4 食用菌种植区

根据品种和组成不同，每种基质采集不少于3个。

4.3.2.5 野生产品生产区

按照表8规定执行。

表8 野生产品生产区土壤样点数量布设表

产地面积	布设点数
2 000 hm² 以内	3个
2 000～5 000 hm²	5个
5 000～10 000 hm²	7个
10 000 hm² 以上	每增加5 000 hm²，增加1个

4.3.2.6 其他生产区域

按照表9规定执行。

表9 其他生产区域土壤样点数量布设表

产地类型	布设点数
近海（包括滩涂）渔业	不少于3个（底泥）
淡水养殖区	不少于3个（底泥）

注：深海和网箱养殖区、食用盐原料产区、矿泉水、加工业区免测。

4.3.3 采样方法

a）在环境因素分布比较均匀的监测区域，采取网格法或梅花法布点；在环境因素分布比较复杂的监测区域，采取随机布点法布点；在可能受污染的监测区域，可采用放射法布点。

b）土壤样品原则上要求安排在作物生长期内采样，采样层次按表10规定执行，对于基地区域内同时种植一年生和多年生作物，采样点数量按照申报品种，分别计算面积进行确定。

c）其他要求按NY/T 395规定执行。

表10 不同产地类型土壤采样层次表

产地类型	采样层次，cm
一年生作物	0～20
多年生作物	0～40
底泥	0～20

4.3.4 监测项目和分析方法

土壤和食用菌栽培基质的监测项目和分析方法按NY/T 391规定执行。

5 产地环境质量评价

5.1 概述

绿色食品产地环境质量评价的目的，是为保证绿色食品安全和优质，从源头上为生产基地选择优良的生态环境，为绿色食品管理部门的决策提供科学依据，实现农业可持续发展。

环境质量现状评价是根据环境（包括污染源）的调查与监测资料，应用具有代表性、简便性和适用性的环境质量指数系统进行综合处理，然后对这一区域的环境质量现状做出定量描述，并提出该区域环境污染综合防治措施。产地环境质量评价包括污染指数评价、土壤肥力等级划分和生态环境质量分析等。

5.2 评价程序

应按图1规定执行。

5.3 评价标准

按 NY/T 391 规定执行。

5.4 评价原则和方法

5.4.1 污染指数评价

5.4.1.1 首先进行单项污染指数评价，按照式（1）计算。如果有一项单项污染指数大于1，视为该产地环境质量不符合要求，不适宜发展绿色食品。对于有检出限的未检出项目，污染物实测值取检出限的一半进行计算，而没有检出限的未检出项目如总大肠菌群，污染物实测值取 0 进行计算。对于 pH 的单项污染指数按式（2）计算。

图1　绿色食品产地环境质量评价工作程序图

$$P_i = \frac{C_i}{S_i} \tag{1}$$

式中：P_i——监测项目 i 的污染指数；

C_i——监测项目 i 的实测值；

S_i——监测项目 i 的评价标准值。

$$P_{pH} = \frac{|pH - pH_{sn}|}{(pH_{su} - pH_{xd})/2} \tag{2}$$

其中，

$$pH_{sn} = \frac{1}{2}(pH_{su} + pH_{xd})$$

式中：P_{pH}——pH 的污染指数；

pH——pH 的实测值；

pH_{su}——pH 允许幅度的上限值；

pH_{xd}——pH 允许幅度的下限值。

5.4.1.2 单项污染指数均小于等于1，则继续进行综合污染指数评价。综合污染指数分别按照式（3）和式（4）计算，并按表11的规定进行分级。综合污染指数可作为长期绿色食品生产环境变化趋势的评价指标。

$$P_{综} = \sqrt{\frac{(C_i/S_i)^2_{max} + (C_i/S_i)^2_{ave}}{2}} \tag{3}$$

式中：$P_{综}$——水质（或土壤）的综合污染指数；

$(C_i/S_i)_{max}$——水质（或土壤）中污染物中污染指数的最大值；

$(C_i/S_i)_{ave}$——水质（或土壤）污染物中污染指数的平均值。

$$P'_{综} = \sqrt{(C'_i/S'_i)_{max} \times (C'_i/S'_i)_{ave}} \tag{4}$$

式中：$P'_{综}$——空气的综合污染指数；

$(C'_i/S'_i)_{max}$——空气污染物中污染指数的最大值；

$(C'_i/S'_i)_{ave}$——空气污染物中污染指数的平均值。

表 11　综合污染指数分级标准

土壤综合污染指数	水质综合污染指数	空气综合污染指数	等级
≤0.7	≤0.5	≤0.6	清洁
0.7~1.0	0.5~1.0	0.6~1.0	尚清洁

5.4.2　土壤肥力评价

土壤肥力仅进行分级划定，不作为判定产地环境质量合格的依据，但可作为评价农业活动对环境土壤养分的影响及变化趋势。

5.4.3　生态环境质量分析

根据调查掌握的资料情况，对产地生态环境质量做出描述，包括农业产业结构的合理性、污染源状况与分布、生态环境保护措施及其生态环境效应分析，以此可作为农业生产中环境保护措施的效果评估。

5.5　评价报告内容

评价报告应包括如下内容：

——前言，包括评价任务的来源、区域基本情况和产品概述；

——产地环境状况，包括自然状况、农业生产方式、污染源分布和生态环境保护措施等；

——产地环境质量监测，包括布点原则、分析项目、分析方法和测定结果；

——产地环境评价，包括评价方法、评价标准、评价结果与分析；

——结论；

——附件，包括产地方位图和采样点分布图等。

绿色食品　农药使用准则

（NY/T 393—2013）

1　范围

本标准规定了绿色食品生产和仓储中有害生物防治原则、农药选用、农药使用规范和绿色食品农药残留要求。

本标准适用于绿色食品的生产和仓储。

2　规范性引用文件

下列文件对于本文件的应用是必不可少的。凡是注日期的引用文件，仅注日期的版本适用于本文件。凡是不注日期的引用文件，其最新版本（包括所有的修改单）适用于本文件。

GB 2763　食品安全国家标准　食品中农药最大残留限量

GB/T 8321（所有部分）　农药合理使用准则

GB 12475　农药贮运、销售和使用的防毒规程

NY/T 391　绿色食品　产地环境质量

NY/T 1667（所有部分）　农药登记管理术语

3　术语和定义

NY/T 1667 界定的及下列术语和定义适用于本文件。

3.1　AA 级绿色食品　AA grade green food

产地环境质量符合 NY/T 391 的要求，遵照绿色食品生产标准生产，生产过程中遵循自然规律和生态学原理，协调种植业和养殖业的平衡，不使用化学合成的肥料、农药、兽药、渔药、添加剂等物质，产品质量符合绿色食品产品标准，经专门机构许可使用绿色食品标志的产品。

3.2　A 级绿色食品　A grade green food

产地环境质量符合 NY/T 391 的要求，遵照绿色食品生产标准生产，生产过程中遵循自然规律和生态学原理，协调种植业和养殖业的平衡，限量使用限定的化学合成生产资料，产品质量符合绿色食品产品标准，经专门机构许可使用绿色食品标志的产品。

4　有害生物防治原则

4.1　以保持和优化农业生态系统为基础：建立有利于各类天敌繁衍和不利于病虫草害孳生的环境条件，提高生物多样性，维持农业生态系统的平衡。

4.2　优先采用农业措施：如抗病虫品种、种子种苗检疫、培育壮苗、加强栽培管理、中耕除草、耕翻晒垡、清洁田园、轮作倒茬、间作套种等。

4.3　尽量利用物理和生物措施，如用灯光、色彩诱杀害虫，机械捕捉害虫，释放害虫天敌，机械或人工除草等。

4.4　必要时合理使用低风险农药：如没有足够有效的农业、物理和生物措施，在确保人

员、产品和环境安全的前提下按照第 5、6 章的规定，配合使用低风险的农药。

5 农药选用

5.1 所选用的农药应符合相关的法律法规，并获得国家农药登记许可。

5.2 应选择对主要防治对象有效的低风险农药品种，提倡兼治和不同作用机理农药交替使用。

5.3 农药剂型宜选用悬浮剂、微囊悬浮剂、水剂、水乳剂、微乳剂、颗粒剂、水分散粒剂和可溶性粒剂等环境友好型剂型。

5.4 AA 级绿色食品生产应按照附录 A 第 A.1 章的规定选用农药及其他植物保护产品。

5.5 A 级绿色食品生产应按照附录 A 的规定，优先从表 A.1 中选用农药。在表 A.1 所列农药不能满足有害生物防治需要时，还可适量使用第 A.2 章所列的农药。

6 农药使用规范

6.1 应在主要防治对象的防治适期，根据有害生物的发生特点和农药特性，选择适当的施药方式，但不宜采用喷粉等风险较大的施药方式。

6.2 应按照农药产品标签或 GB/T 8321 和 GB 12475 的规定使用农药，控制施药剂量（或浓度）、施药次数和安全间隔期。

7 绿色食品农药残留要求

7.1 绿色食品生产中允许使用的农药，其残留量应不低于 GB 2763 的要求。

7.2 在环境中长期残留的国家明令禁用农药，其再残留量应符合 GB 2763 的要求。

7.3 其他农药的残留量不得超过 0.01mg/kg，并应符合 GB 2763 的要求。

附 录 A

（规范性附录）

绿色食品生产允许使用的农药和其他植保产品清单

A.1 AA 级和 A 级绿色食品生产均允许使用的农药和其他植保产品清单

见表 A.1。

表 A.1 AA 级和 A 级绿色食品生产均允许使用的农药和其他植保产品清单

类 别	组分名称	备 注
I. 植物和动物来源	楝素（苦楝、印楝等提取物，如印楝素等）	杀虫
	天然除虫菊素（除虫菊科植物提取液）	杀虫
	苦参碱及氧化苦参碱（苦参等提取物）	杀虫
	蛇床子素（蛇床子提取物）	杀虫、杀菌
	小檗碱（黄连、黄柏等提取物）	杀菌
	大黄素甲醚（大黄、虎杖等提取物）	杀菌
	乙蒜素（大蒜提取物）	杀菌

（续）

类　别	组分名称	备　注
Ⅰ.植物和动物来源	苦皮藤素（苦皮藤提取物）	杀虫
	藜芦碱（百合科藜芦属和喷嚏草属植物提取物）	杀虫
	桉油精（桉树叶提取物）	杀虫
	植物油（如薄荷油、松树油、香菜油、八角茴香油）	杀虫、杀螨、杀真菌、抑制发芽
	寡聚糖（甲壳素）	杀菌、植物生长调节
	天然诱集和杀线虫剂（如万寿菊、孔雀草、芥子油）	杀线虫
	天然酸（如食醋、木醋和竹醋等）	杀菌
	菇类蛋白多糖（菇类提取物）	杀菌
	水解蛋白质	引诱
	蜂蜡	保护嫁接和修剪伤口
	明胶	杀虫
	具有驱避作用的植物提取物（大蒜、薄荷、辣椒、花椒、薰衣草、柴胡、艾草的提取物）	驱避
	害虫天敌（如寄生蜂、瓢虫、草蛉等）	控制虫害
Ⅱ.微生物来源	真菌及真菌提取物（白僵菌、轮枝菌、木霉菌、耳霉菌、淡紫拟青霉、金龟子绿僵菌、寡雄腐霉菌等）	杀虫、杀菌、杀线虫
	细菌及细菌提取物（苏云金芽孢杆菌、枯草芽孢杆菌、蜡质芽孢杆菌、地衣芽孢杆菌、多粘类芽孢杆菌、荧光假单胞杆菌、短稳杆菌等）	杀虫、杀菌
	病毒及病毒提取物（核型多角体病毒、质型多角体病毒、颗粒体病毒等）	杀虫
	多杀霉素、乙基多杀菌素	杀虫
	春雷霉素、多抗霉素、井冈霉素、（硫酸）链霉素、嘧啶核苷类抗生素、宁南霉素、申嗪霉素和中生菌素	杀菌
	S-诱抗素	植物生长调节
Ⅲ.生物化学产物	氨基寡糖素、低聚糖素、香菇多糖	防病
	几丁聚糖	防病、植物生长调节
	苄氨基嘌呤、超敏蛋白、赤霉酸、羟烯腺嘌呤、三十烷醇、乙烯利、吲哚丁酸、吲哚乙酸、芸苔素内酯	植物生长调节
Ⅳ.矿物来源	石硫合剂	杀菌、杀虫、杀螨
	铜盐（如波尔多液、氢氧化铜等）	杀菌，每年铜使用量不能超过6 kg/hm²
	氢氧化钙（石灰水）	杀菌、杀虫
	硫黄	杀菌、杀螨、驱避
	高锰酸钾	杀菌，仅用于果树

（续）

类　　别	组分名称	备　　注
Ⅳ. 矿物来源	碳酸氢钾	杀菌
	矿物油	杀虫、杀螨、杀菌
	氯化钙	仅用于治疗缺钙症
	硅藻土	杀虫
	黏土（如斑脱土、珍珠岩、蛭石、沸石等）	杀虫
	硅酸盐（硅酸钠，石英）	驱避
	硫酸铁（3 价铁离子）	杀软体动物
Ⅴ. 其他	氢氧化钙	杀菌
	二氧化碳	杀虫，用于贮存设施
	过氧化物类和含氯类消毒剂（如过氧乙酸、二氧化氯、二氯异氰尿酸钠、三氯异氰尿酸等）	杀菌，用于土壤和培养基质消毒
	乙醇	杀菌
	海盐和盐水	杀菌，仅用于种子（如稻谷等）处理
	软皂（钾肥皂）	杀虫
	乙烯	催熟等
	石英砂	杀菌、杀螨、驱避
	昆虫性外激素	引诱，仅用于诱捕器和散发皿内
	磷酸氢二铵	引诱，只限用于诱捕器中使用

注1：该清单每年都可能根据新的评估结果发布修改单。

注2：国家新禁用的农药自动从该清单中删除。

A.2　A 级绿色食品生产允许使用的其他农药清单

当表 A.1　所列农药和其他植保产品不能满足有害生物防治需要时，A 级绿色食品生产还可按照农药产品标签或 GB/T 8321 的规定使用下列农药：

a）杀虫剂

1）S-氰戊菊酯　esfenvalerate

2）吡丙醚　pyriproxifen

3）吡虫啉　imidacloprid

4）吡蚜酮　pymetrozine

5）丙溴磷　profenofos

6）除虫脲　diflubenzuron

7）啶虫脒　acetamiprid

8）毒死蜱　chlorpyrifos

9）氟虫脲　flufenoxuron

10）氟啶虫酰胺　flonicamid

11）氟铃脲　hexaflumuron

12）高效氯氰菊酯　beta-cypermethrin

13）甲氨基阿维菌素苯甲酸盐　emamectin benzoate

14）甲氰菊酯　fenpropathrin

15）抗蚜威　pirimicarb

16）联苯菊酯　bifenthrin

17）螺虫乙酯　spirotetramat

18）氯虫苯甲酰胺　chlorantraniliprole

19）氯氟氰菊酯　cyhalothrin

20）氯菊酯　permethrin

21）氯氰菊酯　cypermethrin

22）灭蝇胺　cyromazine

23）灭幼脲　chlorbenzuron

24）噻虫啉　thiacloprid

25）噻虫嗪　thiamethoxam

26）噻嗪酮　buprofezin

27）辛硫磷　phoxim

28）茚虫威　indoxacard

b）杀螨剂

1）苯丁锡　fenbutatin oxide

2）喹螨醚　fenazaquin

3）联苯肼酯　bifenazate

4）螺螨酯　spirodiclofen

5）噻螨酮　hexythiazox

6）四螨嗪　clofentezine

7）乙螨唑　etoxazole

8）唑螨酯　fenpyroximate

c）杀软体动物剂

四聚乙醛　metaldehyde

d）杀菌剂

1）吡唑醚菌酯　pyraclostrobin

2）丙环唑　propiconazol

3）代森联　metriam

4）代森锰锌　mancozeb

5）代森锌　zineb

6）啶酰菌胺　boscalid

7）啶氧菌酯　picoxystrobin

8）多菌灵　carbendazim

9）噁霉灵　hymexazol

10）噁霜灵　oxadixyl

11）粉唑醇　flutriafol

12）氟吡菌胺　fluopicolide

13）氟啶胺　fluazinam

14）氟环唑　epoxiconazole

15）氟菌唑　triflumizole

16）腐霉利　procymidone

17）咯菌腈　fludioxonil

18）甲基立枯磷　tolclofos-methyl

19）甲基硫菌灵　thiophanate-methyl

20）甲霜灵　metalaxyl

21）腈苯唑　fenbuconazole

22）腈菌唑　myclobutanil

23）精甲霜灵　metalaxyl-M

24）克菌丹　captan

25）醚菌酯　kresoxim-methyl

26）嘧菌酯　azoxystrobin

27）嘧霉胺　pyrimethanil

28）氰霜唑　cyazofamid

29）噻菌灵　thiabendazole

30）三乙膦酸铝　fosetyl-aluminium

31）三唑醇　triadimenol

32）三唑酮　triadimefon

33）双炔酰菌胺　mandipropamid

34）霜霉威　propamocarb

35）霜脲氰　cymoxanil

36）萎锈灵　carboxin

37）戊唑醇　tebuconazole

38）烯酰吗啉　dimethomorph

39）异菌脲　iprodione

40）抑霉唑　imazalil

e）熏蒸剂

1）棉隆　dazomet

2）威百亩　metam-sodium

f）除草剂

1）2甲4氯　MCPA

2）氨氯吡啶酸　picloram

3）丙炔氟草胺　flumioxazin

4）草铵膦　glufosinate-ammonium

5) 草甘膦　glyphosate

6) 敌草隆　diuron

7) 噁草酮　oxadiazon

8) 二甲戊灵　pendimethalin

9) 二氯吡啶酸　clopyralid

10) 二氯喹啉酸　quinclorac

11) 氟唑磺隆　flucarbazone-sodium

12) 禾草丹　thiobencarb

13) 禾草敌　molinate

14) 禾草灵　diclofop-methyl

15) 环嗪酮　hexazinone

16) 磺草酮　sulcotrione

17) 甲草胺　alachlor

18) 精吡氟禾草灵　fluazifop-P

19) 精喹禾灵　quizalofop-P

20) 绿麦隆　chlortoluron

21) 氯氟吡氧乙酸（异辛酸）fluroxypyr

22) 氯氟吡氧乙酸异辛酯　fluroxypyr-mepthyl

23) 麦草畏　dicamba

24) 咪唑喹啉酸　imazaquin

g) 植物生长调节剂

1) 2,4-滴　2,4-D（只允许作为植物生长调节剂使用）

2) 矮壮素　chlormequat

3) 多效唑　paclobutrazol

25) 灭草松　bentazone

26) 氰氟草酯　cyhalofop butyl

27) 炔草酯　clodinafop-propargyl

28) 乳氟禾草灵　lactofen

29) 噻吩磺隆　thifensulfuron-methyl

30) 双氟磺草胺　florasulam

31) 甜菜安　desmedipham

32) 甜菜宁　phenmedipham

33) 西玛津　simazine

34) 烯草酮　clethodim

35) 烯禾啶　sethoxydim

36) 硝磺草酮　mesotrione

37) 野麦畏　tri-allate

38) 乙草胺　acetochlor

39) 乙氧氟草醚　oxyfluorfen

40) 异丙甲草胺　metolachlor

41) 异丙隆　isoproturon

42) 莠灭净　ametryn

43) 唑草酮　carfentrazone-ethyl

44) 仲丁灵　butralin

4) 氯吡脲　forchlorfenuron

5) 萘乙酸　1-naphthal acetic acid

6) 噻苯隆　thidiazuron

7) 烯效唑　uniconazol

注1：该清单每年都可能根据新的评估结果发布修改单。

注2：国家新禁用的农药自动从该清单中删除。

绿色食品 肥料使用准则

（NY/T 394—2013）

1 范围

本标准规定了绿色食品生产中肥料使用原则、肥料种类及使用规定。

本标准适用于绿色食品的生产。

2 规范性引用文件

下列文件对于本文件的应用是必不可少的。凡是注日期的引用文件，仅注日期的版本适用于本文件。凡是不注日期的引用文件，其最新版本（包括所有的修改单）适用于本文件。

GB 20287 农用微生物菌剂

NY/T 391 绿色食品 产地环境质量

NY 525 有机肥料

NY/T 798 复合微生物肥料

NY 884 生物有机肥

3 术语和定义

下列术语和定义适用于本文件。

3.1 AA 级绿色食品 AA grade green food

产地环境质量符合 NY/T 391 的要求，遵照绿色食品生产标准生产，生产过程中遵循自然规律和生态学原理，协调种植业和养殖业的平衡，不使用化学合成的肥料、农药、兽药、渔药、添加剂等物质，产品质量符合绿色食品产品标准，经专门机构许可使用绿色食品标志的产品。

3.2 A 级绿色食品 A grade green food

产地环境质量符合 NY/T 391 的要求，遵照绿色食品生产标准生产，生产过程中遵循自然规律和生态学原理，协调种植业和养殖业的平衡，限量使用限定的化学合成生产资料，产品质量符合绿色食品产品标准，经专门机构许可使用绿色食品标志的产品。

3.3 农家肥料 farmyard manure

就地取材，主要由植物和（或）动物残体、排泄物等富含有机物的物料制作而成的肥料。包括秸秆肥、绿肥、厩肥、堆肥、沤肥、沼肥、饼肥等。

3.3.1 秸秆 stalk

以麦秸、稻草、玉米秸、豆秸、油菜秸等作物秸秆直接还田作为肥料。

3.3.2 绿肥 green manure

新鲜植物体作为肥料就地翻压还田或异地施用。主要分为豆科绿肥和非豆科绿肥两大类。

3.3.3 厩肥 barnyard manure

圈养牛、马、羊、猪、鸡、鸭等畜禽的排泄物与秸秆等垫料发酵腐熟而成的肥料。

3.3.4 堆肥 compost

动植物的残体、排泄物等为主要原料，堆制发酵腐熟而成的肥料。

3.3.5 沤肥 waterlogged compost

动植物残体、排泄物等有机物料在淹水条件下发酵腐熟而成的肥料。

3.3.6 沼肥 biogas fertilizer

动植物残体、排泄物等有机物料经沼气发酵后形成的沼液和沼渣肥料。

3.3.7 饼肥 cake fertilizer

含油较多的植物种子经压榨去油后的残渣制成的肥料。

3.4 有机肥料 organic fertilizer

主要来源于植物和（或）动物，经过发酵腐熟的含碳有机物料，其功能是改善土壤肥力、提供植物营养、提高作物品质。

3.5 微生物肥料 microbial fertilizer

含有特定微生物活体的制品，应用于农业生产，通过其中所含微生物的生命活动，增加植物养分的供应量或促进植物生长，提高产量，改善农产品品质及农业生态环境的肥料。

3.6 有机-无机复混肥料 organic-inorganic compound fertilizer

含有一定量有机肥料的复混肥料。

注：其中复混肥料是指，氮、磷、钾三种养分中，至少有两种养分标明量的由化学方法和（或）掺混方法制成的肥料。

3.7 无机肥料 inorganic fertilizer

主要以无机盐形式存在，能直接为植物提供矿质营养的肥料。

3.8 土壤调理剂 soil amendment

加入土壤中用于改善土壤的物理、化学和（或）生物性状的物料，功能包括改良土壤结构、降低土壤盐碱危害、调节土壤酸碱度、改善土壤水分状况、修复土壤污染等。

4 肥料使用原则

4.1 持续发展原则。绿色食品生产中所使用的肥料应对环境无不良影响，有利于保护生态环境，保持或提高土壤肥力及土壤生物活性。

4.2 安全优质原则。绿色食品生产中应使用安全、优质的肥料产品，生产安全、优质的绿色食品。肥料的使用应对作物（营养、味道、品质和植物抗性）不产生不良后果。

4.3 化肥减控原则。在保障植物营养有效供给的基础上减少化肥用量，兼顾元素之间的比例平衡，无机氮素用量不得高于当季作物需求量的一半。

4.4 有机为主原则。绿色食品生产过程中肥料种类的选取应以农家肥料、有机肥料、微生物肥料为主，化学肥料为辅。

5 可使用的肥料种类

5.1 AA级绿色食品生产可使用的肥料种类

可使用3.3、3.4、3.5规定的肥料。

5.2 A级绿色食品生产可使用的肥料种类

除5.1规定的肥料外,还可使用3.6、3.7规定的肥料及3.8土壤调理剂。

6 不应使用的肥料种类

6.1 添加有稀土元素的肥料。

6.2 成分不明确的、含有安全隐患成分的肥料。

6.3 未经发酵腐熟的人畜粪尿。

6.4 生活垃圾、污泥和含有害物质(如毒气、病原微生物、重金属等)的工业垃圾。

6.5 转基因品种(产品)及其副产品为原料生产的肥料。

6.6 国家法律法规规定不得使用的肥料。

7 使用规定

7.1 AA级绿色食品生产用肥料使用规定

7.1.1 应选用5.1所列肥料种类,不应使用化学合成肥料。

7.1.2 可使用农家肥料,但肥料的重金属限量指标应符合NY 525要求,粪大肠菌群数、蛔虫卵死亡率应符合NY 884要求。宜使用秸秆和绿肥,配合施用具有生物固氮、腐熟秸秆等功效的微生物肥料。

7.1.3 有机肥料应达到NY 525技术指标,主要以基肥施入,用量视地力和目标产量而定,可配施农家肥料和微生物肥料。

7.1.4 微生物肥料应符合GB 20287或NY 884或NY/T 798标准要求,可与5.1所列其他肥料配合施用,用于拌种、基肥或追肥。

7.1.5 无土栽培可使用农家肥料、有机肥料和微生物肥料,掺混在基质中使用。

7.2 A级绿色食品生产用肥料使用规定

7.2.1 应选用5.2所列肥料种类。

7.2.2 农家肥料的使用按7.1.2规定执行。耕作制度允许情况下,宜利用秸秆和绿肥,按照约25∶1的比例补充化学氮素。厩肥、堆肥、沤肥、沼肥、饼肥等农家肥料应完全腐熟,肥料的重金属限量指标应符合NY 525要求。

7.2.3 有机肥料的使用按7.1.3规定执行。可配施5.2所列其他肥料。

7.2.4 微生物肥料的使用按7.1.4规定执行。可配施5.2所列其他肥料。

7.2.5 有机-无机复混肥料、无机肥料在绿色食品生产中作为辅助肥料使用,用来补充农家肥料、有机肥料、微生物肥料所含养分的不足。减控化肥用量,其中无机氮素用量按当地同种作物习惯施肥用量减半使用。

7.2.6 根据土壤障碍因素,可选用土壤调理剂改良土壤。

绿色食品　兽药使用准则

（NY/T 472—2013）

1　范围

本标准规定了绿色食品生产中兽药使用的术语和定义、基本原则、生产 AA 级和 A 级绿色食品的兽药使用原则。

本标准适用于绿色食品畜禽及其产品的生产与管理。

2　规范性引用文件

下列文件对于本文件的应用是必不可少的。凡是注日期的引用文件，仅注日期的版本适用于本文件。凡是不注日期的引用文件，其最新版本（包括所有的修改单）适用于本文件。

GB/T 19630.1 有机产品　第 1 部分：生产

NY/T 391 绿色食品　产地环境质量

中华人民共和国动物防疫法

兽药管理条例

畜禽标识和养殖档案管理办法

中华人民共和国农业部　中华人民共和国兽药典

中华人民共和国农业部　兽药质量标准

中华人民共和国农业部　兽用生物制品质量标准

中华人民共和国农业部　进口兽药质量标准

中华人民共和国农业部公告第 235 号　动物性食品中兽药最高残留限量

中华人民共和国农业部公告第 278 号　兽药停药期规定

3　术语和定义

下列术语和定义适用于本文件。

3.1　AA 级绿色食品　AA grade green food

产地环境质量符合 NY/T 391 的要求，遵照绿色食品生产标准生产，生产过程中遵循自然规律和生态学原理，协调种植业和养殖业的平衡，不使用化学合成的肥料、农药、兽药、渔药、添加剂等物质，产品质量符合绿色食品产品标准，经专门机构许可使用绿色食品标志的产品。

3.2　A 级绿色食品　A grade green food

产地环境质量符合 NY/T 391 的要求，遵照绿色食品生产标准生产，生产过程中遵循自然规律和生态学原理，协调种植业和养殖业的平衡，限量使用限定的化学合成生产资料，产品质量符合绿色食品产品标准，经专门机构许可使用绿色食品标志的产品。

3.3　兽药　veterinary drug

用于预防、治疗、诊断动物疾病，或者有目的地调节动物生理机能的物质。包括化学药品、抗生素、中药材、中成药、生化药品、血清制品、疫苗、诊断制品、微生态制剂、放射性药品、外用杀虫剂和消毒剂等。

3.4 微生态制剂 probiotics

运用微生态学原理，利用对宿主有益的微生物及其代谢产物，经特殊工艺将一种或多种微生物制成的制剂。包括植物乳杆菌、枯草芽孢杆菌、乳酸菌、双歧杆菌、肠球菌和酵母菌等。

3.5 消毒剂 disinfectant

用于杀灭传播媒介上病原微生物的制剂。

3.6 产蛋期 egg producing period

禽从产第一枚蛋至产蛋周期结束的持续时间。

3.7 泌乳期 duration of lactation

乳畜每一胎次开始泌乳到停止泌乳的持续时间。

3.8 休药期 withdrawal time；withholding time

停药期

从畜禽停止用药到允许屠宰或其产品（乳、蛋）许可上市的间隔时间。

3.9 执业兽医 licensed veterinarian

具备兽医相关技能，取得国家执业兽医统一考试或授权具有兽医执业资格，依法从事动物诊疗和动物保健等经营活动的人员，包括执业兽医师、执业助理兽医师和乡村兽医。

4 基本原则

4.1 生产者应供给动物充足的营养，应按照 NY/T 391 提供良好的饲养环境，加强饲养管理，采取各种措施以减少应激，增强动物自身的抗病力。

4.2 应按《中华人民共和国动物防疫法》的规定进行动物疾病的防治，在养殖过程中尽量不用或少用药物；确需使用兽药时，应在执业兽医指导下进行。

4.3 所用兽药应来自取得生产许可证和产品批准文号的生产企业，或者取得进口兽药登记许可证的供应商。

4.4 兽药的质量应符合《中华人民共和国兽药典》、《兽药质量标准》、《兽用生物制品质量标准》、《进口兽药质量标准》的规定。

4.5 兽药的使用应符合《兽药管理条例》和《兽药停药期规定》等有关规定，建立用药记录。

5 生产 AA 级绿色食品的兽药使用原则

按 GB/T 19630.1 执行。

6 生产 A 级绿色食品的兽药使用原则

6.1 可使用的兽药种类

6.1.1 优先使用第 5 章中生产 AA 级绿色食品所规定的兽药。

6.1.2 优先使用《动物性食品中兽药最高残留限量》中无最高残留限量（MRLs）要求或《兽药停药期规定》中无休药期要求的兽药。

6.1.3 可使用国务院兽医行政管理部门批准的微生态制剂、中药制剂和生物制品。

6.1.4 可使用高效、低毒和对环境污染低的消毒剂。

6.1.5 可使用附录 A 以外且国家许可的抗菌药、抗寄生虫药及其他兽药。

6.2 不应使用药物种类

6.2.1 不应使用附录 A 中的药物以及国家规定的其他禁止在畜禽养殖过程中使用的药物；产蛋期和泌乳期还不应使用附录 B 中的兽药。

6.2.2 不应使用药物饲料添加剂。

6.2.3 不应使用酚类消毒剂，产蛋期不应使用酚类和醛类消毒剂。

6.2.4 不应为了促进畜禽生长而使用抗菌药物、抗寄生虫药、激素或其他生长促进剂。

6.2.5 不应使用基因工程方法生产的兽药。

6.3 兽药使用记录

6.3.1 应符合《畜禽标识和养殖档案管理办法》规定的记录要求。

6.3.2 应建立兽药入库、出库记录，记录内容包括药物的商品名称、通用名称、主要成分、生产单位、批号、有效期、贮存条件等。

6.3.3 应建立兽药使用记录，包括消毒记录、动物免疫记录和患病动物诊疗记录等。其中，消毒记录内容包括消毒剂名称、剂量、消毒方式、消毒时间等；动物免疫记录内容包括疫苗名称、剂量、使用方法、使用时间等；患病动物诊疗记录内容包括发病时间、症状、诊断结论以及所用的药物名称、剂量、使用方法、使用时间等。

6.3.4 所有记录资料应在畜禽及其产品上市后保存两年以上。

附　录　A

（规范性附录）

生产 A 级绿色食品不应使用的药物

生产 A 级绿色食品不应使用表 A.1 所列的药物。

表 A.1　生产绿色食品不应使用的药物目录

序号	种　类		药物名称	用　途
1	β-受体激动剂类		克仑特罗（clenbuterol）、沙丁胺醇（salbutamol）、莱克多巴胺（ractopamine）、西马特罗（cimaterol）、特布他林（terbutaline）、多巴胺（dopamine）、班布特罗（bambuterol）、齐帕特罗（zilpaterol）、氯丙那林（clorprenaline）、马布特罗（mabuterol）、西布特罗（cimbuterol）、溴布特罗（brombuterol）、阿福特罗（arformoterol）、福莫特罗（formoterol）、苯乙醇胺 A（phenylethanolamine A）及其盐、酯及制剂	所有用途
2	激素类		己烯雌酚（diethylstilbestrol）、己烷雌酚（hexestrol）及其盐、酯及制剂	所有用途
		性激素类	甲基睾丸酮（methyltestosterone）、丙酸睾酮（testosterone propionate）、苯丙酸诺龙（nandrolone phenylpropionate）、雌二醇（estradiol）、戊酸雌二醇（estradiol valcrate）、苯甲酸雌二醇（estradiol Benzoate）及其盐、酯及制剂	促生长
		具雌激素样作用的物质	玉米赤霉醇类药物（zeranol）、去甲雄三烯醇酮（trenbolone）、醋酸甲孕酮（mengestrol acetate）及制剂	所有用途

（续）

序号	种 类		药物名称	用 途
3	催眠、镇静类		安眠酮（methaqualone）及制剂	所有用途
			氯丙嗪（chlorpromazine）、地西泮（安定，diazepam）及其盐、酯及制剂	促生长
4	抗菌药类	氨苯砜	氨苯砜（dapsone）及制剂	所有用途
		酰胺醇类	氯霉素（chloramphenicol）及其盐、酯［包括：琥珀氯霉素（chloramphenicol succinate）］及制剂	所有用途
		硝基呋喃类	呋喃唑酮（furazolidone）、呋喃西林（furacilin）、呋喃妥因（nitrofurantoin）、呋喃它酮（furaltadone）、呋喃苯烯酸钠（nifurstyrenate sodium）及制剂	所有用途
		硝基化合物	硝基酚钠（sodium nitrophenolate）、硝呋烯腙（nitrovin）及制剂	所有用途
		磺胺类及其增效剂	磺胺噻唑（sulfathiazole）、磺胺嘧啶（sulfadiazine）、磺胺二甲嘧啶（sulfadimidine）、磺胺甲噁唑（sulfamethoxazole）、磺胺对甲氧嘧啶（sulfamethoxydiazine）、磺胺间甲氧嘧啶（sulfamonomethoxine）、磺胺地索辛（sulfadimethoxine）、磺胺喹噁啉（sulfaquinoxaline）、三甲氧苄氨嘧啶（trimethoprim）及其盐和制剂	所有用途
		喹诺酮类	诺氟沙星（norfloxacin）、氧氟沙星（ofloxacin）、培氟沙星（pefloxacin）、洛美沙星（lomefloxacin）及其盐和制剂	所有用途
4	抗菌药类	喹噁啉类	卡巴氧（carbadox）、喹乙醇（olaquindox）、喹烯酮（quinocetone）、乙酰甲喹（mequindox）及其盐、酯及制剂	所有用途
		抗生素滤渣	抗生素滤渣	所有用途
5	抗寄生虫类	苯并咪唑类	噻苯咪唑（thiabendazole）、阿苯咪唑（albendazole）、甲苯咪唑（mebendazole）、硫苯咪唑（fenbendazole）、磺苯咪唑（oxfendazole）、丁苯咪唑（parbendazole）、丙氧苯咪唑（oxibendazole）、丙噻苯咪唑（CBZ）及制剂	所有用途
		抗球虫类	二氯二甲吡啶酚（clopidol）、氨丙啉（amprolini）、氯苯胍（robenidine）及其盐和制剂	所有用途
		硝基咪唑类	甲硝唑（metronidazole）、地美硝唑（dimetronidazole）、替硝唑（tinidazole）及其盐、酯及制剂等	促生长
		氨基甲酸酯类	甲奈威（carbaryl）、呋喃丹（克百威，carbofuran）及制剂	杀虫剂
		有机氯杀虫剂	六六六（BHC）、滴滴涕（DDT）、林丹（丙体六六六，lindane）、毒杀芬（氯化烯，camahechlor）及制剂	杀虫剂

（续）

序号	种 类		药物名称	用 途
5	抗寄生虫类	有机磷杀虫剂	敌百虫（trichlorfon）、敌敌畏（dichlorvos）、皮蝇磷（fenchlorphos）、氧硫磷（oxinothiophos）、二嗪农（diazinon）、倍硫磷（fenthion）、毒死蜱（chlorpyrifos）、蝇毒磷（coumaphos）、马拉硫磷（malathion）及制剂	杀虫剂
		其他杀虫剂	杀虫脒（克死螨，chlordimeform）、双甲脒（amitraz）、酒石酸锑钾（antimony potassium tartrate）、锥虫胂胺（tryparsamide）、孔雀石绿（malachite green）、五氯酚酸钠（pentachlorophenol sodium）、氯化亚汞（甘汞，calomel）、硝酸亚汞（mercurous nitrate）、醋酸汞（mercurous acetate）、吡啶基醋酸汞（pyridyl mercurous acetate）	杀虫剂
6	抗病毒类药物		金刚烷胺（amantadine）、金刚乙胺（rimantadine）、阿昔洛韦（aciclovir）、吗啉（双）胍（病毒灵）（moroxydine）、利巴韦林（ribavirin）等及其盐、酯及单、复方制剂	抗病毒
7	有机胂制剂		洛克沙胂（roxarsone）、氨苯胂酸（阿散酸，arsanilic acid）	所有用途

附 录 B

（规范性附录）

产蛋期和泌乳期不应使用的兽药

产蛋期和泌乳期不应使用表 B.1 所列的兽药。

表 B.1 产蛋期和泌乳期不应使用的兽药目录

生长阶段	种 类		兽药名称
产蛋期	抗菌药类	四环素类	四环素（tetracycline）、多西环素（doxycycline）
		青霉素类	阿莫西林（amoxycillin）、氨苄西林（ampicillin）
		氨基糖苷类	新霉素（neomycin）、安普霉素（apramycin）、越霉素 A（destomycin A）、大观霉素（spectinomycin）
		磺胺类	磺胺氯哒嗪（sulfachlorpyridazine）、磺胺氯吡嗪钠（sulfachlorpyridazine sodium）
		酰胺醇类	氟苯尼考（florfenicol）
		林可胺类	林可霉素（lincomycin）
		大环内酯类	红霉素（erythromycin）、泰乐菌素（tylosin）、吉他霉素（kitasamycin）、替米考星（tilmicosin）、泰万菌素（tylvalosin）

（续）

生长阶段	种 类		兽药名称
产蛋期	抗菌药类	喹诺酮类	达氟沙星（danofloxacin）、恩诺沙星（enrofloxacin）、沙拉沙星（sarafloxacin）、环丙沙星（ciprofloxacin）、二氟沙星（difloxacin）、氟甲喹（flumequine）
		多肽类	那西肽（nosiheptide）、黏霉素（colimycin）、恩拉霉素（enramycin）、维吉尼霉素（virginiamycin）
		聚醚类	海南霉素钠（hainan fosfomycin sodium）
	抗寄生虫类		二硝托胺（dinitolmide）、马杜霉素（madubamycin）、地克珠利（diclazuril）、氯羟吡啶（clopidol）、氯苯胍（robenidine）、盐霉素钠（salinomycin sodium）
泌乳期	抗菌药类	四环素类	四环素（tetracycline）、多西环素（doxycycline）
		青霉素类	苄星邻氯青霉素（benzathine cloxacillin）
		大环内酯类	替米考星（tilmicosin）、泰拉霉素（tulathromycin）
	抗寄生虫类		双甲脒（amitraz）、伊维菌素（ivermectin）、阿维菌素（avermectin）、左旋咪唑（levamisole）、奥芬达唑（oxfendazole）、碘醚柳胺（rafoxanide）

绿色食品 渔药使用准则

(NY/T 755—2013)

1 范围

本标准规定了绿色食品水产养殖过程中渔药使用的术语和定义、基本原则和使用规定。

本标准适用于绿色食品水产养殖过程中疾病的预防和治疗。

2 规范性引用文件

下列文件对于本文件的应用是必不可少的。凡是注日期的引用文件，仅注日期的版本适用于本文件。凡是不注日期的引用文件，其最新版本（包括所有的修改单）适用于本文件。

GB/T 19630.1 有机产品 第1部分：生产

中华人民共和国农业部 中华人民共和国兽药典

中华人民共和国农业部 兽药质量标准

中华人民共和国农业部 进口兽药质量标准

中华人民共和国农业部 兽用生物制品质量标准

NY/T 391 绿色食品 产地环境质量

中华人民共和国农业部公告 第176号 禁止在饲料和动物饮用水中使用的药物品种目录

中华人民共和国农业部公告 第193号 食品动物禁用的兽药及其他化合物清单

中华人民共和国农业部公告 第235号 动物性食品中兽药最高残留限量

中华人民共和国农业部公告 第278号 停药期规定

中华人民共和国农业部公告 第560号 兽药地方标准废止目录

中华人民共和国农业部公告 第1435号 兽药试行标准转正标准目录（第一批）

中华人民共和国农业部公告 第1506号 兽药试行标准转正标准目录（第二批）

中华人民共和国农业部公告 第1519号 禁止在饲料和动物饮水中使用的物质

中华人民共和国农业部公告 第1759号 兽药试行标准转正标准目录（第三批）

兽药国家标准化学药品、中药卷

3 术语和定义

下列术语和定义适用于本文件。

3.1 AA级绿色食品 AA grade green food

产地环境质量符合NY/T 391的要求，遵照绿色食品生产标准生产，生产过程中遵循自然规律和生态学原理，协调种植业和养殖业的平衡，不使用化学合成的肥料、农药、兽药、渔药、添加剂等物质，产品质量符合绿色食品产品标准，经专门机构许可使用绿色食品标志的产品。

3.2 A 级绿色食品 A grade green food

产地环境质量符合 NY/T 391 的要求，遵照绿色食品生产标准生产，生产过程中遵循自然规律和生态学原理，协调种植业和养殖业的平衡，限量使用限定的化学合成生产资料，产品质量符合绿色食品产品标准，经专门机构许可使用绿色食品标志的产品。

3.3 渔药 fishery medicine

水产用兽药。

指预防、治疗水产养殖动物疾病或有目的地调节动物生理机能的物质，包括化学药品、抗生素、中草药和生物制品等。

3.4 渔用抗微生物药 fishery antimicrobial agents

抑制或杀灭病原微生物的渔药。

3.5 渔用抗寄生虫药 fishery antiparasite agents

杀灭或驱除水产养殖动物体内、外或养殖环境中寄生虫病原的渔药。

3.6 渔用消毒剂 fishery disinfectant

用于水产动物体表、渔具和养殖环境消毒的药物。

3.7 渔用环境改良剂 environment conditioner

改善养殖水域环境的药物。

3.8 渔用疫苗 fishery vaccine

预防水产养殖动物传染性疾病的生物制品。

3.9 停药期 withdrawal period

从停止给药到水产品捕捞上市的间隔时间。

4 渔药使用的基本原则

4.1 水产品生产环境质量应符合 NY/T 391 的要求。生产者应按农业部《水产养殖质量安全管理规定》实施健康养殖。采取各种措施避免应激、增强水产养殖动物自身的抗病力，减少疾病的发生。

4.2 按《中华人民共和国动物防疫法》的规定，加强水产养殖动物疾病的预防，在养殖生产过程中尽量不用或者少用药物。确需使用渔药时，应选择高效、低毒、低残留的渔药，应保证水资源和相关生物不遭受损害，保护生物循环和生物多样性，保障生产水域质量稳定。在水产动物病害控制过程中，应在水生动物类执业兽医的指导下用药。停药期应满足农业部公告第 278 号规定、《中国兽药典兽药使用指南化学药品卷》（2010 版）的规定。

4.3 所用渔药应符合农业部 1435 号、1506 号、1759 号公告，应来自取得生产许可证和产品批号文号的生产企业，或者取得《进口兽药登记许可证》的供应商。

4.4 用于预防或治疗疾病的渔药应符合中华人民共和国农业部《中华人民共和国兽药典》、《兽药质量标准》、《兽用生物制品质量标准》和《进口兽药质量标准》等有关规定。

5 生产 AA 级绿色食品水产品的渔药使用规定

按 GB/T 19630.1 执行。

6 生产 A 级绿色食品水产品的渔药使用规定

6.1 优先选用 GB/T 19630.1 规定的渔药。

6.2 预防用药见附录 A。

6.3 治疗用药见附录 B。

6.4 所有使用的渔药应来自具有生产许可证和产品批准文号的生产企业，或者具有《进口兽药登记许可证》的供应商。

6.5 不应使用的药物种类

6.5.1 不应使用中华人民共和国农业部公告第 176 号、193 号、235 号、560 号和 1519 号公告中规定的渔药。

6.5.2 不应使用药物饲料添加剂。

6.5.3 不应为了促进养殖水产动物生长而使用抗菌药物、激素或其他生长促进剂。

6.5.4 不应使用通过基因工程技术生产的渔药。

6.6 渔药的使用应建立用药记录

6.6.1 应满足健康养殖的记录要求。

6.6.2 出入库记录 应建立渔药入库、出库登记制度，应记录药物的商品名称、通用名称、主要成分、批号、有效期、贮存条件等。

6.6.3 建立并保存消毒记录，包括消毒剂种类、批号、生产单位、剂量、消毒方式、消毒频率或时间等。建立并保存水产动物的免疫程序记录，包括疫苗种类、使用方法、剂量、批号、生产单位等。建立并保存患病水产动物的治疗记录，包括水产动物标志、发病时间及症状、药物种类、使用方法及剂量、治疗时间、疗程、停药时间、所用药物的商品名称及主要成分、生产单位及批号等。

6.6.4 所有记录资料应在产品上市后保存两年以上。

附 录 A

（规范性附录）

A 级绿色食品预防水产养殖动物疾病药物

A.1 国家兽药标准中列出的水产用中草药及其成药制剂

见《兽药国家标准化学药品、中药卷》

A.2 生产 A 级绿色食品预防用化学药物及生物制品

见表 A.1。

表 A.1 生产 A 级绿色食品预防用化学药物及生物制品目录

类 别	制剂与主要成分	作用与用途	注意事项	不良反应
调节代谢或生长药物	维生素 C 钠粉（Sodium Ascorbate Powder）	预防和治疗水生动物的维生素 C 缺乏症等	1. 勿与维生素 B_{12}、维生素 K_3 合用，以免氧化实效 2. 勿与含铜、锌离子的药物混合使用	

（续）

类　　别	制剂与主要成分	作用与用途	注意事项	不良反应
疫苗	草鱼出血病灭活疫苗（Grass Carp Hemorrhage Vaccine, Inactivated）	预防草鱼出血病。免疫期12个月	1. 切忌冻结，冻结的疫苗严禁使用 2. 使用前，应先使疫苗恢复至室温，并充分摇匀 3. 开瓶后，限12 h内用完 4. 接种时，应作局部消毒处理 5. 使用过的疫苗瓶、器具和未用完的疫苗等应进行消毒处理	
	牙鲆鱼溶藻弧菌、鳗弧菌、迟缓爱德华病多联抗独特型抗体疫苗（Vibrio alginolyticus, Vibrio anguillarum, slow Edward disease multiple anti idiotypic antibody vaccine）	预防牙鲆鱼溶藻弧菌、鳗弧菌、迟缓爱德华病。免疫期为5个月	1. 本品仅用于接种健康鱼 2. 接种、浸泡前应停食至少24 h，浸泡时向海水内充气 3. 注射型疫苗使用时应将疫苗与等量的弗氏不完全佐剂充分混合。浸泡型疫苗倒入海水后也要充分搅拌，使疫苗均匀分布于海水中 4. 弗氏不完全佐剂在2～8 ℃贮藏，疫苗开封后，应限当日用完 5. 注射接种时，应尽量避免操作对鱼造成的损伤 6. 接种疫苗时，应使用1 mL的一次性注射器，注射中应注意避免针孔堵塞 7. 浸泡的海水温度以15～20 ℃为宜 8. 使用过的疫苗瓶、器具和未用完的疫苗等应进行消毒处理	
	鱼嗜水气单胞菌败血症灭活疫苗（Grass Carp Hemorrhage Vaccine, Inactivated）	预防淡水鱼类特别是鲤科鱼的嗜水气单胞菌败血症，免疫期为6个月	1. 切忌冻结，冻结的疫苗严禁使用，疫苗稀释后，限当日用完 2. 使用前，应先使疫苗恢复至室温，并充分摇匀 3. 接种时，应作局部消毒处理 4. 使用过的疫苗瓶、器具和未用完的疫苗等应进行消毒处理	

（续）

类　　别	制剂与主要成分	作用与用途	注意事项	不良反应
疫苗	鱼虹彩病毒病灭活疫苗（Iridovirus Vaccine, Inactivated）	预防真鲷、鰤鱼属、拟鲹的虹彩病毒病	1. 仅用于接种健康鱼 2. 本品不能与其他药物混合使用 3. 对真鲷接种时，不应使用麻醉剂 4. 使用麻醉剂时，应正确掌握方法和用量 5. 接种前应停食至少 24 h 6. 接种本品时，应采用连续性注射，并采用适宜的注射深度，注射中应避免针孔堵塞 7. 应使用高压蒸汽消毒或者煮沸消毒过的注射器 8. 使用前充分摇匀 9. 一旦开瓶，一次性用完 10. 使用过的疫苗瓶、器具和未用完的疫苗等应进行消毒处理 11. 应避免冻结 12. 疫苗应贮藏于冷暗处 13. 如意外将疫苗污染到人的眼、鼻、嘴中或注射到人体内时，应及时对患部采取消毒等措施	
	鰤鱼格氏乳球菌灭活疫苗（BY1 株）（Lactococcus Garviae Vaccine, Inactivated）（Strain BY1）	预防出口日本的五条鰤、杜氏鰤（高体鰤）格氏乳球菌病	1. 营养不良、患病或疑似患病的靶动物不可注射，正在使用其他药物或停药 4 d 内的靶动物不可注射 2. 靶动物需经 7 d 驯化并停止喂食 24 h 以上，方能注射疫苗，注射 7 d 内应避免运输 3. 本疫苗在 20 ℃以上的水温中使用 4. 本品使用前和使用过程中注意摇匀 5. 注射器具，应经高压蒸汽灭菌或煮沸等方法消毒后使用，推荐使用连续注射器 6. 使用麻醉剂时，遵守麻醉剂用量 7. 本品不与其他药物混合使用 8. 疫苗一旦开启，尽快使用 9. 妥善处理使用后的残留疫苗、空瓶和针头等 10. 避光、避热、避冻结 11. 使用过的疫苗瓶、器具和未用完的疫苗等应进行消毒处理	

（续）

类　　别	制剂与主要成分	作用与用途	注意事项	不良反应
消毒用药	溴氯海因粉（Bromochlorodi methylhydantoin Powder）	养殖水体消毒；预防鱼、虾、蟹、鳖、贝、蛙等由弧菌、嗜水气单胞菌、爱德华菌等引起的出血、烂鳃、腐皮、肠炎等疾病	1. 勿用金属容器盛装 2. 缺氧水体禁用 3. 水质较清，透明度高于30 cm时，剂量酌减 4. 苗种剂量减半	
	次氯酸钠溶液（Sodium Hypochlorite Solution）	养殖水体、器械的消毒与杀菌；预防鱼、虾、蟹的出血、烂鳃、腹水、肠炎、疖疮、腐皮等细菌性疾病	1. 本品受环境因素影响较大，因此使用时应特别注意环境条件，在水温偏高、pH较低、施肥前使用效果更好 2. 本品有腐蚀性，勿用金属容器盛装，会伤害皮肤 3. 养殖水体水深超过2 m时，按2 m水深计算用药 4. 包装物用后集中销毁	
	聚维酮碘溶液（Povidone Iodine Solution）	养殖水体的消毒，防治水产养殖动物由弧菌、嗜水气单胞菌、爱德华氏菌等细菌引起的细菌性疾病	1. 水体缺氧时禁用 2. 勿用金属容器盛装 3. 勿与强碱类物质及重金属物质混用 4. 冷水性鱼类慎用	
	三氯异氰脲酸粉（Trichloroisocyanuric Acid Powder）	水体、养殖场所和工具等消毒以及水产动物体表消毒等，防治鱼虾等水产动物的多种细菌性和病毒性疾病的作用	1. 不得使用金属容器盛装，注意使用人员的防护 2. 勿与碱性药物、油脂、硫酸亚铁等混合使用 3. 根据不同的鱼类和水体的pH，使用剂量适当增减	
	复合碘溶液（Complex Iodine Solution）	防治水产养殖动物细菌性和病毒性疾病	1. 不得与强碱或还原剂混合使用 2. 冷水鱼慎用	
	蛋氨酸碘粉（Methionine Iodine Podwer）	消毒药，用于防治对虾白斑综合征	勿与维生素C类强还原剂同时使用	
	高碘酸钠（Sodium Periodate Solution）	养殖水体的消毒；防治鱼、虾、蟹等水产养殖动物由弧菌、嗜水气单胞菌、爱德华氏菌等细菌引起的出血、烂鳃、腹水、肠炎、腐皮等细菌性疾病	1. 勿用金属容器盛装 2. 勿与强碱类物质及含汞类药物混用 3. 软体动物、鲑等冷水性鱼类慎用	

（续）

类　别	制剂与主要成分	作用与用途	注意事项	不良反应
消毒用药	苯扎溴铵溶液（Benzalkonium Bromide Solution）	养殖水体消毒，防治水产养殖动物由细菌性感染引起的出血、烂鳃、腹水、肠炎、疖疮、腐皮等细菌性疾病	1. 勿用金属容器盛装 2. 禁与阴离子表面活性剂、碘化物和过氧化物等混用 3. 软体动物、鲑等冷水性鱼类慎用 4. 水质较清的养殖水体慎用 5. 使用后注意池塘增氧 6. 包装物使用后集中销毁	
	含氯石灰（Chlorina-ted Lime）	水体的消毒，防治水产养殖动物由弧菌、嗜水气单胞菌、爱德华氏菌等细菌引起的细菌性疾病	1. 不得使用金属器具 2. 缺氧、浮头前后严禁使用 3. 水质较瘦、透明度高于 30 cm 时，剂量减半 4. 苗种慎用 5. 本品杀菌作用快而强，但不持久，且受有机物的影响，在实际使用时，本品需与被消毒物至少接触 15～20 min	
	石灰（Lime）	鱼池消毒、改良水质		
渔用环境改良剂	过硼酸钠（Sodium Perborate Powder）	增加水中溶氧，改善水质	1. 本品为急救药品，根据缺氧程度适当增减用量，并配合充水，增加增氧机等措施改善水质 2. 产品有轻微结块，压碎使用 3. 包装物用后集中销毁	
	过碳酸钠（Sodium Percarbonate）	水质改良剂，用于缓解和解除鱼、虾、蟹等水产养殖动物因缺氧引起的浮头和泛塘	1. 不得与金属、有机溶剂、还原剂等解除 2. 按浮头处水体计算药品用量 3. 视浮头程度决定用药次数 4. 发生浮头时，表示水体严重缺氧，药品加入水体后，还应采取冲水、开增氧机等措施 5. 包装物使用后集中销毁	
	过氧化钙（Calcium Peroxide Powder）	池塘增氧，防治鱼类缺氧浮头	1. 对于一些无更换水源的养殖水体，应定期使用 2. 严禁与含氯制剂、消毒剂、还原剂等混放 3. 严禁与其他化学试剂混放 4. 长途运输时常使用增氧设备，观赏鱼长途运输禁用	
	过氧化氢溶液（Hydrogen Peroxide Solution）	增加水体溶氧	本品为强氧化剂，腐蚀剂，使用时顺风向泼洒，勿将药液接触皮肤，如接触皮肤应立即用清水冲洗	

附 录 B

（规范性附录）

A 级绿色食品治疗水生生物疾病药物

B. 1 国家兽药标准中列出的水产用中草药及其成药制剂
见《兽药国家标准化学药品、中药卷》

B. 2 生产 A 级绿色食品治疗用化学药物
见表 B. 1。

表 B. 1 生产 A 级绿色食品治疗用化学药物目录

类　　别	制剂与主要成分	作用与用途	注意事项	不良反应
抗微生物药物	盐酸多西环素粉（Doxycycline Hyelate Powder）	治疗鱼类由弧菌、嗜水气单胞菌、爱德华菌等细菌引起的细菌性疾病	1. 均匀拌饵投喂 2. 包装物用后集中销毁	长期应用可引起二重感染和肝脏损害
	氟苯尼考粉（Flofenicol Powder）	防治淡、海水养殖鱼类由细菌引起的败血症、溃疡、肠道病、烂鳃病，以及虾红体病、蟹腹水病	1. 混拌后的药饵不宜久置 2. 不宜高剂量长期使用	高剂量长期使用对造血系统具有可逆性抑制作用
	氟苯尼考粉预混剂（50%）(Flofenicol Premix - 50)	治疗嗜水气单胞菌、副溶血弧菌、溶藻弧菌、链球菌等引起的感染，如鱼类细菌性败血症、溶血性腹水病、肠炎、赤皮病等，也可治疗虾、蟹类弧菌病、罗非鱼链球菌病等	1. 预混剂需使用食用油混合，之后再与饲料混合，为确保均匀，本品须先与少量饲料混匀，再与剩余饲料混匀 2. 使用后须用肥皂和清水彻底洗净饲料所用的设备	高剂量长期使用对造血系统具有可逆性抑制作用
	氟苯尼考粉注射液（Flofenicol Injection）	治疗鱼类敏感菌所致疾病		
	硫酸锌霉素（Neomycin Sulfate Powder）	用于治疗鱼、虾、蟹等水产动物由气单胞菌、爱德华氏菌及弧菌引起的肠道疾病		

（续）

类别	制剂与主要成分	作用与用途	注意事项	不良反应
驱杀虫药物	硫酸锌粉（Zinc Sulfate Powder）	杀灭或驱除河蟹、虾类等的固着类纤毛虫	1. 禁用于鳗鲡 2. 虾蟹幼苗期及脱壳期中期慎用 3. 高温低压气候注意增氧	
	硫酸锌三氯异氰脲酸粉（Zincsulfate and Trichloroisocyanuric Powder）	杀灭或驱除河蟹、虾类等水生动物的固着类纤毛虫	1. 禁用于鳗鲡 2. 虾蟹幼苗期及脱壳期中期慎用 3. 高温低压气候注意增氧	
	盐酸氯苯胍粉（Robenidinum Hydrochloride Powder）	鱼类孢子虫病	1. 搅拌均匀，严格按照推荐剂量使用 2. 斑点叉尾鮰慎用	
	阿苯达唑粉（Albendazole Powder）	治疗海水鱼类线虫病和由双鳞盘吸虫、贝尼登虫等引起的寄生虫病；淡水养殖鱼类由指环虫、三代虫以及黏孢子虫等引起的寄生虫病		
	地克珠利预混剂（Diclazuril Premix）	防治鲤科鱼类粘孢子虫、碘泡虫、尾孢虫、四级虫、单级虫等孢子虫病		
消毒用药	聚维酮碘溶液（Povidone Iodine Solution）	养殖水体的消毒，防治水产养殖动物由弧菌、嗜水气单胞菌、爱德华氏菌等细菌引起的细菌性疾病	1. 水体缺氧时禁用 2. 勿用金属容器盛装 3. 勿与强碱类物质及重金属物质混用 4. 冷水性鱼类慎用	
	三氯异氰脲酸粉（Trichloroisocyanuric Acid Powder）	水体、养殖场所和工具等消毒以及水产动物体表消毒等，防治鱼虾等水产动物的多种细菌性和病毒性疾病的作用	1. 不得使用金属容器盛装，注意使用人员的防护 2. 勿与碱性药物、油脂、硫酸亚铁等混合使用 3. 根据不同的鱼类和水体的 pH，使用剂量适当增减	
	复合碘溶液（Complex Iodine Solution）	防治水产养殖动物细菌性和病毒性疾病	1. 不得与强碱或还原剂混合使用 2. 冷水鱼慎用	
	蛋氨酸碘粉（Methionine Iodine Podwer）	消毒药，用于防治对虾白斑综合征	勿与维生素 C 类强还原剂同时使用	

（续）

类　别	制剂与主要成分	作用与用途	注意事项	不良反应
消毒用药	高碘酸钠（Sodium Periodate Solution）	养殖水体的消毒；防治鱼、虾、蟹等水产养殖动物由弧菌、嗜水气单胞菌、爱德华氏菌等细菌引起的出血、烂鳃、腹水、肠炎、腐皮等细菌性疾病	1. 勿用金属容器盛装 2. 勿与强碱类物质及含汞类药物混用 3. 软体动物、鲑等冷水性鱼类慎用	
	苯扎溴铵溶液（Benzalkonium Bromide Solution）	养殖水体消毒，防治水产养殖动物由细菌性感染引起的出血、烂鳃、腹水、肠炎、疖疮、腐皮等细菌性疾病	1. 勿用金属容器盛装 2. 禁与阴离子表面活性剂、碘化物和过氧化物等混用 3. 软体动物、鲑等冷水性雨来慎用 4. 水质较清的养殖水体慎用 5. 使用后注意池塘增氧 6. 包装物使用后集中销毁	

绿色食品 食品添加剂使用准则

（NY/T 392—2013）

1 范围

本标准规定了绿色食品食品添加剂的术语和定义、食品添加剂使用原则和使用规定。本标准适用于绿色食品生产。

2 规范性引用文件

下列文件对于本文件的应用是必不可少的。凡是注日期的引用文件，仅注日期的版本适用于本文件。凡是不注日期的引用文件，其最新版本（包括所有的修改单）适用于本文件。

GB 2760 食品安全国家标准 食品添加剂使用标准

GB 26687 食品安全国家标准 复配食品添加剂通则

NY/T 391 绿色食品 产地环境质量

3 术语和定义

GB 2760 界定的以及下列术语和定义适用于本文件。

3.1 AA级绿色食品 AA grade green food

产地环境质量符合 NY/T 391 的要求，遵照绿色食品生产标准生产，生产过程中遵循自然规律和生态学原理，协调种植业和养殖业的平衡，不使用化学合成的肥料、农药、兽药、渔药、添加剂等物质，产品质量符合绿色食品产品标准，经专门机构许可使用绿色食品标志的产品。

3.2 A级绿色食品 A grade green food

产地环境质量符合 NY/T 391 的要求，遵照绿色食品生产标准生产，生产过程中遵循自然规律和生态学原理，协调种植业和养殖业的平衡，限量使用限定的化学合成生产资料，产品质量符合绿色食品产品标准，经专门机构许可使用绿色食品标志的产品。

3.3 天然食品添加剂 natural food additive

以物理方法、微生物法或酶法从天然物中分离出来，不采用基因工程获得的产物，经过毒理学评价确认其食用安全的食品添加剂。

3.4 化学合成食品添加剂 chemical synthetic food additive

由人工合成的，经毒理学评价确认其食用安全的食品添加剂。

4 食品添加剂使用原则

4.1 食品添加剂使用时应符合以下基本要求：

　　a) 不应对人体产生任何健康危害；

　　b) 不应掩盖食品腐败变质；

　　c) 不应掩盖食品本身或加工过程中的质量缺陷或以掺杂、掺假、伪造为目的而使用食品添加剂；

    d）不应降低食品本身的营养价值；

    e）在达到预期的效果下尽可能降低在食品中的使用量；

    f）不采用基因工程获得的产物。

4.2 在下列情况下可使用食品添加剂：

    a）保持或提高食品本身的营养价值；

    b）作为某些特殊膳食用食品的必要配料或成分；

    c）提高食品的质量和稳定性，改进其感官特性；

    d）便于食品的生产、加工、包装、运输或者贮藏。

4.3 所用食品添加剂的产品质量应符合相应的国家标准。

4.4 在以下情况下，食品添加剂可通过食品配料（含食品添加剂）带入食品中：

    a）根据本标准，食品配料中允许使用该食品添加剂；

    b）食品配料中该添加剂的用量不应超过允许的最大使用量；

    c）应在正常生产工艺条件下使用这些配料，并且食品中该添加剂的含量不应超过由配料带入的水平；

    d）由配料带入食品中的该添加剂的含量应明显低于直接将其添加到该食品中通常所需要的水平。

4.5 食品分类系统应符合 GB 2760 的规定。

5　食品添加剂使用规定

5.1 生产 AA 级绿色食品应使用天然食品添加剂。

5.2 生产 A 级绿色食品可使用天然食品添加剂。在这类食品添加剂不能满足生产需要的情况下，可使用 5.5 以外的化学合成食品添加剂。使用的食品添加剂应符合 GB 2760 规定的品种及其适用食品名称、最大使用量和备注。

5.3 同一功能食品添加剂（相同色泽着色剂、甜味剂、防腐剂或抗氧化剂）混合使用时，各自用量占其最大使用量的比例之和不应超过 1。

5.4 复配食品添加剂的使用应符合 GB 26687 规定。

5.5 在任何情况下，绿色食品不应使用下列食品添加剂（见表 1）。

表 1　生产绿色食品不应使用的食品添加剂

食品添加剂功能类别	食品添加剂名称（中国编码系统 CNS 号）
酸度调节剂	富马酸一钠（01.311）
抗结剂	亚铁氰化钾（02.001）、亚铁氰化钠（02.008）
抗氧化剂	硫代二丙酸二月桂酯（04.012）、4-己基间苯二酚（04.013）
漂白剂	硫黄（05.007）
膨松剂	硫酸铝钾（又名钾明矾）（06.004）、硫酸铝铵（又名铵明矾）（06.005）
着色剂	新红及其铝色淀（08.004）、二氧化钛（08.011）、赤藓红及其铝色淀（08.003）、焦糖色（亚硫酸铵法）（08.109）、焦糖色（加氨生产）（08.110）

(续)

食品添加剂功能类别	食品添加剂名称（中国编码系统 CNS 号）
护色剂	硝酸钠（09.001）、亚硝酸钠（09.002）、硝酸钾（09.003）、亚硝酸钾（09.004）
乳化剂	山梨醇酐单月桂酸酯（又名司盘 20）（10.024）、山梨醇酐单棕榈酸酯（又名司盘 40）（10.008）、山梨醇酐单油酸酯（又名司盘 80）（10.005）、聚氧乙烯山梨醇酐单月桂酸酯（又名吐温 20）（10.025）、聚氧乙烯山梨醇酐单棕榈酸酯（又名吐温 40）（10.026）、聚氧乙烯山梨醇酐单油酸酯（又名吐温 80）（10.016）
防腐剂	苯甲酸（17.001）、苯甲酸钠（17.002）、乙氧基喹（17.010）、仲丁胺（17.011）、桂醛（17.012）、噻苯咪唑（17.018）、乙奈酚（17.021）、联苯醚（又名二苯醚）（17.022）、2-苯基苯酚钠盐（17.023）、4-苯基苯酚（17.024）、2,4-二氯苯氧乙酸（17.027）
甜味剂	糖精钠（19.001）、环己基氨基磺酸钠（又名甜蜜素）及环己基氨基磺酸钙（19.002）、L-a-天冬氨酰-N-（2,2,4,4-四甲基-3-硫化三亚甲基）-D-丙氨酰胺（又名阿力甜）（19.013）
增稠剂	海萝胶（20.040）
胶基糖果中基础剂物质	胶基糖果中基础剂物质

注：对多功能的食品添加剂，表中的功能类别为其主要功能。

图书在版编目（CIP）数据

农业"三品"生产与消费指南／山东省绿色食品发
展中心编．—北京：中国农业出版社，2018.3
ISBN 978 - 7 - 109 - 23306 - 5

Ⅰ.①农…　Ⅱ.①山…　Ⅲ.①有机农业-农产品-中
国-指南　Ⅳ.①F326.5 - 62

中国版本图书馆 CIP 数据核字（2017）第 213024 号

中国农业出版社出版
（北京市朝阳区麦子店街 18 号楼）
（邮政编码 100125）
责任编辑　刘　玮

北京万友印刷有限公司印刷　新华书店北京发行所发行
2018 年 3 月第 1 版　2018 年 3 月北京第 1 次印刷

开本：787mm×1092mm　1/16　印张：16.75
字数：382 千字
定价：40.00 元
（凡本版图书出现印刷、装订错误，请向出版社发行部调换）